人工智能电站
典型技术应用

——国家能源集团智能电站案例集

刘国跃◎主编

中国石化出版社

图书在版编目（CIP）数据

人工智能电站典型技术应用：国家能源集团智能电站案例集 / 刘国跃主编 . — 北京：中国石化出版社，2023.9（2024.12 重印）

ISBN 978-7-5114-7123-9

Ⅰ . ①人…　Ⅱ . ①刘…　Ⅲ . ①智能技术 – 应用 – 电站

Ⅳ . ① TM62-39

中国国家版本馆 CIP 数据核字（2023）第 172596 号

中国石化出版社出版发行

地址：北京市东城区安定门外大街 58 号

邮编：100011　电话：（010）57512500

发行部电话：（010）57512575

http://www.sinopec-press.com

E-mail：press@sinopec.com

北京科信印刷有限公司印刷

全国各地新华书店经销

*

787×1092 毫米 16 开本 24.75 印张 634 千字

2023 年 9 月第 1 版　2024 年 12 月第 3 次印刷

定价：128.00 元

编 委 会

前 言
PREFACE

　　党的二十大报告提出，要推进新型工业化，促进数字经济和实体经济深度融合，加快建设网络强国、数字中国。推动数字技术与实体经济深度融合，赋能传统产业数字化智能化转型升级，是把握新一轮科技革命和产业变革新机遇的战略选择。能源是经济社会发展的基础支撑，能源产业与数字技术融合发展是新时代推动我国能源产业基础设施高端化、产业链现代化的重要引擎，是落实"四个革命、一个合作"能源安全新战略和建设新型能源体系的有效措施，对提升能源产业核心竞争力、推动能源高质量发展具有重要意义。国家能源集团作为能源革命的排头兵，坚决贯彻落实国资委《关于加快推进国有企业数字化转型工作的通知》要求，正在以"建设示范，制定标准，以点带面，全面推进"原则开展智慧发电企业示范建设。

　　经过近几年的努力，国家能源集团在大数据、人工智能、工业互联网、5G物联网等先进信息技术与电力产业深度融合方面正在引领行业发展，涌现出一批技术先进、成效显著的标志性成果，建成一批以智能发电为核心的安全可靠、高效灵活智能电站，在推动我国能源向清洁化利用、智能化生产和多元化供应的发展方式转变中取得了优异成绩。

　　为更好地总结经验、推广成果，国家能源集团电力产业管理部通过半年的收集整理、总结归纳、审查筛选，将集团所属火电、水电、新能源企业的智能电站、智慧企业建设典型案例汇编成册，形成《人工智能电站典型技术应用——国家能源集团智能电站案例集》。本书共收集典型项目案例63个，包括概述、基础设施与智能装备、智能发电平台、智慧管理平台、总结与展望五章。其中基础设施与智能装备、智能发电平台、智慧管理平台三章又细分为火电、水电、新能源三个部分。案例集涵盖了电站智能化建设从技术理论到实践论证的全过程，具有较强的实践指导意义。

目 录
CONTENTS

第四章　智慧管理平台·················249

火电部分

CHAPTER 第一章 ONE

概　述

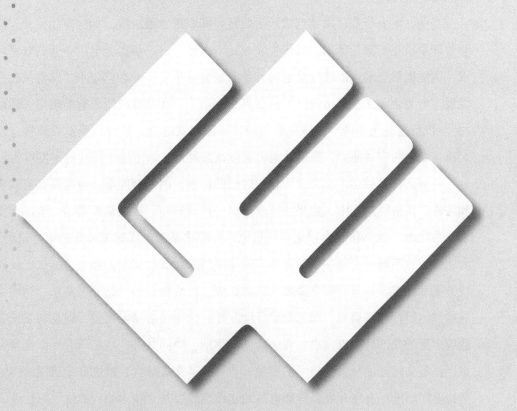

能源是攸关国家安全和发展的重点领域。世界百年未有之大变局和中华民族伟大复兴的战略全局，对加快推进能源革命，实现能源产业高质量发展提出了更高要求。同时，"碳达峰、碳中和"战略目标、传统产业数字化智能化转型等新形势、新动向、新战略为能源革命和高质量发展带来新的机遇和挑战。在新机遇、新要求、新挑战面前，加快推动能源技术革命，支撑引领能源高质量发展，并将能源技术及其关联产业培育成带动我国相关产业优化升级的新增长点，是国家能源集团贯彻落实"四个革命、一个合作"能源安全新战略的重要任务。

当前，电力行业已由高速增长阶段转向高质量发展阶段，如何应用行业先进技术和科学管理手段在能源变革的新时代里完成转型升级，进一步提升电力企业的效率和效益，完成"凤凰涅槃"的华丽转变是电力行业实现高质量发展的必然要求。随着信息技术的快速发展，电力企业正在经历着巨大的变革和创新，也在孕育前所未有的机遇。建设"智能电站"，推行智能化生产与智慧化管理经营，助力发电企业适应行业发展新常态，增强企业对市场变化的应对能力，是推动电力企业在新时代、新市场中持续稳定发展的强大动力。

任何新技术的运用都会经历较长时间的探索，因此智能电站也需要在实践中不断丰富和完善。在推进过程中，要坚持需求导向、价值导向，试点建设要结合电厂智能化功能需求，强化电厂数字化、自动化、信息化、标准化基础。优选基础好的电厂进行试点建设，大胆尝试，不断丰富新一代信息技术的应用场景和成功案例，同时总结试点经验，完善建设方案和标准。要坚持安全高效、清洁低碳、灵活智慧的电站发展要求，功能评判指标要兼顾整体运行经济高效、绿色低碳环境友好、快速灵活稳定可控、信息与系统安全，能够适应多变的外部环境与需求。要坚持创新驱动、协同共进，技术研究要以创新突破为着眼点，注重基础理论与关键技术的多领域、多学科交叉融合，推进产学研用的协同创新。要坚持循序渐进，有序开展，智能电站的建设推广要基于技术的成熟度、可行性、可靠性与效果显著，结合科学的评估与评价机制，按阶段实施，分层次深化，全面实现智能发电建设目标。

《国家能源集团智能电站典型项目案例集》正是在行业智能化、数字化转型的大背景下，全面贯彻习近平新时代中国特色社会主义思想和党的二十大精神，贯彻落实国家能源局《关于加快推进能源数字化智能化发展的若干意见》、国资委《关于加快推进国有企业数字化转型工作的通知》，落实集团"41663"总体工作方针中以一体化数字化保综合实力提升的具体实践。近年来，在国家能源集团智慧企业建设总体要求指导下，各子分公司充分运用大数据、云计算、物联网、移动应用、人工智能等技术，将电力工业技术与电子信息技术、企业管理技术高度融合，全面推进智能发电建设，取得了丰硕的成果。为总结重点项目实施经验，提炼典型技术路线和成功应用场景，国家能源集团电力产业管理部牵头，各项目单位重点参与，通过半年的收集整理、总结归纳、审查筛选，将集团所属火电、水电、新能源企业的智能电站、智慧企业建设典型案例汇编成册，形成《国家能源集团智能电站典型项目案例集》。本案例集中共收集典型项目案例 63 个，包括概述、基础设施与智能装备、智能发电平台、智慧管理平台、总结与展望五章。其中基础设施与智能装备、智能发电平台、智慧管理平台三章又细分为火电、水电、新能源三个部分。案例集涵盖了电站智能化建设从技术理论到实践论证的全过程，具有较强的实践指导意义。

从客观角度看，尽管智能电站建设仍面临许多问题和困难，但智能电站的深化和发展是提升发电企业综合竞争力的必然选择。我们相信在全球电力工业技术变革和升级改造的浪潮中，在更加激烈的市场竞争中，在国家相关部门的大力推动与支持下，智能电站的建设必将引领发电企业走向变革发展的新时代。

CHAPTER 第二章 TWO

基础设施与智能装备

基础设施与智能装备是智能发电和智慧管理建设的重要支撑。

在智能电站整体架构中，基础设施提供网络、IT和各类基础服务能力，主要包括网络基础设施和终端设备设施。网络基础设施包括生产控制网、管理信息网、工业无线网、通讯系统、定位系统、对时系统、三维数据监控系统设施等；终端设备设施包括电力生产设备、安防设备、消防设备、照明设备、物联网设备、视频系统、智能通讯转换设备等，是实现智能电站建设的基础支撑。

智能装备负责生产及管理信息数据的感知、测量和执行，主要包括智能传感器、检测仪表表计、检测设备、边缘计算芯片、巡检机器人、智能穿戴、门禁系统、视频系统、智能防护设备、执行机构、现场总线设备以及无人化系统等。智能装备是电站智能化管控体系的底层构成，实现了对生产过程状态的测量、数据上传以及从控制信号到控制操作的转换，并具备泛在感知、信息自举、状态自评估、故障诊断、智能识别等功能，是实现智能电站建设的基本条件。

火电部分

行业首个全覆盖、全应用示范 5G+ 智慧火电厂

[国电内蒙古东胜热电有限公司]

案例简介

项目通过以建设燃煤电站为基础平台，加快"5G+"的各类"首台套"实际投入使用，快速先试先行，抓住 5G 在工业领域应用的战略机遇，支持和推动 5G 网络覆盖下火电智能化领域相关核心技术实现重大突破。将 5G 网络融入东胜热电智慧企业建设中，发挥 5G 大带宽、低时延、大连接、抗干扰的特性，搭建火力发电厂复杂环境下无死角全覆盖物联网，深度开发应用智能发电控制技术，提升发电企业智慧管控、智能运行、智能安全监控、智能分析与远程诊断等综合能力，构建面向未来的智慧燃煤发电创新管理运营模式。首次实现低延时、大带宽、抗干扰的 5G 工业无线网在火力发电厂复杂环境下的全覆盖，针对电力行业网络分区隔离的特性创造性地将 5G 网络切片分别安全接入火电厂生产控制网和工业无线网，首次实现利用 5G 技术构建火力发电厂智能安全监控系统，实现人员、设备、车辆的全面互联互通。首次实现利用 5G 技术在火力发电厂工业控制系统中的应用，首个利用 5G 网络推动火电生产智能化改造的案例，建设成为国内首个投入实际使用的全场景应用 5G+ 智慧火电。

一、项目背景

在新基建的浪潮中，东胜热电抓住产业数字化、数字产业化赋予的机遇，积极探索 5G 技术与智能发电技术的深度融合，努力推动智慧电厂前沿科技的深度开发。作为智慧企业建设的试点单位，东胜热电率先提出成立 5G+ 智慧火电厂联合创新实践基地，依托东胜热电的智慧企业建设基础、中国电信本土网络资源优势、华为公司 5G 设备制造优势、

华北电力大学能源电力研究优势进行技术创新，以东胜热电的需求为导向，支持和推动5G网络覆盖下火电智能化领域相关核心技术实现重大突破，支撑和推动电厂信息化、自动化产业快速发展，不断提升发电企业的智慧化水平。

二、技术方案

（一）网络架构

5G网络架构是由接入网、承载网、核心网组成，并增加边缘安全设备（MEC），如图1所示。

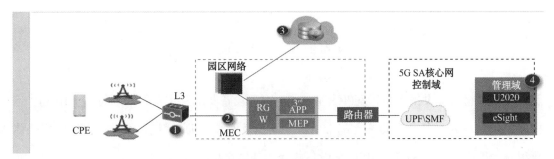

◆ 图1 5G网络架构

5G网络建设运用SA方式进行独立组网，提供高速率、低时延、大连接的可靠网络，支持载波聚合、超级上行等上行增强技术，满足上行高速回传业务能力，主要包含5G无线系统、传输系统、配套系统三部分。各个系统相互协助配合，能够实现5G设备的正常运转及5G信号的接收、发射、传输和管理。传输系统需要解决5G基站的站间传输，包含线路和设备两部分。配套系统主要保证基站能够按照要求安装、开通和运行，包含土建配套、电源配套和其他主设备安装过程中使用的零星材料。

（二）网络安全

厂区的覆盖方案采用切片技术部署5G专网，实现端到端的按需定制（见图2）。将边缘计算（MEC）设备部署在园区内，与互联网物理隔离（无链路联通），不会有任何私网服务器暴露在互联网中的风险，在内部即可实现与云计算同样的数据计算，保证数据无链路可上传至公网，完全杜绝数据泄露的可能。终端经由5G基站，通过MEC设备之后，直达厂区服务器，无互联网物理链路，提升了企业私网的安全性。

（三）5G网络覆盖要求

东胜热电5G网络建设需要新增室外宏基站基带单元设备及配套（含基带电源、同步

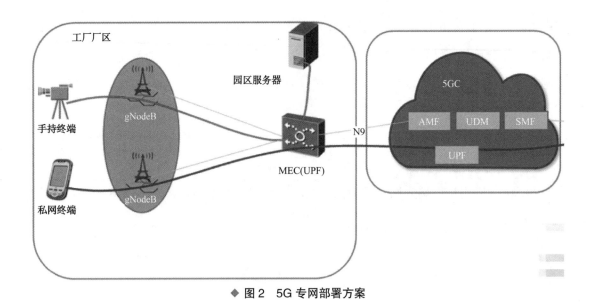

◆ 图2　5G专网部署方案

及安装辅助材料）设备5套、室外宏基站5G AAU设备及配套（安装辅助材料）15套、室内基站基带单元设备及配套（含基带电源、同步及安装辅助材料）设备13套、室内一体化射频天馈系统设备37套、IPRAN设备6套、基站交流配电箱设备8套、电信级5G CPE设备68套。该项目覆盖目标区域是热电厂厂区，目前目标区域内共需要建设5处宏基站。其中，石料库、石灰石供浆泵房、办公楼、新建检修楼需新建基站3个，锅炉厂房内需新建基站2个，具体安装位置需要根据现场情况确定。

（四）5G网络安全接入管理信息网和生产控制网

东胜热电"两平台三网络"架构体系中工业无线网建设，主要依靠切片技术将5G网络接入管理信息网和生产控制网，采用设备为华为MEC设备。5G网络服务具备可以在统一的基础设施上切出多个虚拟的端到端网络，每个网络切片从无线接入网、承载网到核心网在逻辑上隔离，适配各种类型的业务应用。在一个网络切片内，至少包括无线子切片、承载子切片和核心网子切片。项目主要将5G网络切片为生产控制无线网和管理信息无线网。

（1）接入生产控制网。主要采用为华为的MEC设备将5G网络接入辅网DCS系统（见图3），并在现场进行网络安全测试，主要包括抗干扰测试、传输速率测试、网络隔离测试、延时性测试等，并收集相关测试信息，实现生产现场的各类测量设备、控制设备、执行机构等可以快速便捷地接入工业控制系统。

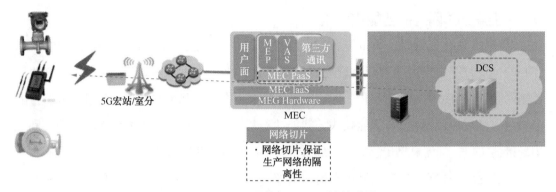

◆ 图3 5G 网络与 DCS 系统的联通

目前，接入 DCS 方案有两种，一种是通过交换机级联的方式直接接入 DCS 网络，该方式具有接入速度快、延时低、传输带宽大的优点，缺点是 5G 网络传输的数据包可以直接接入 DCS，网络安全风险较大。另一种方式是通过 Modbus 协议通信，该方式传输速度有限，但较安全。

（2）接入管理信息网。5G 网络安全接入管理大区网络，实现工业无线网络在公司厂区的全面覆盖，同时利用 5G 网络将公司内部的各类智能化设备如智能摄像头、智能机器人、巡检仪、个人穿戴设备等接入 5G 网络，实现各类生产人员、智能化设备的互联互通（见图 4）。接入方式通过交换机级联接入管理信息网，利用 MEC 设备对接入的终端 MAC 地址进行认证，提高网络安全性。

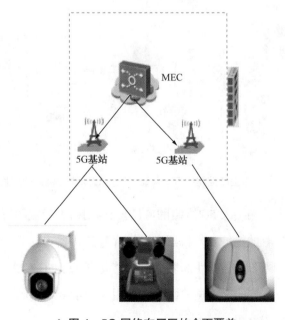

◆ 图4 5G 网络在厂区的全面覆盖

（五）5G 网络的智能化应用

5G 网络具有低延时、大带宽、高可靠性的特点，东胜热电 5G 网络全覆盖建成后，"两平台三网络"的网络基础已搭建完成。得益于 5G 网络切片技术，工业无线网可在生产控制网和管理信息网中同时利用。因此，东胜热电将在以下几个方面进行 5G 网络的应用。

（1）生产控制网中 5G 智能仪表、智能执行机构的应用。5G 时代所有动作链接和应用场景的实现，都需要靠传感器来完成，传感器已经成为事物相关联的基础硬件和必备条件。东胜热电 5G 网络建设项目将在辅网中部署一定数量的 5G 智能仪表和执行机构，利用 5 网络实现测点的数据传输和控制执行机构动作，主要目的是检测 5G 网络稳定性和延迟性，为 5G 设备在生产现场的大规模应用打好基础（见图 5）。

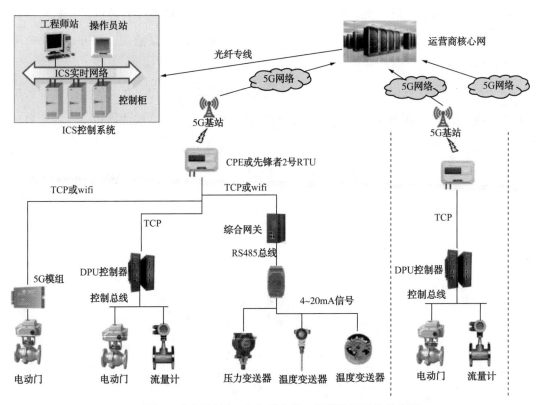

◆ 图 5　生产控制中 5G 智能仪表、智能执行机构的应用

（2）管理信息网中终端接入 5G 网络的应用。5G 网络大带宽的特性是物联网建设的优势，东胜热电计划将现有的机炉 0 米机器人、输煤廊道机器人、盘煤机器人等智能化设备接入网络，并利用 5G 网络的便捷性部署一批智能摄像头、5G 个人可穿戴设备、5G 车载通选设备等，完成全厂监控的全面覆盖，同时利用 5G 网络实现所有智能设备的互联互通，构建工业物联网的格局（见图 6）。

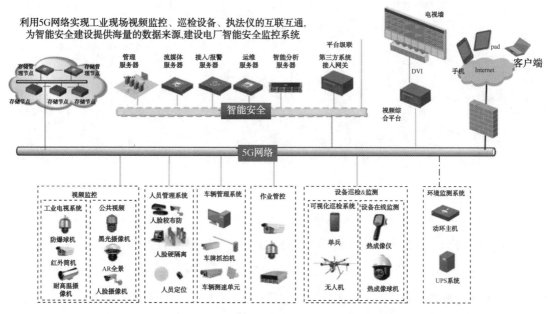

利用5G网络实现工业现场视频监控、巡检设备、执法仪的互联互通，
为智能安全建设提供海量的数据来源,建设电厂智能安全监控系统

◆ 图6　管理信息网中终端接入 5G 网络的应用

（六）案例应用场景

（1）场景 1：首创火电 5G+ 工业控制应用。国电内蒙古东胜热电有限公司基于厂区生产现场全覆盖的 5G 网络，并划分专用生产控制网络切片搭建 5G 生产控制无线网络，首次将 5G 专用网络 uRLLC 切片应用于生产控制网内，实现工控域即 DCS 系统内的生产设备控制，成功应用于东胜热电现场设备控制及系统参数实时监控。5G+ 工业控制网络通过 5G 远端机进行设备工控逻辑页面查看，参数监控、趋势预测、预警报警等功能（见图 7、图 8）；实现远程指令下发，现场设备即时动作，时延小于 15ms；满足工业控制的低时延、高可靠性要求；同时严格遵守火电网络安全的分区隔离要求。5G 生产控制网通过 MEC 设备进行精准网络切片划分，搭建网络安全可信域，保证数据不出园区、网络不跨界，在满足工业控制系统网络安全可靠的前提下，通过 5G 网络实现了异地化、便于部署、高精度的工业控制，打造了 5G+ 工业应用的新模式。

◆ 图7　5G 工业参数监视界面

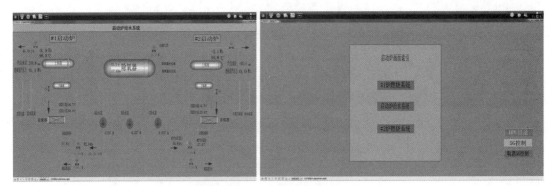

◆ 图 8　5G 工业控制界面

（2）场景 2：打造广连接多业务物联网 5G+ 安全管控体系。基于厂区生产现场全覆盖的 5G 网络，在公司全厂范围内大规模部署 5G 摄像头、5G 门禁以及 5G 定位终端，首次实现了火电厂全厂范围内的基于 5G 网络的安防设备部署。利用东胜热电自主研发的国内首款 28nm 火电智能物联网芯片，以及 5G、边缘计算、AI 处理、机器视觉等技术，将智能摄像头等各类智能化安防设备接入 5G 网络，实现了 5G 网络与 AI 物联网技术的深度融合，真正实现了火电厂万物互联。利用内嵌于智能物联网芯片的 AI 识别算法，在厂区安防门禁、人员定位的基础上，进行高匹配人脸识别、轨迹跟踪、人的不安全状态识别等，如安全帽佩戴识别、口罩佩戴识别、情绪识别等，并在厂区智慧园区管理平台进行部署及数据推送，实现人员统计、风险管控等智慧管理功能。5G+ 安全管控体系同时应用于现场安全文明生产作业管理，在已有园区摄像头的基础上，可紧贴高风险作业面部署 5G 回传作业监控摄像头，配置高风险边缘计算视频识别算法的智能芯片，对设备管路跑冒滴漏、违章操作、不安全行为、不安全状态、吸烟识别、形态情绪识别、体态趋势识别等进行前端识别；同时利用 5G 网络波形赋能的特点进行作业人员定位、虚拟电子围栏划分、区域预警等功能（见图 9、图 10）。发挥 5G 的可移动应用特点，也补齐了火电运煤、厂区卸灰车辆的安全管控短板。将以上风险辨识信息统一推送至厂区风险管理平台，可进行全厂风险的统一管控。

◆ 图 9　5G 智能穿戴设备系统界面

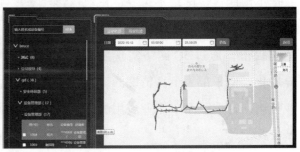

◆ 图 10　5G 人员定位轨迹回放

三、项目收益

（一）经济效益

（1）利用 5G 网络全覆盖的能力，实现检修终端对检修现场进行监控，具备同时监控 10 个检修现场的能力，有效提升机组临时检修、定期检修效率，提高检修作业安全管理水平。根据每年两次定期大型机组检修测算，每年可缩减检修工期 5.2 天，节支人力成本 36 万元，争取电量利润 200 余万元，减少检修设备故障约 7.9 次每年，节约设备检修及维护更换费用约 31 万元每年。

（2）搭建基于 5G 技术的高速工业无线网，建设 5G+ 生产控制辅助系统，将巡检设备、视频监控、智能巡检、智能安全监控、智能分析与远程诊断等通过 5G 网络传输至数据平台，在智慧企业建设中可节约材料费 35 万元、人员施工费 150 万元。

（二）环境效益和社会效益

厂区内 5G 网络可将仪表、传感器、阀门、马达等现场设备与以工业过程智能控制系统（ICS）为核心的智能控制中心连接为一体，形成一个宏观上的厂区级"智能节点"；而覆盖城域或城际范围的 5G 网络，又可将大量的厂区级"智能节点"连接为一个工业运行网络，形成真正意义上的"工业互联网"。基于上述前景，积极与 5G 相关技术靠拢，联合业内伙伴，研究 DCS 与 5G 技术的结合点，实现融合 5G 网络的工业过程智能控制系统，必将成为驱动"工业互联网"蓬勃发展的关键使能技术，为促进传统工业生产过程向"泛在感知、深度分析、智能控制"的现代智能化工业生产过程转变构筑坚实的平台基础。

四、项目亮点

利用全厂无死角覆盖的 5G 网络，实现了广连接、大带宽、高速率、低时延、高可靠的 5G 网络接入，以及全应用场景的 5G 应用示范。利用 5G 网络切片技术划分火电生产专用网络，业内首次实现了 5G 工业控制的安全接入，并开展了多项 5G+ 工业物联网应用。

五、荣誉

（1）2022 年"行业首个全覆盖、全应用示范 5G+ 智慧火电厂"入选由国家能源局综合司组织评选的 2022 年度能源领域 5G 应用优秀案例；

（2）2022 年"基于 5G 技术的工业无线网在智能化火电厂建设中的实践应用"荣获国家工业和信息化部第五届"绽放杯"5G 应用征集大赛二等奖；

（3）2022 年"基于 5G 技术的工业无线网在智能化火电厂建设中的实践应用"入选由中国电力企业联合会组织评选的中国电力 5G 应用典型案例；

（4）2022 年"5G 新基建和边缘计算芯片在智能火电厂建设中的实践应用"荣获中国电机工程学会电力科学技术奖三等奖；

（5）2022 年"5G 新基建和边缘计算芯片在智能火电厂建设中的实践应用"荣获中国能源研究会中国能源研究会能源创新奖二等奖；

（6）2022 年"5G 新基建和边缘计算芯片在智能火电厂建设中的实践应用"荣获中国安全生产协会第三届安全科技进步奖三等奖；

（7）2021 年"5G 新基建和边缘计算芯片在智能火电厂建设中的实践应用"荣获国家能源集团科技进步奖二等奖；

（8）2022 年"基于 5G 技术的工业无线网在智能化火电应用"入选国家工业和信息化部工业互联网试点示范名单。

火电厂 5G 专网建设探索

[国能浙江北仑第一 / 三发电有限公司]

> **案例简介**
>
> 北仑电厂 5G 专网采用厂内入驻式下沉 2 套 UPF 网元，分别用于管理信息大区和生产控制大区。电厂区域内规划建设 10 个 5G 宏基站和 4 个室分站，在电厂锅炉汽机房等核心生产区部署建设 1400 余个室分锚点，满足全厂信号覆盖要求。采用硬切片方案：通过 RB 资源预留、FlexE+UPF 下沉实现生产控制大区与管理信息大区网络的硬隔离，满足电力网络分区原则。采用风筝方案：入驻园区的边缘 UPF 集成应急 5GC 功能，将核心网控制面的部分功能和用户签约管理功能下移至园区 MEC 的网络边缘，在园区和大网失联场景下，提供园区业务容灾能力。5G 专网建设注重网络安全保障：新建 AAA 二次认证系统、5G 业务管理系统，在切片安全、终端安全、数据安全、认证和身份管理等多方面提升 5G 无线网络的安全性。

一、项目背景

5G 专网具有大带宽、广连接、低时延、安全性高等诸多优势。同时，5G 专网具备适用部署区域化、网络需求个性化、行业应用场景化等特点。所谓部署区域化是指，5G 专网服务的部署范围可根据区域设计，可面向封闭式的使用场景；网络需求个性化是指，对时延要求严苛、可靠性要求高、上行速率需求高、数据安全和隔离要求严格等，5G 专网中的网络切片、边缘计算、NFV/SDN 实现北仑电厂网络灵活部署；行业应用场景化是指，5G 网络将为北仑电厂就近部署算力并提供能力开放。5G 专网可与厂内现有 IT 网络实现兼容互通，网络能力、网络技术也将不断演进升级。最后，5G 公网与专网的融合部署可缩短建设周期，进而大大降低成本。

二、技术方案

北仑电厂 5G 通信采用 SA 专网架构，5G 专网在厂内入驻式下沉 2 套 UPF 网元，分别用于管理信息大区和生产控制大区，实现专网数据不出厂、大网与专网隔离。核心网元 UPF 部署于厂区内机房，通过 SPN 传输网络与基站 BBU 和专网 5GC 打通，专用 UPF 业

务接口接入用户防火墙设备，实现大区业务通信。本项目在电厂区域内规划建设 10 个 5G 宏基站和 4 个室分站（见图 1），在电厂核心的锅炉汽机房区域部署建设 1400 余个通信锚点，实现 5G 专网信号在厂内的全覆盖（见图 2）。

◆ 图 1　北仑电厂宏基站分布点位

三、项目收益

北仑电厂 5G 专网是电厂智慧企业建设发展的基础设施，是 5G 在能源行业的一次重大应用，也是北仑电厂开展泛在电力物联网系统建设的基石。北仑电厂的 5G 应用，契合了国家能源集团"十四五"规划战略关于电力行业智慧化方向，以信息技术的发展融合为驱动力，加快数字化开发、网络化协同、智能化应用，建设智慧企业，重构核心竞争力，实现数据驱动管理、人机交互协同，全要素生产率持续提升。

四、项目亮点

（一）风筝方案

风筝方案是将在入驻园区的边缘 UPF 的基础上，集成应急 5GC 功能，将核心网控制面的部分功能和用户签约管理功能下移至园区 MEC 的网络边缘；在园区和大网失联场景下，提供园区业务容灾能力，确保园区业务不受影响或快速恢复，减小对企业的影响。在北仑电厂护网或需要隔离外界控制面数据交互期间，可实现北仑电厂 5G 专网的完全独立运行，中断与 5G 外界核心网控制面的数据交互。

（二）硬切片方案

北仑电厂 5G 专网采用硬切片方案，分别在无线网侧采用 RB 资源预留方式，承载网侧采用 FlexE 技术，核心网侧建设 2 套独立的 MEC，部署下沉式 UPF 到生产控制大区和管理信息大区，分别承载两类专网业务，实现用户面的物理隔离。

无线空口资源调度方式包括 QoS（5QI）优先级、RB 资源预留和载波隔离。RB 资源预留即允许多个切片共用同一个小区的 RB 资源，根据各切片的资源需求，为特定切片预留分配一定量 RB 资源。无线空口切片包含生产控制大区切片、信息管理大区切片、公网切片。生产控制大区切片、信息管理大区切片业务的 RB 资源占比总和为 70%~100%，根据电厂需求动态调整。

承载网侧在 SPN 承载网创建 3 个 FlexE Tunnel，分别承载北仑电厂生产控制大区切片、信息管理大区切片业务和用户业务。

在 5GC 核心网，为电厂生产控制大区切片、信息管理大区切片两大类业务分别单独规划 5G DNN 和网络切片，实现业务隔离。同时，在北仑电厂厂区内部建设 2 套专用的 MEC，部署下沉式 UPF，分别承载两类专网业务，实现用户面的物理隔离。

（三）5G 业务管理及网络安全保障

北仑电厂在 5G 专网建设中注重网络安全保障（见图 2），在加密算法、用户隐私、切片安全、风险识别、终端安全、虚机安全、应用安全、数据安全、认证和身份管理、安全管理等多方面提升 5G 无线网络的安全性。

为进一步提升北仑电厂对 5G 业务应用管理，北仑电厂 5G 专网还新建 AAA 二次认证系统、5G 业务管理系统。AAA 二次认证系统是部署在电厂内网的管理系统，采用用户名、密码、号码、IMEI 组合绑定的方式，对接入园区切片的终端进行二次认证，可自主实现机卡绑定功能。

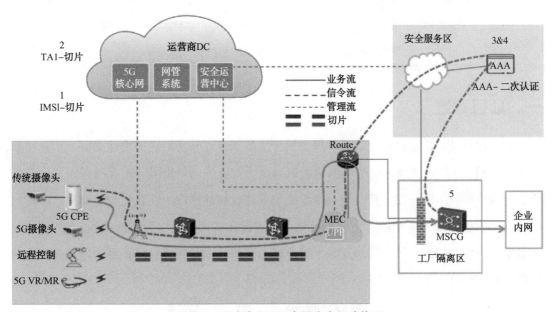

◆ 图2 北仑电厂 5G 专网安全保障体系

5G 专网业务管理系统是针对电厂 5G 终端管理的业务软件，功能包括网络与设备监控、切片监控、拓扑可视、网络的时延、抖动及丢包率、数通设备的端口利用率、服务器性能等指标展示，系统可提升专网运维管理效率。

基于 5G+ 工业互联网技术在电力企业中的应用

[国家能源集团泰州发电有限公司]

案例简介

国家能源集团泰州发电有限公司在安全生产管理过程中遇到了缺少及时管控手段，高风险作业、外委项目管理、车辆与人员管理等缺少实时监控手段，人工巡检劳动强度大以及有线传输的组网方式存在施工困难、维护不便等难点。泰州公司积极探索，逐个突破，采用搭建 5G+MEC（Mobile Edge Computing，移动边缘计算）组网方式，利用 5G+UWB（Ultra-Wideband，超宽带）等技术，充分挖掘 5G+ 工业互联网的应用技术，在汽机、锅炉、煤场、升压站等复杂生产环境中部署安全监控、人员定位、智能巡检、无人值守等 5G 应用装置和技术，提高厂区的生产安全性和管理效率，降低厂区操作安全隐患，降低维护成本，节省人力物力，提升数据安全，在大大降低时延的同时，满足低时延、高可靠业务需求，功能扩展较大，有助于提升 5G 综合应用服务能力，可为各行业涉及 5G+ 物联网应用提供可行性案例。

一、项目背景

新一轮科技革命和产业变革与我国加快经济发展方式转变形成历史性交汇，信息技术和"互联网 +"技术的快速变革已深刻影响到电力行业的创新发展。国家掀起了"大众创业、万众创新"的新浪潮，新一代人工智能发展建设相继推出，信息化与工业化"两化融合"全面推进，加快新型信息化、智能化企业建设已成为发电企业发展的新趋势。同时，大数据、物联网、云计算、移动互联、智能控制等新技术的快速发展，也为信息化、智能化电厂的建设奠定了技术基础。

二、技术方案

（一）5G 组网的技术方案与实施内容

泰州公司在厂区内合计部署 19 个宏站 AAU（Active Antenna Unit，有源天线单元）、96 个室内分布系统（简称"室分"），实现厂区 5G 信号全覆盖；部署入驻式 MEC 系统一套，备用共享式 MEC 系统一套，建设边缘计算能力，实现数据内网传输，保证数据安全性；利用 5G 移动终端实现升压站机器人巡检，利用 5G+UWB 实现人员精准定位等典型业务场景，深度融入智能制造，借助 5G 技术实现智慧化安全生产（见图 1）。

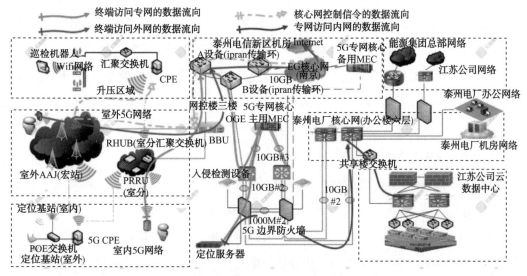

◆ 图 1　智慧企业网络拓扑图

泰州公司厂内终端访问的实现方式如下。

（1）信令面流程——无线终端用户注册。终端用户开机后，发起网络附着请求，此时的目的地址为南京核心网 MEC，请求通过 5G 无线基站发给传输 A/B 设备，到南京核心网侧，在南京核心网设备上完成鉴权、加密以及用户注册流程；南京核心网返回注册成功消息给终端用户，终端用户在手机上可以显示正常信号。

（2）媒体面流程——无线终端用户访问企业内网业务。

部分应用载体（摄像头等）发起媒体面数据交互请求时，访问的目的地址为厂区内网的服务器，通过交换机汇聚后，接入工业网关（工业网关可以给下挂的摄像头等分配固定 IP 地址）后，通过无线热点接入 CPE（Customer Premise Equipment，客户终端设备）。CPE 通过空口将数据包发给基站，基站根据目的地址将数据包发送给传输 A 设备［A 设备会给数据包打上 VLAN（Virtual Local Area Network，虚拟局域网）标签］；A 设备收到数据包后，分析数据包的 VLAN 值（A 设备根据配置的 VLAN 值找到 B 设备），将数据包发给 B 设备；B 设备分析基站的原 IP 地址，如果是厂区的基站，会做路由重定向，就将数据包发给 MEC UPF（User Plane Function，用户控制面）设备；UPF 设备根据之前保存的用户策略表分析用户访问权限，发现该用户只能访问企业内网，并且数据包的目的地址为厂区内网，将数据包发送给企业内部服务器。

（3）媒体面流程——无线终端用户访问公网业务。

用户访问公网地址发起数据包，数据包发给基站后，基站将数据包转发给 A 设备（A 设备会给数据打上 VLAN 标签）；A 设备根据数据包的 VLAN 标签，将数据包转发给 B 设备；B 设备分析数据包的原 IP 地址为厂区基站地址，对数据包原 IP 做路由重定向，将数据包发送给 MEC UPF 设备；UPF 设备根据之前保存的用户策略表分析用户访问权限，发现该用户访问公网地址，并且访问的是厂区公网，将把数据包发送给 B 设备；B 设备根据目的地址通过省际长途传输网发送给南京核心网 MEC UPF 设备；南京核心网 UPF 设备根据公网的目的地址发送给 CTNET 设备，然后用户可以访问公网。

本地网络的数据业务逻辑描述如下：

①用户终端 / 定位基站通过 POE 交换机汇聚连接到 CPE。

② CPE 接收室分 / 宏站发送的 5G 信号进行数据通信。

③室分设备 RRU（Remote Radio Unit，射频拉远单元）经过 RHUB 汇聚后通过光纤连接至 BBU（Building Base band Unit，基带处理单元）；宏站设备 AAU 通过光纤直接连接至 BBU。

④网控楼机房的 BBU 汇聚至 A 设备，通过光缆上行至 B 设备，经过用户控制界面访问控制定向后传输至 MEC。

⑤ MEC 计算分析数据后推送至边缘交换机，经过防火墙、入侵检测设备到达内网核心交换机。

⑥内网核心交换机根据配置的路由将数据转发至应用服务器。

（二）5G+UWB 人员定位技术方案与实施内容

基于 UWB 的人员定位应用是泰州智慧电厂建设的重点应用。人员 / 车辆定位在厂区内汽机房、煤场、码头、输煤廊道、升压站等安全生产区域合计部署近 1000 个人员定位基站，分区域定位基站通过 POE（Power Over Ethernet，有源以太网）交换机汇聚后连接 5G CPE，经过 5G SA 专网与定位服务器实现数据通信。

UWB（Ultra-Wideband，超宽带）是一种无载波通信技术，利用纳秒至微秒级的非正弦波窄脉冲传输数据（见图 2）。脉冲覆盖的频谱从直流至吉赫兹（GHz），不需常规窄带调制所需的 RF（Radio Frequency，射频）频率变换，脉冲成型后可直接送至天线发射。脉冲峰峰时间间隔在 10~100 ps 级。频谱形状可通过甚窄持续单脉冲形状和天线负载特征来调整。UWB 信号在时间轴上是稀疏分布的，其功率谱密度相当低，RF 可同时发射多个 UWB 信号。

UWB 信号类似于基带信号，可采用 OOK（On-Off Keying，二进制启闭键控）、对映脉冲键控、脉冲振幅调制或脉位调制。UWB 不同于把基带信号变换为无线射频（RF）的常规无线系统，可视为在 RF 上基带传播方案，在建筑物内能以极低频谱密度达到 100 Mb/s 数据速率。UWB 抗干扰性能强，传输速率高，系统容量大，发送功率非常小，通信设备可以用小于 1mW 的发射功率就能实现通信。

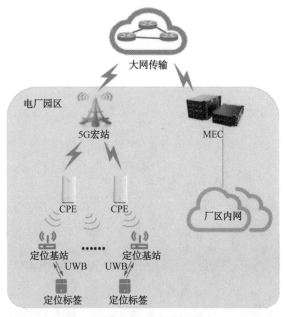

◆ 图 2　UWB 技术方案

（三）5G+ 的应用

（1）5G+ 人员定位：采用 5G 网络实时反馈 UWB 人员定位数据，经过厂区的 MEC 回传至企业内网，通过高精准位置数据管理系统，三维可视化电厂区域内工作人员的实时位置和移动轨迹；结合两票系统、门禁系统、视频监控系统、周界报警系统，实现对重大操作、高风险作业的在线监控和实时干预，保障现场人员的行为可控、位置可视（见图 3）。

◆ 图 3　基于工业互联网平台的人员轨迹图

（2）5G+ 巡检机器人：智能巡检机器人（见图 4）通过 5G 网络回传数据，可在监控中心远程操控；通过图像视频采集、标注、深度学习算法及 AI 图像分析（见图 5），实现定时、周期自动巡检以及夜间自动巡检；智能识别现场设备运行状态，并对设备的外观，断路器、隔离开关的分合状态，变压器、CT等充油设备的油位计指示等运行数据进行拍照回传，在平台自动生成监控及数据分析报表。

◆ 图4　基于工业互联网正在升压站巡检的机器人

◆ 图5　巡检机器人红外热成像

（3）5G+移动监控：移动摄像头具有携带方便、部署灵活、减少布线等特点，适用于应急指挥、视频诊断等重要场景；采用5G接入的移动摄像头，实现在厂区覆盖范围内快速部署移动监控；通过 5G 网络回传现场数据，在移动端、PC 端、江苏公司调度值班室大屏进行实时直播，同时还可在现有视频监控平台添加设备，实现视频存储和回放功能（见图 6）。

◆ 图 6　泰州公司部分图像识别效果

（4）5G+ 网络安全：相比传统的 Wi-Fi 组网方式，5G 在传输速率和组网覆盖方面有着绝对的优势；在网络安全方面，区别于 Wi-Fi 的密码验证方式，5G 通过卡号签约、APN 鉴权、UPF 控制、切片控制等安全措施，确保网络安全接入，满足电厂独立组网的安全需求。

三、项目收益

通过数据中台和 5G+ 的工业互联网技术的应用，实现增量数据采集，提升数据资产管理水平，融合公司数据生产、经营数据，实现数字化管理，降低巡检强度，提升了安全管理水平，优化了生产过程，提高了管理效率和设备可靠性。同时，管理人员能够随时掌握生产人员的在岗在位信息和运动轨迹，便于调度管理，提升了用工安全。项目的实施减少了有线网络的建设维护成本，降低了线路接入成本，降低了人员巡检的频次，起到了减人增效的效果，通过实时监控，提升了现场人员和设备安全性。

泰州发电公司 5G+ 工业互联网建设项目作为泰州地区首个下沉式 5G+MEC 示范项目，打造了电力行业基于 5G 的新型网络架构示范场景，对 5G 在电力生产方面的进一步应用具有指导意义。后续可以将 5G 应用方案复制推广到更多的企业，助推传统工业企业智能化安全管理转型升级。UWB 超带宽技术可应用于室内静止或者移动物体以及人的定位跟踪与导航，且能提供十分精确的定位精度，结合轨迹追踪、区域数量统计、电子围栏、智能巡检、视频联动等业务功能，有效提升企业安全管理效率。

四、项目亮点

1. 实现电力工业和办公环境双网场景下双模切片 5G 技术的成功应用

5G+MEC 下沉：MEC 是一个"硬件 + 软件"的系统，通过在移动网络边缘提供 IT 服务环境和云计算能力，以减少网络操作和业务交互的时延。MEC 靠近"物"和"数据源"的网络边缘侧，融合网络、计算、存储、应用等核心能力的开放平台。MEC 数据不出园区就近提供边缘智能服务，以满足行业数字化在敏捷连接、实时业务、数据优化、智能应用、安全与隐私保护等方面的关键需求。利用网络切片技术，使得电厂厂区业务数据与其他公众用户的数据进行隔离，为用户建立一个 5G 专网，提供专用专享的数据通道，既能满足用户对传输带宽和速率的要求，又能保证 5G 专网用户数据的安全性，防止网络资源被其他切片的用户进行非法访问。

目前，基于 5G+MEC 网络的、多场景的智慧电厂，打造无线、无人、互联、互动、安全的智慧场景，符合无人值守、少人值班、减员增效的能源企业转型理念，这是 5G 技术在智慧能源行业应用的重要突破。在厂区内建设 5G 宏站、室分，成功实现了电厂区域内 5G 网络全覆盖。5G 是泰州公司智慧电厂建设连接的重要纽带，厂区内视频图像、人员定位数据目前均通过 5G 低时延网络回传。5G CPE 将各类数据汇聚之后通过 5G 网络回传到内网，通过 MEC 边缘计算设备实现数据分离，在保障数据安全性的同时，有效降低网络时延；5G+UWB 双网一体化建设，大大降低了汇聚线路设计的复杂程度，也为多设备连接提供了大带宽、低时延的网络通道，节约了大量光纤线路及设备投入和维护成本。

2. 实现在动态电磁辐射场景下无死角稳定应用

在升压站电磁辐射、机器人实时移动等条件下，5G+ 工业互联网建设项目实现了大量视频识别等多种传感器数据回传。

3. 实现 5G 网络在工业复杂环境下大容量节点的数据实时稳定传输（1000 个定位 200 个摄像头闸机、300 个移动终端等）。

4. 实现 UWB 等智能技术与 5G 在电力工业安全管控应用场景下应用模式的探索创新

（1）实现全厂人员分布与轨迹管控，提升人员管控水平。通过安装定位卡片，可实现精密点检等设备的精确定位，实现人员、设备的双重监护与管理，能根据项目建设的实际需求无缝对接其他应用平台，实现了人员移动轨迹实时显示、历史轨迹搜索、不同维度的定位、及时提醒靠近危险源人员等功能。

（2）高风险作业的实时监控与智能识别，提升企业高风险作业安全管控水平。

（3）氢站、氨站重点区域电子围栏管控，提升重点区域安全管控水平。

（4）履带、轨道机器人实现电厂重点区域、重点场景的无人巡检，提升经济效益。

（5）实现厂内人员移动终端实时内网通信，实现应急指挥。

五、荣誉

（1）2021年"智慧安全主动性防御体系研究及实践"项目荣获中国电力市场协会安防专业委员会颁发的五星创新成果奖；

（2）2022年"泰州电厂基于5G+工业互联网技术在电力企业的应用"入选中国电力企业联合会组织评选"电力5G应用创新优秀案例"；

（3）2022年入选泰州市"5G+工业互联网"示范项目；

（4）2023年"基于5G+工业互联网技术在电力企业的应用"荣获中国电力设备管理协会颁发的"2022年全国电力行业设备管理创新成果特等项目奖"。

基于 5G+ 的燃气电站安全作业监视系统

[国能浙江余姚燃气发电有限责任公司]

<table>
<tr>
<td>案例简介</td>
<td>基于厂内 5G 网络的安全作业监视系统通过部署一套厂内 5G 网络系统，实现余姚电厂厂区（生产、办公）等区域 5G 全域覆盖。网络要求实现余姚电厂业务在 5G 网络的专用隔离和业务数据本地处理转发，保证实现业务数据不出厂；通过建设一套移动高风险作业安全监视系统，实现同时对现场 2 个以上高风险作业现场的实时监视，并且系统应具备不少于 10 个高风险作业现场的实时监视扩展能力；实现厂区内工作区域出入人员数量实时自动统计和人员工作服着装、安全帽佩戴情况等违规行为识别和报警功能，并且报警信息可推送至 PC 客户端。</td>
</tr>
</table>

一、项目背景

为贯彻国家能源集团安全发展理念，强化生产现场安全监督力度，余姚电厂落实国家能源集团 2021 年安全环保 1 号文件要求，部署一套基于厂内 5G+ 的安全作业监视系统。系统利用 5G 网络的高速、低时延特性和新一代图形图像识别技术，提高了企业高风险作业安全监视系统和安全督查巡查的及时性、连续性和智能化水平，实现企业发电业务的本质安全。同时，项目利用 5G+MEC 边缘计算技术，实现了 5G 网络与企业内网的互通，做到数据不出园、数据不出厂区，保证了企业重要生产数据的安全。

二、技术方案

（一）5G 组网方案

（1）整体网络架构。5G 专网采用 B2+A4 模式建设。项目在余姚电厂机房新建独享入驻 MEC 设备，5G 终端通过园区周边基站以专用 DNN+ 切片的方式接入专享 MEC，与余姚电厂侧机房服务器实现双向访问，在保证数据不出园的前提下保证 5G 网络的低时延。

如图 1 所示，信令数据通过 5G 基站、SPN 组网、5G 核心网进行终端鉴权，AMF 通过切片信息选择 SMF，SMF 通过切片信息选择入驻 MEC 的 UPF。业务数据流通过 CPE、工业网关等 5G 终端连接 5G 基站，经过移动 SPN 组网，到达余姚电厂入驻 UPF，通过客户内网最终转发至客户内部服务器，实现数据不出场。

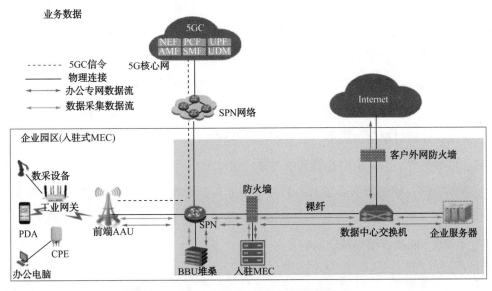

◆ 图 1　入驻式 MEC 组网示意图

（2）入驻式 MEC 设计。入驻式 MEC 主要设备包括 1 台服务器（U9400）、两台锐捷交换机（ZXR10 5960X-56QU-HF）和 2 台防火墙（H3C F5000-M），设备网络拓扑结构如图 2 所示。BBU/SPN 堆叠到余姚电厂办公楼 2 楼机房 5G 一体化能源柜，AAU 放置移动公司机房，客户机房（BBU）与移动机房（AAU）通过余姚电厂区内通信光纤连通。

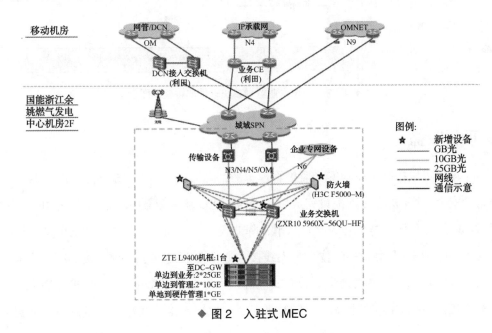

◆ 图 2　入驻式 MEC

（二）安全作业监视系统与 5G 网络融合方案

安全作业监视系统包括前端终端、网络传输、后端平台三个部分。

（1）前端终端。前端由固定摄像机、5G 移动布控球组成。固定摄像机和 5G 移动布控球实现音视频信号采集和压缩上传等功能，5G 移动布控球还能实现设备状态信息、无线传输、本地存储以及数据上传等功能。

（2）网络传输。固定摄像机直接接入视频监控专网，5G 移动布控球通过 5G 网络传输至网关接入视频监控专网。项目部署厂内 5G 网络，以实现余姚电厂内 5G 信号全覆盖，解决厂区 Wi-Fi 信号覆盖范围小、信号不稳定等弊端。

（3）后端平台。后端由中心管理服务器、智能分析服务器、存储服务器组成。布控球及固定摄像机的音视频数据通过 ICC 管控平台上传至智能分析服务器 IVSS 进行智能分析和存储，再将分析的结果反馈给平台呈现（见图 3）。平台功能包括违章大数据分析、魔墙及视频预览、回放点播等基础视频业务。

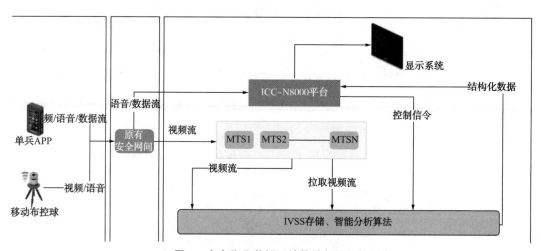

◆ 图 3　安全作业监视系统软件部署架构图

三、项目收益

（1）项目可以提高企业的安全监护管理水平，降低厂内生产事故发生概率，保证人员与设备的安全。厂内 5G 专网建设完成后，可以为建设新型智慧电站提供高质量网络平台，并通过不断提高公司智慧化和数字化水平，降低人员劳动强度，节约企业的劳动力成本。

（2）在智慧电厂领域，5G 技术为无线接入通信覆盖提供了一种更优的解决方案，智能分布式控制自动化、高级计量、分布式能源接入等业务未来可借力 5G 取得更大技术突破。5G 网络可发挥其超高带宽、超低时延、超大规模连接的优势，承载垂直行业更多样化的业务需求，尤其是其网络切片、能力开放两大创新功能的应用，将改变传统业务运营方式和作业模式，为用户打造定制化的"行业专网"服务，相比于以往的移动通信技术，可以更好地满足发电企业的安全性、可靠性和灵活性需求，实现差异化服务保障，进一步提升电力企业对自身业务的自主可控能力。

四、项目亮点

（1）项目充分利用 5G 网络的高速、低时延特性，提升了企业内部信息流的传输效率，在此基础上研究部署高风险作业安全监视系统和安全督查巡查系统，极大地提高了高风险安全作业监视和安全监督的及时性和流畅性；

（2）项目通过 5G+MEC 边缘计算技术，实现 5G 网络与企业内网的互通，做到数据不出园、数据不出厂区，保证企业经营、生产、管理的数据安全性，提升数据流转效率；

（3）基于高级 AI 算法，系统可以保证各级监督和检查人员能全程实时监控作业面的音像，并且能第一时间发现作业现场的违法行为，将显著强化高风险作业安全管控的便捷性和公开性，督促作业人员严格落实高风险作业安全技术措施，显著提高企业本质安全水平，有效遏制生产安全事故发生。

燃气电站机器人自动巡检系统开发与应用

[国能国华（北京）燃气热电有限公司]

案例简介

为满足电厂无人巡检需求，本项目独立研发智能巡检机器人系统。该系统以智能巡检机器人为核心，整合机器人技术、电力设备非接触检测技术、多传感器融合技术、模式识别技术、导航定位技术以及物联网技术等，能够实现发电厂全天候、全方位、全自主智能巡检和监控。本项目智能巡检机器人可以定时定点巡检，且通过一系列的红外测温、表计识别、跑冒滴漏、激光测振及异音监测识别手段来实现对设备全天候、全方位监控；采用 Wi-Fi 实时数据传输，可在监控后台系统查看设备报警信息及历史数据。项目落实国家发展智慧企业政策，展示火力发电厂无人巡检成果，传统电厂改造提升明显，智能电站技术革新取得新突破。该项目填补了国内火电厂机器人巡检领域空白，处于国内领先水平，具有推广示范意义。

一、项目背景

当下，许多电力设备的日常巡检没有实现智能化，均采用传统的人工巡检方式，这就导致巡检质量不高，存在漏巡、代巡、不按规定巡检等问题，不能及时发现设备异常，给生产管理造成了较大的干扰。传统的巡检方式存在以下弊端：

（1）过分依赖安全员的责任心，执行随意性大；

（2）粗放的巡检模式难以监督及考核评估；

（3）基于纸面的信息反馈存在滞后性，难以分享给相关管理人员；

（4）巡检结果难以综合分析，对实现设备预测性维护无太大意义；

（5）软件管理系统无法应对多变、复杂的现场情况。

随着发电行业技术发展，建设"智慧型电厂"是我国电厂发展的一大趋势。近年来，信息数字化和人工智能技术蓬勃发展。作为信息技术和人工智能技术发展的产物，机器人的使用越来越多。但目前对于测振、噪声识别功能的研究仍较少，成功应用于燃气电厂的机器人更是少数。

为此，基于燃气电厂研究开发智能巡检机器人系统，以机器人辅助或代替人工实现主厂房的巡检工作，保证人员、设备安全运行，达到智慧巡检综合管理目标，提升电厂智慧水平。

二、技术方案

（一）系统设计

智能巡检系统采用的技术架构如图1所示。该架构图包括移动机器人（基于无线网络）、接口通信层、功能服务层和应用层。

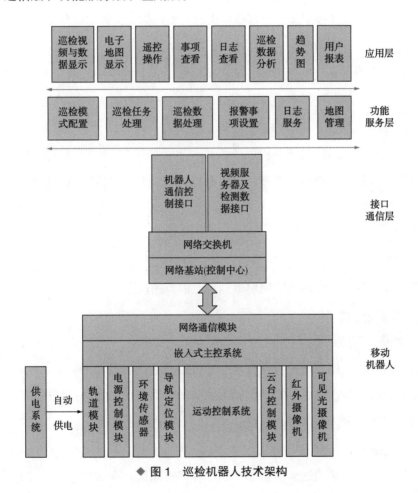

◆ 图1　巡检机器人技术架构

1.巡检机器人

巡检机器人是智能巡检系统的核心，是完成自动巡检的执行体，其工作环境和全自主运行对机器人的可靠性和智能化提出更高要求。可靠性和智能化是移动巡检机器人设计的重点。根据需求，该机器人主要包括如下模块：

（1）嵌入式主控模块：采用工业级嵌入式控制模块。

（2）车载蓄电池及充电模块：采用成熟的锂电池方案及无线充电模式。

（3）导航定位模块：使用二维激光传感器进行扫描，通过特定算法定位和导航。

（4）安全防护模块：通过激光控制器和超声波检测实现双重障碍停靠保护功能。

（5）运动控制模块：实现机器人前进、后退、左右转向等功能。

（6）云台控制模块：实现红外热成像仪和可见光摄像头的左右角度和上下俯仰角度控制、焦距自动控制。

（7）信息识别模块：包括红外热成像仪、可见光摄像机及其他车载传感器：红外热成像仪、可见光摄像机和其他车载传感器监视机器人周边信息，并实时传输到后台进行判断。

2. 接口通信层

该层主要是指通过无线网络设备，实现巡检机器人与控制中心的交互，主要包括巡检机器人检测图像、数据、机器人自身状态以及控制中心对机器人的遥控指令。

3. 功能服务层

该层主要围绕变电站巡检业务提供一些基本功能服务，为应用层提供支撑，主要包括巡检模式配置、巡检任务设置与调度、巡检数据处理、巡检数据检索、报警事项设置、日志服务及变电站地图管理。

4. 应用层

该层主要给用户提供一个可操作的界面，包括地图建立、管理、检测数据观看、统计、手动操作控制等。用户能在应用层得到自己需要的信息。

（二）关键技术

1. 智能导航及定位技术

移动巡检机器人采用无轨化导航技术，通过激光雷达、惯性测量单元、编码器等多种传感器的信息融合与精确解算，获知机器人的精确定位信息，并通过最优路径规划算法和精确轨迹规划算法自主行走到目标位置。

2. 智能传感器技术

巡检机器人搭载大量的智能传感器，如红外热成像仪、高清摄像机、气体传感器、声呐采集器、激光测振仪等（如图 2 所示），可对现场设备运行参数进行识别，并传输到后台进行数据分析。

3. 无线通信技术

根据燃气电站巡检机器人的工作环境，构建起基于无线 Mesh 网络技术的高速可靠巡检机器人无线通信系统，将有线设备或有线 AP（Access Point，访问接入点）的数量减少到最小，提高了数据传输的可靠性以及网络系统整体带宽容量。

◆ 图2　巡检机器人实物图

4. 大数据分析技术

随着人工智能的飞速发展，基于智能传感器、智能算法和大数据分析的智能融合感知系统，将这三项技术融合在一起，用以完成对对象的监测诊断。数据进入平台后，通过多维度的数据关联分析和数据挖掘等技术，结合专家系统等管理工具，进行辅助决策与判断，从而提升运维管理水平。

监控软件结合 CPS 系统数据和机器采集数据，对巡检结果进行分析，并在监控软件实时监控模块和巡检结果分析模块进行对比处理。

（三）机器人主要功能

1. 红外测温

红外测温识别流程如图 3 所示。巡检机器人可以在任何时间，通过车载红外热成像仪对主厂房内指定点或者全部点的运行设备接头的温度进行测量。特别地，当被检测设备超过设定温度值时，机器人能够自动报警，工作人员便可到故障地点实地查看并采取相应措施。车载温度传感器选用高性能设备，测温范围为 $-20\sim300\,℃$，测温精度为 $\pm2\,℃$。由于机器人灵活的移动性，温度采集范围可覆盖整个站内的相关设备。该设备可对其他低档测温设备不能测量的点进行测量，从而降低运行成本，提高温度测量的灵活性。

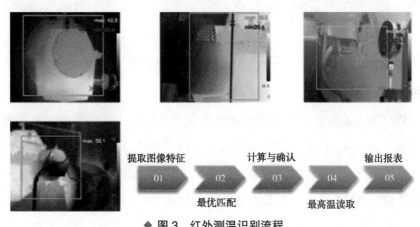

◆ 图3　红外测温识别流程

2. 噪声识别

声音分析功是通过机器人本体上的声音采集系统对噪声进行采集，采集的过程需要对杂音和干扰声音进行过滤，后台服务器通过对采集声音进行快速变换算法，在时域和频域两个维度进行正常和异常数据的比较与分析，判断辅机设备是否处于正常工作状态，如果分析结果异常，则会触发自动报警。噪声识别流程如图 4 所示。

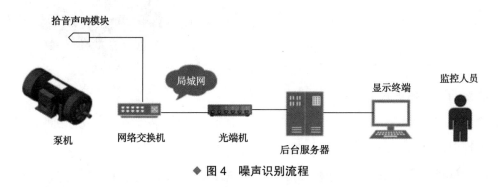

◆ 图 4　噪声识别流程

3. 仪表读数

机器人后台系统基于 CNN 网络视觉识别技术对采集到的高清图像进行识别，能够对高清图像进行数据读取、状态识别、自动记录和判断，并将现场动态及静态表计数据传输至数据库，为设备寿命管理、性能优化、故障预警提供数据支持。仪表读数识别功能流程如图 5 所示。

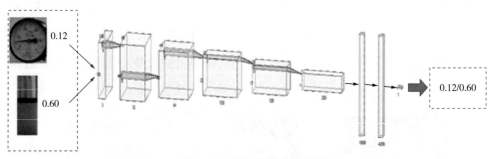

◆ 图 5　仪表读数功能识别流程

4. 测振功能

智能巡检机器人系统搭载和开发激光测振软件及硬件，实现在一定范围内对巡检设备的测振功能。在际应用中，按照运动的表现形式，振动可以分为确定性振动和随机振动。确定性振动又分为周期性振动和非周期性振动，非确定性振动分为平稳随机和非平稳随机。按振动位移的特征分类，振动可分为横向振动（振动体上的质点在垂直于轴线的方向产生位移的振动）、纵向振动（振动体的质点沿轴线方向产生位移的振动）和扭转振动

（振动体上的质点沿轴线方向产生位移的振动）。周期运动可以借助傅立叶级数表示成一系列简谐振动的叠加，该过程称为谐波分析。非周期运动则需要通过傅立叶积分做谐波分析。

5. 自主充电功能

智能巡检机器人本体自带电池电量自动检测电路，且可人工设置电量报警下限，一旦机器人检测到电池电量低于设置值，就会自动停止当前巡检任务，同时发出警报，之后自主运行到充电站进行充电。多次充电不成功，智能巡检机器人将自动报警，等待人工处理。

6. 安全防护功能

智能巡检机器人采用超声波雷达探测，对障碍物进行探测，遇到障碍可停障，若停障则报警；结构上增加防护设备，防止碰撞造成人员或者设备损伤；安装防碰撞接触传感器，与 Sick 超声波雷达构筑双重安全保障，在超声波雷达失效情况下防止与障碍物激烈碰撞，并进行系统安全报警；同时在明显位置安装闪动警示灯，提醒厂内工作人员注意。

7. 危险气体检测功能

机器人自身携带危险气体探测装置，对巡视区域内的危险气体，如 H2 和 CH4 进行自动采集测量，超过阈值的自动报警。

8. 报警功能

智能巡检机器人配备的高清摄像头还将完成读数识别，当仪表的读数超过正常值范围时，智能巡检机器人将发出声光提示，并且报警上传至服务器。该类报警在人工操作模式下可以实现退出、恢复。

在主控室的工作人员可设定智能巡检机器人的高温报警极限值，当智能巡检机器人在工作的过程中检测到某个点的温度超过限值后，立即声光和语音报警，以防止发生事故，造成生命危险，并将这些信息存储到数据库中，为之后的事故处理提供依据。报警内容包含在区域绝对温度测温时超过极限值报警，以及三相相对温度测温时超过极限值报警。

三、项目收益

（一）经济效益

1. 直接经济效益

该系统先后发现燃机房消防水漏水、真空泵分离器液位不准、凝泵电机自由端温度高等缺陷。本项目可每年避免机组非计划停运 1 次，避免设备损坏 10 次，达到增收节支总额 267 万元的经济效益。

（1）EOH（等效运行小时数）：燃机跳机一次增加 EOH 200 小时，成本 70 万元，两台燃机将增加 140 万元。

（2）启动成本：启动过程能源消耗成本增加约 25.7 元，EOH 小时数增加 20 小时，成本增加 7 万元，两台燃机启动一次成本约 65 万元。

（3）两个细则：按 10 小时内机组恢复启动计算，考核电量 $=95.1 \times 10 \times 0.5 \times 0.2=95$（kW·h），折合人民币 62 万元。

2. 间接经济效益

该系统全天候实现对燃气电站主厂房的智能化监控，在相同作业标准和作业范围情况下同比用人减少 2 人，单定员人力综合成本为 40 万元 / 年，人工综合成本节约获利为 80 万元 / 年。

3. 社会效益

（1）本项目成功应用以来，在行业内产生了积极的示范效应，在业内获得了广泛的关注和赞誉，曾在央视《机智过人》节目中亮相，在国内外获得了广泛的关注和赞誉，为电力及其他工业领域推广应用提供了实践经验及优化方向。

（2）由于智能巡检机器人属于高技术密集型产品，它的生产制造可以提高地区经济发展水平，提升产品层次，带动相关产业与技术发展，为其他行业提供技术支持和业务合作创造了机会。

（3）将先进的智能技术、检测方法和手段运用于企业巡检中，有助于安全生产领域高效开展生产工作，交流生产运行经验，共享生产运行方法，提高专业技能水平，提升企业竞争力。

（4）智能巡检机器人的推广应用，将成为企业信息化建设的一个亮点，有助于提升公司在行业中的地位，同时带动人力水平的提升，获得良好的社会形象和社会效益，为推进发电企业智能化转型提供了经验和范例，为中国企业实施"一带一路"倡议赢得了声誉。

四、项目亮点

（1）全新设计模式：工业领域中的巡检机器人功能相对简单，在复杂环境下人机交互效果不佳。另外，简陋的设计外形会直接影响到智能巡检机器人的功能分布和操作运行。本项目所研发的智能巡检机器人旨在突出机器人本体和监控平台有机融合，通过发电厂运维机器人的设计，包括机器人本体硬件、机器人本体软件、后台监控平台三个部分的设计，深化了"互联网＋"模式，突出了网络与机器人检测终端的有机和深度融合。

（2）激光测振：自主研发设备抗干扰性强，具有极高分辨率和极大动态测量范围的激光测振探头，可实时获取生产现场设备振动数据，并与报警设定值进行对比，及时发现设备振动异常信息，避免设备故障扩大化，保障了生产设备安全稳定运行。

（3）激光导航：传统的巡检机器人采用磁导航方式，施工量大、成本高、呆滞性较强，而本项目创造性设计全新激光导航方式，能通过扫描环境建立环境地图，或关联其他CAD软件准确建立地图，识别标志性物体，去除非定位物体，并根据非定位物体位置自动计算自己的位置，自动校准方向，自动停障/避障，实现精准导航。

（4）无线充电：配置具有双向自动充电功能的充电桩，充电方式采用电池与地面充电系统非接触式充电结合的供电方式，具备自主充、断电模式，机器人本体可根据任务状态、电池电量状态等信息，自动返回充电位置进行充电，充电完成后自动停止充电。在充电过程中，机器人本体切断电源，减少电力消耗，提高充电效率，延长机器人使用寿命。

（5）高效的人机交互关系：巡检机器人可将实时采集的检测结果形成高清图片并智能转换成数据上传到控制终端，检测结果异常时会在终端和机器人本体生成报警，提醒运行人员；实现对设备全天候、全方位监控，采用Wi-Fi实时数据传输，可在监控后台系统查看设备报警信息及历史数据，极大地减轻巡检人员的工作负荷，提高巡检质量。

五、荣誉

（1）2022年"燃气电站机器人自动巡检系统开发与应用"荣获中国电力企业联合会的2022年度电力职工技术创新奖三等奖；

（2）2022年"燃气电站机器人自动巡检系统开发与应用"和"基于大数据分析的火电厂全参数智能监控研究"入选北京市经济和信息化局评选的"多维度融合燃气发电智能工厂"。

火电工控智能检测 AI 专用视频芯片研发及应用

[国电内蒙古东胜热电有限公司]

案例简介

随着东胜热电人工智能视频图像识别系统的普及，各应用系统会不断要求新产品具有更大的图像容量、更高的图像质量和更快的图像处理速度，这对图像的存储和处理提出了更高要求。在东胜热电的人工智能监控"跑冒滴漏"系统、安防系统、人员行为识别系统等应用中，遇到的首要难题就是数据量过大，导致图像传输和存储问题。与传统逻辑电路和门阵列相比，现场可编程算法 AI 芯片具有不同的结构，它增强了电路设计的灵活性，不但降低了开发成本，而且减小了设计风险，并且充分挖掘图像处理算法中的并行性，在较低主频下能获得可观的执行速度。因此，该款芯片在图形图像及信号处理方面得到了广泛应用。

一、项目背景

燃煤火力发电厂为国计民生提供稳定、可持续的高品质电能和热力能源，是国家能源安全和民生的重要生产基地。火电厂生产现场存在噪声大、气味浓，设备复杂，易发生跑冒滴漏的问题，生产现场的视频监控以安防为主，依赖远程监视人员的责任心，监视劳动强度大，智能化程度低。生产现场的跑冒滴漏隐患排查和缺陷治理消缺，目前仍依赖人力的远程视频监视和现场人员巡检，很容易出现设备跑冒滴漏发现不及时的问题，易造成停产、停电、设备损坏的重大事故。设备跑冒滴漏、人员不戴安全帽等图像识别算法一般部署在远端的服务器，对网络传输速率、图像质量、算力均有较高要求，存在部署成本高、识别不精准、反应滞后等问题。同时，现有的很多视频识别技术和应用系统都基于美国英特尔的 CPU 与 NVIDIA 的 GPU 才能得以实现，去年美国已将我国 7 家超算企业及研发机构列入"贸易黑名单"，如今又禁售高端 GPU，未来不排除美国会扩大制裁范围。我国在集成电路核心领域"自给自足"的重要性越发凸显。因此，有必要通过自主设计研发，部署基于边缘计算和智能安全识别的电力 AI 专用视频芯片，以缓解网络延时和流量爆发等挑战，缓解电厂人工智能监控跑冒滴漏系统、安防系统、人员行为识别系统等应用主数据中心 AI 系统的计算分析性能压力。只有把关键核心技术掌握在自己手里，才能避免处于被动地位。

二、技术方案

（一）芯片的选择

在图像处理方面，该款 SoC 芯片支持并行处理和流水线处理，具备实现各种复杂算法的能力，可提高图像计算速度和算法效率，可大量应用于视频监控系统。对于图像处理这种大存储量的需求，不仅内部具有大量 SRAM，同时可通过控制器连接外部存储 SDRAM 或者 DDR 等，处理速度非常快，实时性高，功耗也较低。

该款芯片也称为可编程 ASIC，作为可编程逻辑器件被广泛应用，具有众多灵活的逻辑单元，具有开发周期短、集成度高、可编程能力强、适用范围广等特点。如今，AI 算法芯片发展得越来越强大，不仅拥有较多功能强大的硬核，同时拥有功能齐全的软核。异构架构的组合，性能并不比 CPU+GPU 差，在特定情况下可运行实时操作系统。

（二）嵌入芯片的算法改良

在算法改良方面，针对现有的跑冒滴漏识别算法进行迭代升级，设计研发出一种全新的训练用于跑冒滴漏检测的全连接分类网络的算法。新算法支持芯片级算力，还可解决原有技术在图像动态变化的情况下检测速度慢及检测精度低的问题。

提供一种训练用于跑冒滴漏检测的全连接分类网络的算法流程包括：

（1）使用样本图像通过迁移学习确定网络参数。

（2）根据网络参数初始化卷积神经网络和区域建议网络。

（3）根据区域建议网络训练卷积神经网络。

（4）根据训练后的卷积神经网络优化区域建议网络。

（5）根据样本图像的样本特征图和样本图像的候选边界框，训练全连接分类网络。其中，样本图像的候选边界框是通过优化后的区域建议网络提取的。

（6）确定跑冒滴漏检测结果。

相比于原有技术，全新的跑冒滴漏识别算法提供的训练用于跑冒滴漏检测的全连接分类网络，通过引入迁移学习的理念，实现了根据样本图像自动生成训练集并进行自动训练，以快速得到网络参数；然后根据训练得到的网络参数，分别初始化卷积神经网络和区域建议网络；采用迁移学习的方法来确定网络参数，降低了算力要求，提高了检测速度；由于节省了训练网络模型所花费的时间和算力，实现了基于芯片计算的目标检测。

根据区域建议网络的预选区域，训练卷积神经网络。根据训练后的卷积神经网络，再反过来优化区域建议网络。由于样本图像的候选边界框是基于优化后的区域建议网络提取的，提取出来的样本图像的候选边界框较为合理，能适应样本图像的动态变化，从而提高了图像检测精度。本次采用的智能算法训练神经网络和验证网络，需要的大量数据来源于实验室和现场测试的数十万张场景模拟影像和东胜热电协助提供的数万个第三方事故案例视频数据。

（三）智能芯片的结构

该款芯片的芯片组包括图像采集模块、显示图像模块、存储模块、通信模块。AI芯片作为中心控制计算模块，控制各个模块之间的协调，并为智能算法提供存储与算力。

图像采集是整个图像检测过程中的首要环节，主要根据摄像头视频信号的时序进行数据采集。图像处理分为两个类别；一类是输入图像，输出也是图像；另一类是输入图像，输出某种特征信息。第一类主要是对图像进行预处理或表面处理，将采集到的图像信息转换成所观察的图像。第二类是用来挖掘图像信息中包含的特征信息，包括图像预处理、图像分析及信息挖掘。

图像显示与存储模块利用芯片和SDRAM构造双口SRAM。对于读写双口接口方案，系统采用一片SDRAM数据流向为单向，读写控制线各一套。两组存储单元分别轮流作为输入和输出帧缓存。MCU侧将数据写入芯片内部页，先写缓冲区，写满后向SDRAM控制器发出页写请求。输出部分由SDRAM控制器命令仲裁发出页读命令到芯片内部页读缓冲区，再按照输出要求发出高速数据流。SDRAM地址总线行列复用，节省了芯片的管脚资源，为更大容量需求提供便利的接口。

通信模块采用通用异步收发器（Universal Asynchronous Receiver and Transmitter，UART），这是一种常用的串行通信接口标准，是一种全双工通信方式。基本的UART只需两条信号线（TXD、RXD）和一条地线，就可完成数据的互相通信，接收和发送互不干扰，从而极大地节省了传输性能损耗。

该款芯片作为核心处理器负责各个模块的控制与连接，并为"跑冒滴漏"识别算法提供数据存储和支撑算力。首先分析摄像头视频的时序信号，确定每一帧图像的开始和结束。进而读取图像，并将图像信息存储在SDRAM内，然后根据每个像素所在的行，以及在行内的位置生成其在存储器内的存储地址。生成了存储地址以后，采集到的像素便开始不断地存储到存储器内，存储好一帧完整的图像后，便可开始进行读取，读取到的数据送入核心的视觉处理算法模块进行处理。图像处理结束后，通过显示模块送入显示器进行显示，可直观地看到处理结果。在视觉处理过程中，可通过 UART 模块与外界进行通信，同时也方便调试。

该款芯片作为新型的边缘物联网微型计算中心，其制作过程包括：

（1）先在操作系统下，基于 Python 语言开发人工智能识别算法，并通过测试。

（2）Python 需要 Python 解释器，该款芯片是没有使用条件的，只能用底层语言重新实现；然后再进行转换，用 MATLAB 仿真，把算法用 MATLAB 实现一遍，确保功能正确，然后再用硬件语言描述。

基于芯片实现深度神经网络识别算法，需考虑选用的器件资源是否足够、时钟频率可以跑多快。

（四）智能芯片工作原理

基于边缘计算和智能安全识别的火电工控智能检测 AI 专用视频芯片的工作原理是：

（1）利用图像传感器采集图像模拟量。

（2）设计核心芯片作为电力工业现场专用 AI 视频芯片，通过芯片上的 I/O 管脚，将图像模拟量输入给 A/D 转换的 TVP5150 芯片。

（3）将卷积神经网络运算的算法写入该款芯片。

（4）基于边缘计算和智能安全识别的火电工控智能检测 AI 专用视频芯片负责接收和处理来自 TVP5150 解码后的视频数据，将该数据转换到 RGB 色域后进行抽帧、图像计算与识别。

（5）经过比对、校验过的图片，如果无特征报警，则图像不予输出；如果有快速筛选出来的特征报警，则将 TVP5150 解码后的视频数据输出至高速 D/A 转换的 ADV7123 芯片。

（6）经过 ADV7123 芯片，将视频或图像数据传输到主数据中心人工智能识别单元。

（7）在主数据中心的服务器，对电力 AI 专用边缘计算视频芯片初步筛选出来有特征报警的图像，基于 Mask R-CNN 等神经网络算法，进行深度分析与更细颗粒度的识别计算，从而确认异常报警。

（五）智能芯片生产制作工艺

基于边缘计算和智能安全识别的火电工控智能检测 AI 专用视频芯片的生产制作工艺和技术要求包括：

（1）采用最新一代 SRAMI 工艺、中等规模的低成本 SoC 芯片。

（2）支持各种单端 I/O 标准（如 LVlvrL、LVCOS 和 SSTL.2/3），通过 LVDS 和 RSDS 标准提供近 230 个通道的差分 I/O 支持，LVDS 通道传输速率将达 640 Mbps。

（3）芯片具有生成时钟锁相环以及 DDR、SDR 和快速 RAM（CRAM）存储器所需的专用双数据率（DDR）接口等。

（4）支持通过 SOPC 软件对芯片的专门优化，以使其性能进一步提高。

将人工智能算法写入芯片的工艺流程和技术流线要求包括：

（1）图 1 所示为基于深度卷积神经网络算法的芯片并行系统，包括四个部分：输入缓存模块、权值缓存模块、缓存控制模块、计算加速单元。

①输入缓存模块用于保存输入图像数据。

②权值缓存模块用于保存每层所需的权值数据。

③缓存控制模块用于产生控制逻辑信号，控制数据流在各模块之间传递的先后关系及状态标志信号。

④计算加速单元用于实现卷积神经网络中的核心运算，完成卷积核与特征图之间的卷积运算、池化运算及全连接层运算。

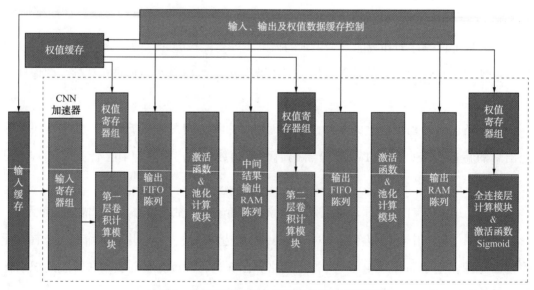

◆ 图 1 将智能算法写入智能芯片的工艺流程图

（2）图 1 计算加速单元包括第一层卷积计算模块、第二层卷积计算模块、输入寄存器组、权值寄存器组、第一输出 FIFO 阵列、第一池化计算模块、第二池化计算模块、第二输出 FIFO 阵列、中间结果输出 RAM 阵列、输出 RAM 阵列及全连接层计算模块。其中，输入缓存模块与输入寄存器组相连接，输入寄存器组与第一层卷积计算模块相连接，权值缓存模块与权值寄存器组相连接，权值寄存器组与第一层卷积计算模块相连接，第一层卷积计算模块与第一输出 FIFO 阵列相连接，第一输出 FIFO 阵列与第一池化计算模块相连接，第一池化计算模块与中间结果输出 RAM 阵列相连接，中间结果输出 RAM 阵列与第二层卷积计算模块相连接，第二层卷积计算模块与第二输出 FIFO 阵列相连接，第二输出 FIFO 阵列依次通过第二池化计算模块、输出 RAM 阵列与全连接层计算模块相连接。

（3）控制模块控制数据流在各模块之间传递的先后关系以及模块之间互联通信的控制、握手信号。控制模块控制数据流的流程是：

①控制逻辑产生数据请求信号，在该信号的控制下，输入的像素数据流与系统时钟同步，并在每个周期后更新数据。

②输入的像素数据被送入系统中各个并行或串行子系统的功能模块，完成若干个特征映射图的运算。

③在经过逐层特征提取后，需要进行特征分类，把多路局部特征数据流组合成全局特征送入全连接层内积运算模块进行分类。

（六）智能芯片的性能要求

基于边缘计算和智能安全识别的电力工业现场专用智能视频芯片的功能与技术设计要求包括：

（1）人工智能视频识别可监控"跑冒滴漏"、设备缺陷、人员违章、人的不安全行为、人的不安全情绪和状态等。

（2）图像采集系统平台，包括图像采集模块、图像处理模块、图像比对模块、图像显示模块。

（3）该款芯片算法具有典型"跑冒滴漏"图像的快速识别功能，边缘计算追求快速识别、粗颗粒度、适当减少卷积计算，通过适当降低计算精度，降低运算复杂度，减小芯片运行的功耗。芯片的智能安全识别精准度达到95%以上，但"跑冒滴漏"的类型精细化区分识别能力可降至20%，区分识别"跑冒滴漏"的类型。

（4）该款芯片主控制模块的程序进行编译与仿真。通过对程序的编译与仿真实现对芯片控制，将数据转换后输出。

（5）该款芯片的系统架构拥有与生俱来的边缘节点属性，契合边缘计算对分布式网络基础设施的需求。通过基于边缘计算和智能安全识别的火电工控智能检测 AI 专用视频芯片，组成大规模分布式的边缘计算网络，大量减少主数据中心服务器的"无效计算量"。

（七）商业化的智能芯片组

通过打造边缘计算平台软件及系统，搭建智能边缘监测平台，对典型的边缘计算应用场景进行验证及推广。以内蒙古分公司的热电企业为例，基于图 2 和图 3 所示现有人工智能视频识别跑冒滴漏监控系统，利用现有的计算能力和共享平台资源，低成本实现 20 多个高清视频"精处理"的并行计算能力。摄像头边缘端的分布式快速"粗处理"计算识别采用自主可控、可升级、可选择的深度神经网络算法写入 28nm 的 AI 芯片，形成智能物联 AI 芯片。基础芯片集成了算法芯片和 RAM、Flash 等电子元器件单元，自主开发人工智能识别的深度神经网络算法，以识别火焰、蒸汽泄漏、液体渗漏、扬尘、漏粉、腐蚀、氧化皮、裂纹等设备不安全状态，并将算法写进基础芯片内，并形成基于智能物联 AI 芯片的边缘计算装备。

◆ 图 2　东胜电厂跑冒滴漏智能视频监控系统

三、项目收益

该款基于边缘计算和智能安全识别的火电工控智能检测 AI 专用视频芯片的应用，在所部署的区域内有效降低因"跑冒滴漏"故障导致的机组事故率 0.24%，减少一类障碍 0.33 次 / 台机组，减少二类障碍 1 次 / 台机组，减少设备损坏损失 20 万元 / 台机组，合计减少损失 76~98 万元 / 年；降低人员管理成本 1~2 人，节约人员工资 10 万 ~20 万元 / 年。基于智能芯片的视频识别跑冒滴漏系统，可 24 小时不间断地进行设备及管道的跑冒滴漏等不安全状态及时识别，避免设备损坏进一步恶化，节省巡检人工成本，2022 年全年共计创造经济效益约 147 万元。

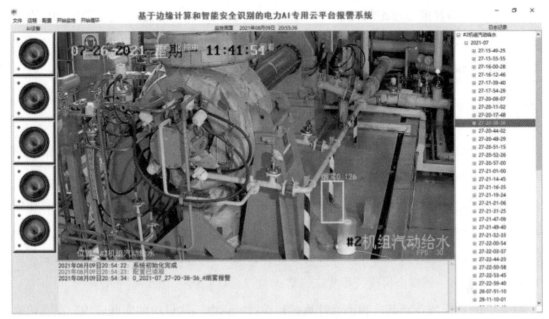

◆ 图 3　蒸汽泄漏测试案例

该款智能芯片及边缘计算智能视频监控系统投入运行后，对提升火电厂生产区域综合运管水平，建设无人巡检电厂示范，提升企业创新形象，引领传统能源企业高科技、高质量、智慧化转型发展均具有积极作用。大规模应用基于边缘计算的智能芯片可有力推动火电厂生产区域设备的巡检和运维方式的革新，是国内智慧电厂建设的关键核心技术和理念突破。

四、项目亮点

本项目提出了基于边缘计算和智能安全识别的火电工控智能检测 AI 专用视频芯片的概念，将原本属于人工智能数据中心的计算任务，分配给具备计算能力和数据分析能力的网络边缘智能芯片，优势包括：

（1）降低人工智能数据中心的计算负载，同时降低由于数据爆发造成的网络带宽传输压力，缓解电厂人工智能监控"跑冒滴漏"系统的主数据中心的压力。

（2）使用边缘计算＋云计算组合的"云边结合"方式，比单纯使用云计算能够完成更多关键性业务。

（3）通过公网与私网的通信协议转换，完成基于 28nm 算法芯片的"跑冒滴漏"边缘计算智能装备接入工控域视频专网部署工作，该套装备能在 300ms 内准确无误地识别电力设备缺陷，其计算识别精度达到 99.5%。

（4）该款芯片可通过定制化服务，支持更多关键性业务，创造新的价值链和生态系统。在全厂约 500 台网络摄像机全部配置智能芯片的情况下，该 AI 芯片及附属硬件的成本可控制为 2000 元 / 片，有利于智能视频识别功能在燃煤火电站大规模推广应用。

五、荣誉

（1）2022 年"5G 新基建和边缘计算芯片在智能火电厂建设中的实践应用"荣获中国电机工程学会电力科学技术奖三等奖；

（2）2022 年"5G 新基建和边缘计算芯片在智能火电厂建设中的实践应用"荣获中国能源研究会中国能源研究会能源创新奖二等奖；

（3）2022 年"5G 新基建和边缘计算芯片在智能火电厂建设中的实践应用"荣获中国安全生产协会第三届安全科技进步奖三等奖；

（4）2021 年"5G 新基建和边缘计算芯片在智能火电厂建设中的实践应用"荣获国家能源集团科技进步奖二等奖；

（5）2022 年"基于 5G+ 边缘计算智能物联网芯片的安防识别与安全管理的研究及应用"荣获中国电力技术市场协会电力科技管理创新成果四星级（二等奖）；

（6）2021 年"基于边缘计算和智能安全识别的电力 AI 专用物联网视频芯片研发及应用"荣获中国电力技术市场协会第 5 届电力设备管理智能化技术成果二等奖；

（7）2021 年"基于边缘计算和智能安全识别的电力 AI 专用物联网视频芯片研发及应用"荣获中国电力技术市场协会电力科技成果"金苹果"奖技术成果三等奖；

（8）2021 年"基于边缘计算和智能安全识别的电力 AI 专用物联网视频芯片研发及应用"荣获中国电力技术市场协会、电力安防专业委员会电力安全与应急管理技术创新成果一等奖（五星级）；

（9）2021 年"基于边缘计算和智能安全识别的电力 AI 专用物联网视频芯片研发及应用"荣获中国设备管理协会电力行业设备管理与技术创新成果二等奖；

（10）2021 年"基于边缘计算和智能安全识别的电力 AI 专用物联网视频芯片研发及应用"荣获电力信息化专业协作委员会电力企业信息技术应用创新成果一等奖；

（11）2021 年"基于边缘计算和智能安全识别的电力 AI 专用物联网视频芯片研发及应用"荣获中国电力技术市场协会，电力行业电气自动化专业技术委员会电力行业电气自动化优秀创新成果一等奖（五星级）；

（12）2021 年"基于边缘计算和智能算法内嵌底层硬件的火电厂专用 AI 视频芯片研发及应用"荣获电力信息化专业协作委员会电力企业信息安全管理创新成果一等奖；

（13）2021 年"深化科技创新，5G 新基建和边缘计算芯片在智能发电建设中取得重大突破"荣获国电电力发展股份有限公司总经理奖励基金一等奖。

适应全煤种的 2000t/h 国产无人值守螺旋式卸船机研制及工程示范

[国家能源集团泰州发电有限公司]

案例简介

泰州公司积极实践习总书记"两山理论",响应长江大保护生态环境治理精神,开展螺旋式卸船机的研制和卸煤无人值守的研究,拥有设备创新设计的关键自主知识产权。在项目推进过程中成功解决"可调节喂料量的永磁直驱式取料装置"等 11 项技术难题,成功实施"全新中间支撑结构型式"等 3 个创新点,有效实现了螺旋式卸船机国产装备的大型化、智能化、高效化突破,卸煤额定出力指标达到 2000t/h,最大出力指标达到 2400t/h,均处于国内螺旋式卸船机第一的水平,运行期间码头各区域粉尘浓度均小于 0.1mg/m³,有效解决粉尘无组织排放问题。项目在行业内具有高度的示范性和先进性,将促进民族工业进步,填补国内卸船机制造行业空白,打破国外垄断,为世界散货码头升级改造提供江苏泰州方案。

一、项目背景

为深入贯彻国家能源集团"一个目标、三型五化、七个一流"总体发展战略,努力创建世界一流综合能源集团,不断提升国家能源集团电力产业智慧化水平,切实解决码头粉尘无组织排放无法根治的问题,进一步提高卸船作业的综合效率,提升电厂煤炭码头运营效率和自动化水平,泰州电厂对码头卸船设备及码头装卸工艺进行升级改造,新增一台适应全煤种的 2000t/h 国产无人值守螺旋式卸船机。

二、技术方案

螺旋式卸船机工艺路线包括取料头通过旋转取料,舱内物料经取料头进入垂直螺旋输送,物料不断进入垂直螺旋输送管道而被提升至臂架顶部,经卸料口被转载到臂架水平螺旋输送机上,物料最终沿水平螺旋输送机进入中部料斗卸入下层皮带机。技术路线包括以下两点:

(1)收资与调研:进一步广泛收资与调研,吸收消化、深入掌握有关螺旋式卸船机的最新研究成果，掌握运行后螺旋式卸船机整体状态，研究分析国产 2000t/h 螺旋式卸船机对当前接卸工作的提升作用。

（2）理论、试验研究：针对泰州电厂接卸的全系列煤种，开展物料特性的基础研究，利用 EDEM 物料仿真软件，模拟螺旋取料、垂直输送、转料、水平输送等过程；建立不同煤种所对应的螺旋输送参数，如取料螺旋转速、垂直螺旋转速、水平螺旋转速等；进行关键装置的厂内测试，测试设备的性能，并根据试验情况不断优化。

泰州电厂适应全煤种的 2000t/h 国产无人值守螺旋式卸船机 2021 年 10 月完成技术方案审查，2022 年 11 月完成整机吊装，12 月完成单机构、整机空载、重载调试，正式投产。

三、项目收益

（一）经济效益

（1）螺旋式卸船机投用后，泰州电厂煤码头接卸效率最大可提升 30%，有效降低船舶滞期费。同时，得益于螺旋式卸船机先天优势，扬尘税进一步减少。

（2）节电的效益。使用螺旋式卸船机进行接卸，可有效减少 60% 以上的清舱作业时间，同时通过清舱阶段卸煤皮带机变频器的有效调节，可使得卸煤段皮带机的平均运行速度降低 30%。经试验测得，此时可节约卸煤段皮带机用电量的约 20%，每年可节省电费 50 万元以上。

（3）设备速度降低，维护成本降低。带速降低可减少输送带、托辊、滚筒、落煤管等设备损耗，每年可减少约 100 万元的设备维护费用。

（二）社会效益

（1）本项目投产后大大减少在卸船过程中的煤炭扬尘，有效降低电厂运营给周边环境带来的影响。本工程的建设是"绿水青山就是金山银山"的具体实践，是蓝天保卫战和长江经济带环境保护不断推进的必然趋势，是泰州电厂可持续发展的需要，能够进一步加强煤电企业粉尘无组织排放管控和深度治理，提升火电厂环保设施运行管理水平，积极消除环境敏感区潜在的生态环保风险。

（2）本项目在行业内具有高度的示范性和先进性，同时将为其他同类型火电厂码头的绿色环保改造探索新经验。

（3）本项目建设前，国内卸船机制造企业没有 2000t/h 出力的生产业绩，本工程的投产使得国内卸船机制造企业能填补这部分的空白，打破国外的垄断，促进民族工业的进步。

四、项目亮点

（1）本项目研发了集码头典型煤种高效输送、全场景实时监测、关键数据实时监测、关键部件数字孪生控制、多级智能防护、大数据分析预测等一体的具有行业示范效应的大型高效智能螺旋式卸船装备。

螺旋式卸船装备工作环境具有粉尘大、水汽含量高等特点，在复杂工艺环境下进行动态监测难度较大。如今，大多数企业主要根据工作人员的经验进行静态监测，效率低下，准确性差。针对上述问题，本工程研发面向码头典型煤种的高效智能螺旋式卸船装备，包括机械本体、全场景实时识别系统、智能感知控制系统、多级智能防护系统、智能运维管理专家系统、大数据云平台等主要部分组成，通过智能识别、数字孪生控制、人工智能和专家系统等多项技术的深度融合，实现集全作业场景实时监测、关键数据智能感知、多级智能防护、姿态数字孪生控制、智能决策和大数据分析预测等功能于一体，消除传统生产工艺中的信息盲点，解决信息孤岛现象，使所有工艺信息数据化，有机联结各信息流，实现闭环反馈、可视化、智能化管理（见图1~图3）。

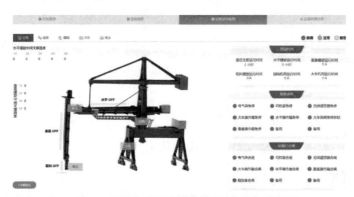

◆ 图1　高效智能卸船装备各系统组成示意图

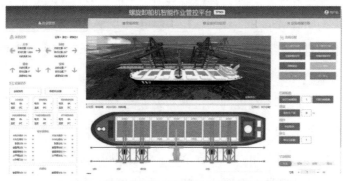

◆ 图2　螺旋式卸船机智能作业管控平台画面

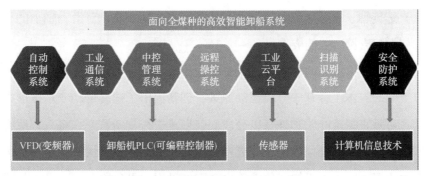

◆ 图3　螺旋式卸船机设备状态监控画面

（2）基于 EDEM 离散元物料输送原理，本工程创新提出煤炭高效取煤器的新型结构，开发新型煤炭高效喂料器，实现 2000t/h 的高效螺旋输送目标。

煤炭具有体积差别大、输送摩擦系数大和物料外形不规则等特点，本项目创新设计四种不同结构的煤炭高效喂料器（如图4所示），基于 EDEM 离散元物料输送原理，仿真分析不同结构喂料器的煤炭传输能力，创新开发新型煤炭高效喂料器，实现 2000t/h 的高效螺旋输送目标。

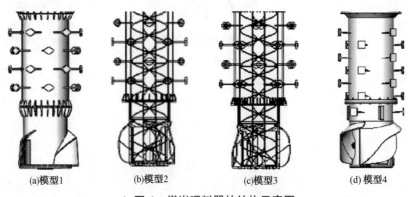

(a)模型1　　(b)模型2　　(c)模型3　　(d) 模型4

◆ 图4　煤炭喂料器的结构示意图

（3）基于分段摆动原理，本工程创新提出螺旋传动专用球形关节万向轴分段连接技术，创新研制了新型垂直臂中间支承机构，实现远距离螺旋传输目标。

本工程研究前螺旋式卸船机本体中的垂直臂中间支撑机构主要利用支撑螺旋边缘上的滑动轴承对垂直螺旋轴实现中间支撑。螺旋边缘滑动支撑装置形成的输送螺旋连续，物流连续流畅，物料通过性不受影响，并可实现对垂直螺旋轴的支撑，但存在以下局限性：

①滑动摩擦阻力大，由结构变形和安装误差引起的超静定结构支反力大，使垂直输送机能耗大；

②支撑螺旋及支撑轴瓦的间隙会引起垂直螺旋输送轴强烈的冲击振动；

③对垂直螺旋轴、支撑螺旋及支撑轴瓦的制造安装要求高，对滑动轴承的材料与热处理要求高，使中间支撑装置的成本高；

④支撑螺旋及支撑轴瓦的磨损严重，工作寿命低。

针对以上问题，本工程基于分段摆动原理，创新提出了螺旋传动专用球形关节万向轴的连接形式；对垂直螺旋叶轮和外管以分段安装形式进行重新研究，将垂直螺旋中间支承装置改为剖分式的支承外壳，以使设计成"自顶升"机构和快装快换式的模块化结构，并研发了新型垂直臂中间支承机构，使螺旋轴在工作过程中可分段摆动，可达到降低垂直螺旋输送机能耗、保证垂直螺旋轴平稳运行、大大降低对垂直螺旋轴的制造安装精度要求、降低成本、延长工作寿命的目的（如图5所示）。

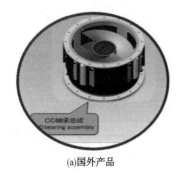
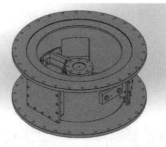

(a)国外产品　　　　　　　　(b)国内同行现有产品　　　　　　　(c)本项目创新结构

◆ 图5　国内外喂料器结构示意图

火电厂抓斗式卸船机全自动控制系统研究

[国能粤电台山发电有限公司]

案例简介

台山电厂抓斗式卸船机全自动控制系统研究及应用，包括远距离轮廓检测技术研究、物料分布监测技术研究、智能辅助决策技术研究、路径规划技术研究、全自动远程监控技术、船壁清煤机器人技术的研究，实现抓斗式卸船机作业的无人值守和辅助清煤。本项目竣工后，实现卸船机全自动远程监控功能和实时远距离轮廓及物料分布扫描功能，能够实现全天候作业的能力，尤其在大雾天气司机视线所不及的情况下，能够保证煤船接卸的效率。实现 5G 技术在台山码头设备应用，推动智慧码头的提质增效和数字化转型。

一、项目背景

台山电厂煤码头共安装有 6 台桥式抓斗卸船机，其中 5 台卸船机额定出力为 1500t/h，1 台额定出力为 1750t/h，由大车行走、起升、开闭、俯仰、小车运行五大主设备及其他辅助设备组成。卸船机配有正常、特殊、高位、半自动四种模式的操作方式，便于操作人员根据物料实际情况选择最佳方式进行卸煤工作。控制系统采用 ABB 的 AC800M 控制系统，由五个 I/O 站和一个工程师主站组成，并设有工程师站和司机室监视及报警、故障诊断、数据管理系统。目前，卸船机操作仍以人工手动操作为主，司机的操作熟练程度直接决定着整个卸船过程的作业效率与作业安全。虽然卸船机具有人工设定主要控制参数实现半自动操作的功能，但半自动操作方式仅限于单个作业循环内的有限自动化：抓斗在船舱内的抓料点选择、抓料操作、抓斗提升、船舱防撞等操作仍需司机手动完成，并未实质减轻司机的劳动强度。因此，对厂内卸煤码头 3 号抓斗式卸船机进行全自动控制系统改造，实现抓斗式卸船机无人值守自动化运行，降低操作人员劳动强度，提升卸船效率。

二、技术方案

（一）系统总体介绍

抓斗式卸船机远程控制和自动化系统（简称卸船机远程自动控制系统）包含主机构位

置检测、舱口及物料轮廓检测、抓斗位姿检测、抓斗路径控制、防撞及安全防护等技术。自动化系统根据检测到的主机构位置、舱口及物料轮廓和抓斗位姿，自动规划出合理的抓取点并控制起升、开闭、小车等机构以优化的路径运行、抓料和卸料，从而实现自动化卸船作业。同时，操作人员可以通过远程控制站监控卸船机的作业过程并在必要时进行人工干预和手动控制。

卸船机远程自动控制系统由中控设备系统及单机设备系统组成，如图1所示。

中控设备系统硬件主要包括卸船机全自动控制服务器机柜、远程控制 PLC 机柜及远程操作台等。其中，远程操作台安装在码头集控室，布置有操作手柄、按钮、视频监视器、全自动控制上位机等。软件包括全自动化卸船机系统、远程控制系统、视频监控系统管理软件及相关数据接口软件。

单机设备系统硬件主要包括船型及舱内物料扫描装置、抓斗姿态检测装置、大车 RTK 位置定位和校准装置、安全防撞装置、司机室编码器及视频监控装置等。

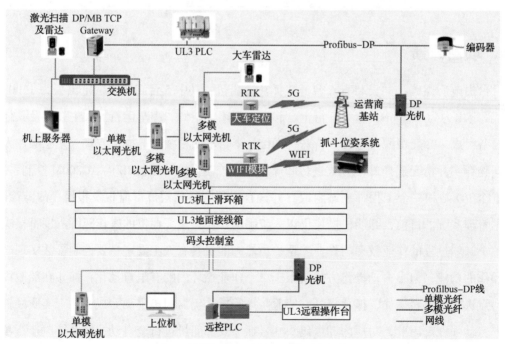

◆ 图1　卸船机全自动控制系统网络架构图

（二）控制模式及工艺

1. 控制模式

控制模式分为本地手动／半自动模式、远程手动／半自动模式及远程全自动模式。其中，远程全自动模式有远程满舱模式和远程舱壁模式。本地模式权限优先于远程模式，本地模式和远程模式可以无扰切换。

本地模式：保留司机在卸船机司机室进行操作的功能。

远程模式：操作员在中控室通过远程操作台上的视频显示器实时监控现场，并控制操作台上的手柄、按钮等设备，对卸船机进行远程操作。

远程手动/半自动模式：通过手柄控制抓斗抓取作业，也可以在抓取物料离开舱口切换到半自动，完成自动放料和抓斗返回，其功能与本地半自动模式功能等同。

远程满舱模式：设定必要的参数后，切至远程满舱模式，控制系统自动实现舱口安全范围内的抓取料作业。在作业过程中，操作人员可以通过操作面板的小手柄调节抓取点的位置（在安全范围内）。

远程舱壁模式：设定必要的参数后，切至远程舱壁模式，控制系统自动实现舱口边沿的抓取作业。在作业过程中，操作人员可以通过操作面板的小手柄调节边缘清料比例。

2. 作业工艺流程

自动化系统的操作流程如图2、图3所示。在远程舱壁作业和远程手动作业过程中，可能有流动机械在舱内作业，需要操作人员与流动机械司机保持密切有效沟通，防止发生安全事故。

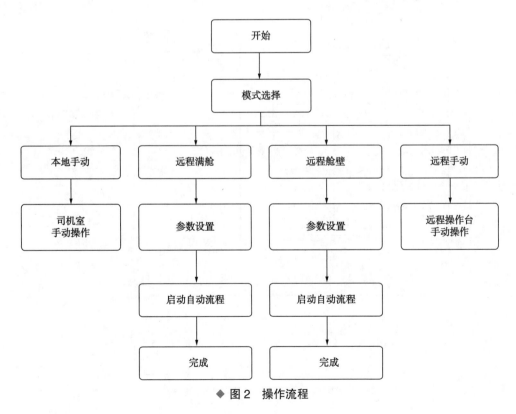

◆ 图2　操作流程

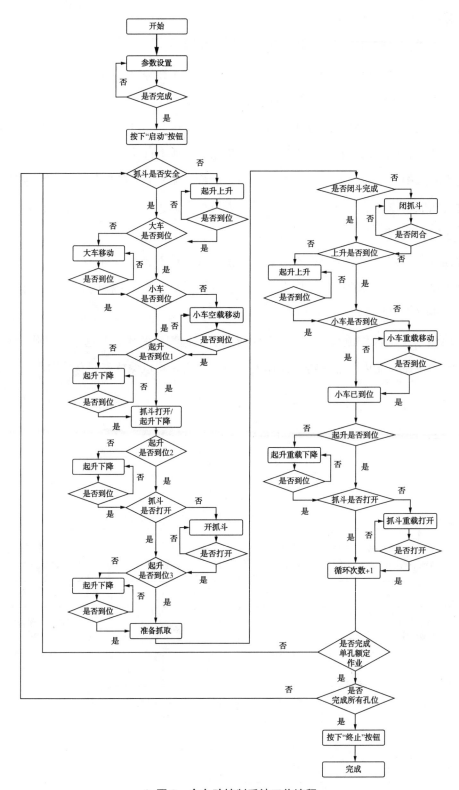

◆ 图3　全自动控制系统工作流程

（三）船型和舱内轮廓扫描系统

1. 系统功能

船型和舱内轮廓扫描系统采用高精度、长距离激光扫描仪，系统共有2台激光扫描仪，其中1台安装于卸船机司机室平台上（见图4），可对船舱进行三维扫描。在作业开始之前，由三维激光扫描仪对船舱舱口进行扫描，对扫描数据进行处理并生成三维模型，为自动卸船提供必要的船舱位置和物料分布数据，主要包括舱口位置、船倾角度、物料轮廓及抓取点物料高度等，并将这些数据传输给自动化卸船机系统（ACCS）和远程控制系统（RCCS）。控制系统根据该模型自动计算出舱口边沿和高度等位置及船舱边角内情况，实时参与抓斗控制功能。在自动化作业的每个循环，当抓斗离开舱口上方后，激光雷达会扫描并更新舱口位置以及舱内物料轮廓。控制系统根据舱内物料轮廓规划出每个循环的抓取点。

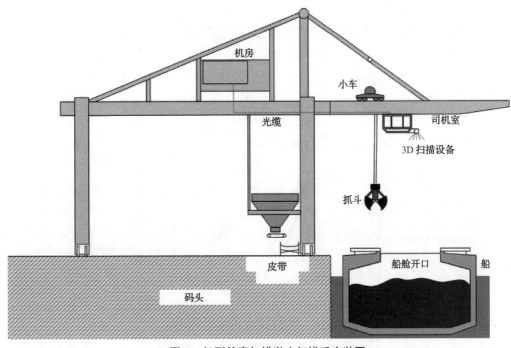

◆ 图4 船型轮廓扫描激光扫描系安装图

为确保在下斗、抓取和起升过程中精准控制，不发生碰撞，在作业舱口布置移动扫描仪1个，自动实时扫描舱内煤炭分布情况，形成三维立体模型。数据经实时处理控制抓斗抓取点、下降高度和起升高度，实现精准抓取。

（1）舱口位置：用于确定安全边界，防止抓斗砸舱。

（2）物料轮廓：便于远程控制系统根据轮廓数据确定抓取位置。

（3）抓取点高度：便于自动化卸船机系统根据高度判断抓斗目标高度。

（4）船倾检测：用于防止偏载作业报警。

2. 卸船机司机室三维激光扫描仪系统硬件

（1）转动机构。3D 转动机构，即激光扫描定位单元，安装在司机室平台下方，用于 3D 扫描和信息数据采集，其外形示意如图 5 所示。

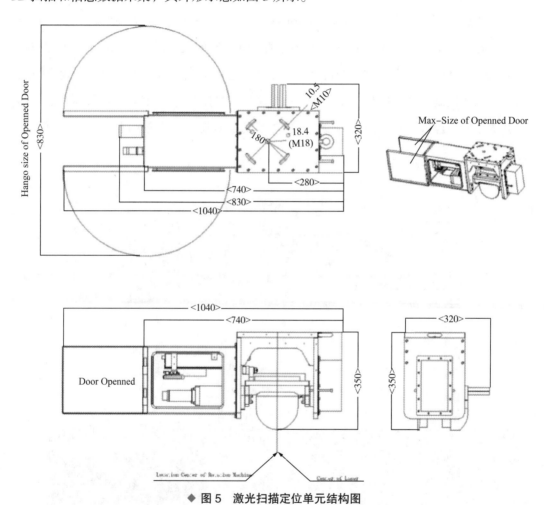

◆ 图 5　激光扫描定位单元结构图

为确保船型和舱内轮廓扫描系统正常运行，需要清洁激光器表面，可以站在维修平台上清理。建议维护周期为三个月。如果没有定期维护，卸船机远程监控系统中会出现警告消息。表面污染会影响船型和舱内轮廓扫描系统检测结果的准确性。

（四）主机构位置检测系统

1. 大车位置检测

采用差分式 GPS 定位系统（RTK–GPS）对大车进行定位，并配置接触式光电传感器做定点位置检测。大车位置采用差分定位系统：在卸船机附近高处设立基站，在卸船机上高处安装一个接收站，基站和接收站通过光纤通信并实现差分定位，位置偏差不大于50cm。RTK-GPS系统与中控系统通过数据总线连接并将位置信息反馈到控制系统，控制系统与煤船联系并获取GPS位置信息，将二者进行比较并产生位置控制指令，通过位置控制系统来改变卸船机的位置，从而实现卸船机的定位。

2. 小车位置检测

在小车电机侧的增量型编码器用于小车速度和位置检测。

3. 起升 / 开闭的位置检测

起升 / 开闭电机侧的增量型编码器用于起升 / 开闭速度和位置检测。

4. 司机室位置检测

在司机室轨道上安装二维码，在司机室的适当位置安装一个读头，通过读取的数据来检测司机室位置。船型扫描系统根据大车和司机室位置以及扫描传感器的数据来检测船舱的准确位置。传感器与PLC之间采用Profibus-Dp通信，安装在司机室顶部。

5. 抓斗位姿检测

抓斗位姿检测由抓斗惯性导航系统组成。采用抓斗惯性导航系统，接收到抓斗实时的位置、海拔以及加速度信息，利用抓斗的惯性将其准确定位在船舱抓料点或卸船机的卸料斗位置，实现抓斗的飞行路径和飞行时间的最优化，缩短抓斗单次循环作业时间，有效利用抓斗的惯性摇摆保护抓斗不与卸船机本体和船舱口发生危险碰撞事故。

桥式卸船机的抓斗在卸船作业过程中有着重要的作用，抓斗在工作过程中的平稳运行直接关系到卸船的效率，为避免抓斗因在工作过程中收到风载和启停等因素影响而产生摆动现象，同时利用抓斗的惯性，将其准确定位在船舱抓料点或卸船机的卸料斗位置，实现抓斗的飞行路径和飞行时间的最优化，缩短抓斗单次循环作业时间，必须对抓斗位姿进行动态检测。

安装在抓斗上的基于惯性导航原理的抓斗跟踪系统，能够在任何空间位置提供抓斗的加速度和运行方向，通过无线传输的方式将数据信息实时发送到主控系统中，主控系统由此计算出抓斗的摆幅，确定抓斗的移动轨迹。

抓斗惯性导航系统主要选用成熟的陀螺仪测量系统来获取位姿信息，并将该位姿信息用于控制载重小车运动，进而实现控制抓斗的平稳导航。

考虑到载重小车仅具有水平面内的二维移动自由度，选用的垂直陀螺仪可以测量俯仰和横滚位姿参数、角速度、角加速度，精度可达100；可以通过串行总线与上位机进行通信，进行数据传输。将垂直陀螺仪通过在悬挂状态下水平的机械接口固定连接于抓斗上侧，通过串行总线与上位机通信，通过俯仰信息产生控制指令驱动载重小车沿轨道滑动，抵消抓斗摆动运动产生的偏差，实现取料和落料的准确性，避免与货仓和卸船机本体碰撞。陀螺仪主要参数如表1所示。

表1　垂直陀螺仪主要参数

设备性能	参数
俯仰精度	10^0
横滚精度	10^0
分辨率	0.10
倾斜范围	俯仰 ±900，横滚 ±1800
尺寸	59mm × 37mm × 22.6mm
重量	60g
RS–232/RS485 接口连接器	4 针
启动延迟	<50ms
最大采样速率	100 次 /s
串口通信速率	2400~115200 波特频
数字输出格式	二进制高性能协议
支持电压	直流 +5V
电流（最大）	40mA
工作模式	30mA
储存范围	–40~125℃
操作温度	–40~85℃
抗振性能	3000g

（五）抓斗路径控制

在每个作业循环中，自动化系统根据检测到的主机构位置、舱口及物料轮廓和抓斗位姿规划出合理的抓取点和优化的作业路径，控制抓斗完成自动卸船作业，确保对卸船机机械结构和船舶的安全保护，同时通过小车起升的联动缩短循环时间，提高效率。

卸船机在运动过程中，可分为几个关键阶段。以卸料为例，一是出舱阶段，即小车横行和抓斗提升的重叠运行阶段；二是出舱后的止摆控制阶段，为了在最后阶段充分利用抓斗摆动卸料，在这一阶段必须尽量让抓斗不摆动，以便在最后时刻快速制动，达到抛料的目的；三是小车的横行阶段；四是制动抛料阶段。在这个过程中，小车的运行速度曲线是整个自控系统的关键。

全自动化控制系统规划抓斗路径思路：小车启动阶段通过加速、减速、二次加速至额定速度的过程消除抓斗对于小车的相对运动，即首先进行止摆，然后抓斗随小车恒速移动至卸料点。整个控制过程主要控制小车运行加速度，以达到摆动可控的目的，其关键是确定小车运行速度曲线。小车的运行速度曲线和抓斗的起升速度曲线如图6、图7所示。

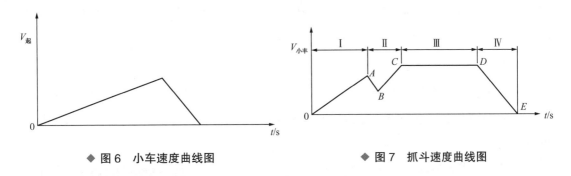

◆ 图6　小车速度曲线图　　　　　　◆ 图7　抓斗速度曲线图

（六）智能辅助决策

卸船策略主要包括定点卸船、连续卸船和平衡卸船。在某一项卸船策略执行中，系统会实时扫描各项因素是否符合安全要求，根据物料的种类和分布及时给出预警和提醒，防止发生意外事件。智能辅助决策系统能够按照既定的卸船策略和路径进行控制，实现连续自动卸煤，并识别舱内推扒机位置，自动规避，避免交叉作业发生碰撞。

1.全自动卸船原则

全自动卸船一方面要考虑舱内煤堆重心保持在船体纵、横轴的中心以保持船体的平衡，另一方面要尽可能提高卸料效率，即全自动卸船的原则必须兼顾安全与效率。

2.卸船初始位置选定

按操作员分配的卸船任务总舱数，依据"平衡卸船"的原则，分情况选定卸船的舱位初始位置。

任务为1个舱，初始位置为该舱左侧。

任务为2个舱，初始位置为2号舱左侧。向右取完2号舱的第一层，再取1号舱第一层。

任务为3个舱，初始位置为2号舱左侧。向右取完2、3号舱的第一层，再取1号舱第一层。

3.连续取料策略

总体思路为：从顶至底逐层取料；每层从左向右隔行取料，再从右向左按行收尾取料；每行从中央至两侧隔列取料，再对遗留的各列料堆收尾取料。

对于舱内物料较多且堆面较平整的场合，按上述策略连续取料。在特殊情况下，当面对煤型不平整的煤堆，需要开启全自动卸煤方式时，系统首先对卸煤舱进行扫描，然后仍按分层原则分出煤层。当前层取完后，剩余平整煤层仍按连续取料策略执行。

系统具备"断点续传"功能：任何时刻，当中断全自动取料后，系统再进入全自动流程时，可根据当前残留物料实际情况，仍按"逐层剥取、隔行取料"的原则继续全自动连续抓取流程。

4. 当前层的处理与取料策略

系统在整个料堆数据的基础上，对待抓取的整个当前层做数据处理和图像渲染。比如，当前层的煤堆颜色略浅，且越浅的区域表示该处越高，而除当前层之外的煤堆都是黑色。

当前层的取料策略是遵循"最大抓取量"原则。在前述连续取料控制策略中，对平整料堆隔行取料也是执行最大抓取量的方式之一。如当前层料堆整体较小或分布较分散，不足以执行隔行取料方式，则软件首先计算出当前层各个煤堆的投影面积和高度，提取特征点，形成抓取位置分布图。根据抓斗的容积（开斗宽度、抓斗侧宽、抓深），按照从大到小抓取量（每斗都是执行当前最大抓取量）进行抓取，直到当前层取完。

（七）安全防护系统

自动化卸船机在生产运行过程中所涉及的各个环节的安全防护技术包括以下方面。

1. 大车雷达防撞装置

在卸船机全自动作业过程中，通过安装在卸船机上的探测雷达扫描，实现实时检测轨道方向的大车与障碍物之间的距离，控制系统根据障碍物形状，经综合计算后对防碰撞风险进行分级处理：进入 4m 范围之内触发二级报警，进入 2m 范围之内触发一级报警，同时大车自动减速，避免发生碰撞危险。

防撞系统安装在大车四个门腿上，各安装一只激光雷达，型号为 SICK LMS111-10100。SICK 雷达检测距离为 0.5~20m，可检测移动和静止的物体，11°×13° 光束模式可检测远距离目标，而不会检测到相邻物体。双离散输出模型可用于创建两个独立的可调感应区。

（1）采用多回波技术，更好地过滤外界干扰，测量更可靠。

（2）具有自检功能，采用 1 级激光，对人眼安全。

（3）IP67 防护等级，内部集成加热器，保证可用于户外恶劣环境，可以在零下 30℃使用。

（4）带雾气校正功能，检测稳定，对低反射率物体不敏感。

激光雷达用于监测大车行走范围是否有障碍物，以确保当卸船机大车移动时避免大车撞到轨道附近的障碍物或相邻卸船机；当存在碰撞风险时，根据距离控制大车减速或停车。

2. 大梁两侧防撞装置

在卸船机前大梁两侧便于维修的位置各安装一只激光雷达，型号为 SICK LMS511-10100，实现对周围环境的三维扫描，检测卸船机与船舶驾驶楼及其天线等设施，获取周围环境点云数据，传送至数据处理设备对数据进行处理，存在碰撞风险时控制大车减速或停车。激光雷达性能参数如下：

（1）采用 5 次回波技术，更好地过滤外界干扰，测量更可靠。

（2）具有自检功能，采用 1 级激光，对人体安全无害。

（3）IP67 防护等级，内部集成加热器，保证可用于户外恶劣环境，可以在零下 30℃使用。

（4）可以设置 10 个保护区域，10% 反射率时最大范围为 40m。

（5）抗环境光：70000lx。

3. 紧急安全区域

船舱和舱内物料扫描系统监测舱口数据，抓斗位置和姿态监测系统监测抓斗位置，根据舱口位置以及卸船机机械结构（接料板和料斗等位置）规划抓斗运行的紧急安全区域，并将数据送入自动化卸船机控制系统。自动化卸船机控制系统根据小车、起升的位置和速度计算抓斗的安全路径，通过抓斗路径控制技术使抓斗在紧急安全区域以外运行；当抓斗接近或进入紧急安全区域存在碰撞风险时，控制起升/开闭或小车实现减速或停车，防止抓斗砸舱。

同时，卸船机大梁上安装的激光传感器可以监测工作位置大梁两侧障碍物，并将数据送入自动化卸船机控制系统，实现卸船机大梁与船只的防撞。

4. 远程控制中心系统防撞保护

远程控制中心系统根据选择的操作模式和扫描数据计算抓斗的安全作业范围，并通过录入的船只数据校验检测数据，保证数据的可靠。

同时，安全操作台上布置了急停按钮，操作人员发现安全风险来临时，可以紧急停止所有机构动作，防止发生安全事故。

为了保证远程控制系统的稳定，控制中心配置了 UPS 电源，保证临时的断电不会完全失控。

5. 通信故障保护

所有子系统间的通信全部由监控信号送入控制中心，任何一个子系统发生通信故障，都会根据子系统的功能及实时状态做好安全保护，防止发生安全事故。

6. 位置检测保护

主要机构都有对应的校验方法，发现位置发生偏差，系统会自动检测报警或者停机，防止发生安全事故。

（八）视频监控系统

视频监控系统满足卸船机在作业过程中，运行人员可以实时监视设备当前的运行情况，实现卸船机全方位监视，并实现对远程监控对象的录像、回放、联动报警、监控策略制定等。本项目共安装 16 套摄像系统，通过视频监控系统可以随时观察到大车运行及作业区域的情况，提高安全生产系数及提高作业效率。

视频监控设备采用云台高清摄像头和固定摄像头，经光纤通信将信号汇聚到电气室的视频监控交换机内。视频图像通过光缆传输到码头集控室操作台集中显示，同时进入全场视频监控系统。码头集控室配置 4 台 46 寸监控拼接大屏、视频综合处理平台、控制键盘等，可对大机上的图像进行云台控制、观看等。视频监控系统配备硬盘，实现视频存储、显示、管理等功能。所有摄像头均为工业高清摄像头，具备夜视、透雾、防抖功能，像素不低于 400 万，数字变倍不低于 30。具体摄像头安装位置如表 2 所示。

表 2　摄像头安装位置及功能说明

序号	设备类型	安装位置	数量	功能说明
1	球形摄像机	后大梁前部	1	向前观察小车和抓斗运行情况
2	球形摄像机	料斗上方	1	观察料斗及挡风板等
3	球形摄像机	前大梁中部适当位置	1	观察船舱及边沿情况
4	自动跟踪摄像机	司机室下	1	自动跟踪和观察抓斗运行情况，带喷水装置
5	半固定摄像机	工程师站	1	观察工程师站
6	半固定摄像机	导缆架附近	1	观察导缆架情况
7	半固定摄像机	电气房	1	观察电气房
8	半固定摄像机	机械房	1	观察机械房
9	球形摄像机	移动小车附近	1	观察移动小车情况，带喷水装置
10	球形摄像机	出料口附近	1	观察出料口情况，带喷水装置
11	球形摄像机	大车海侧中间位置	1	大车走行时观察大车轨道情况
12	球形摄像机	大车陆侧中间位置	1	大车走行时观察大车轨道情况

续表

序号	设备类型	安装位置	数量	功能说明
13	球形摄像机	大车陆侧前侧	1	大车走行时观察大车轨道情况
14	球形摄像机	大车陆侧后侧	1	大车走行时观察大车轨道情况
15	球形摄像机	大车海侧前侧	1	大车走行时观察大车轨道情况
16	球形摄像机	大车海侧后侧	1	大车走行时观察大车轨道情况

三、项目收益

（1）通过国能台山电厂抓斗式卸船机自动化控制系统的研究和应用，实现卸船机全自动远程监控功能和实时远距离轮廓及物料分布扫描功能，能够实现全天候作业的能力，尤其在大雾天气司机视线所不及的情况下，能够保证煤船接卸的效率。依据近两年台山电厂码头大雾天气影响的卸货时间年平均在 70.7h，能够提高年度卸货效率 6t/h，折合减少煤船滞期费约 420 万元。

（2）通过研究实现抓斗式卸船机全自动远程控制功能，不仅提高了设备运行的安全性、可靠性、经济性及操作人员的健康水平，也为智慧港口建设打下了基础。

（3）通过进一步推广抓斗式卸船机全自动远程控制功能，对于国内甚至国外的散货港口接卸设备将有着重大技术冲击，能够帮助这些港口设备进行技术的升级，以提高核心竞争力，为促进现代化技术发展和经济建设有着不可估量的社会效益。

基于精细化掺烧开展的煤质煤流数据
实时跟踪系统应用及研究

[神华神东电力山西河曲发电有限公司]

案例简介

与传统化验分析方法相比较，煤质实时在线检测技术能够实现煤灰分、热值、水分等信息快速检测，解决传统采样、制样、化验工序等复杂且数据滞后的问题，在大幅减轻工人劳动强度的同时避免人为因素干扰，检测结果更客观。煤质实时在线检测系统构建提供了一组以燃煤煤质信息化为基础的动态管控平台及煤质的基础实时数据。"入炉煤煤质信息跟踪系统"为电厂提供了一个以煤质检测数据实时化、入炉煤质实时信息传输管理为基础的精细化掺烧控制平台，实现煤质实时检测数据、入炉皮带秤的加仓计量数据及给煤机计量数据，实现原煤的煤质结构、碎煤机磨制及入炉煤质的实时显示，指导锅炉精细化掺烧运行即碎煤机与锅炉运行方式。系统由"煤质实时跟踪系统""煤质实时数据传输模块"等组成。

一、项目背景

我国煤炭资源分布不均且煤炭种类繁多，火力发电企业普遍面临可燃用煤种复杂多变的局面。没有实时在线配煤机制，再加上实际燃用的煤种灰分、热值、水分变化范围较大，导致锅炉在运行过程中产生燃烧不稳定、结渣严重、污染物排放高、锅炉效率低等问题，严重影响锅炉经济性、安全性和环保性。

在煤质工业分析中，通常采用烧灼法进行实验室离线分析，即经采样、破碎、缩分、制样等前处理环节，之后送至化验室进行分析，数小时后才能得出分析结果，不能及时获得煤质信息。因此，绝大多数燃煤长期存在燃煤煤种偏离设计煤种，导致机组运行存在以下问题：优质动力煤日益减少，劣质煤掺烧显得尤为重要；发电效率偏低，供电煤耗明显偏高；污染排放超标；过分追求市场经济煤种以致锅炉燃烧出现频繁结渣等情况，危害锅炉安全运行。为此，围绕燃煤的"检测""配煤""燃用"几个环节，创建面对复杂煤种的精细化全流程控制系统，通过在该系统中集成煤质实时在线检测系统，获取实时煤质数据，并以实时煤质数据和电站锅炉运行数据指导复杂煤种的煤质精细化管理。

煤质实时在线检测技术与传统化验分析方法相比较，能够实现煤灰分、热值、水分等信息快速检测，解决传统采样、制样、化验工序等复杂且数据滞后的问题，在大幅减轻工人劳动的强度同时避免人为因素干扰，检测结果更客观。煤质实时在线检测系统构建提供了一个以燃煤煤质信息化为基础的动态管控平台及煤质的基础实时数据。"入炉煤煤质信息跟踪系统"为电厂提供一个以煤质检测数据实时化、入炉煤质实时信息传输管理为基础的精细化掺烧控制平台，实现煤质实时检测数据、原煤仓料位计、入炉皮带秤的加仓计量数据及给煤机计量数据，实现原煤的煤质结构、碎煤机磨制及入炉煤质的实时显示，依据每台碎煤机的研制煤质特性及实时入炉煤质，指导锅炉精细化掺烧运行即碎煤机及锅炉运行方式。系统由"煤质在线检测系统、煤质实时跟踪系统""煤质实时数据传输系统"等组成。

二、技术方案

（一）技术原理

多能人工射线－X射线吸收法采用人工射线替代放射源，用人工射线照射煤样，测量作用后的不同能量射线强度，选取至少5个敏感能量区间，从而获得至少5个方程，将其组成方程组。解方程组可获得各种组分含量，进而计算出灰分、热值等。此方法受煤中元素成分比例变化影响较小，可适应混煤、重介选煤等情况下煤质检测。此方法采样量远多于其他测量方法，测量结果更可靠。

（二）工艺路线

1. 光纤铺设

（1）前端探测器处于三期6段皮带机处，此处与工程师站（公辅输煤集控室）的距离大约为350m，所以需要将光纤从6段处铺设至公辅输煤集控室；（2）前段探测器的灰分、热值、水分数据传送带输煤程控PLC光缆大约200m；（3）DCS间的给煤信号传送到输煤程控PLC大约300m。铺设光纤时必须走电厂固定的线桥，铺设完毕后将线桥恢复原状。

2. 电缆铺设

（1）前端配电箱处于6段采样机处，需要将电缆从6段采样机处分别铺设至公辅输煤配电室；（2）DCS间的给煤信号传送到PLC分站线大约50m。与光纤铺设相类似，也是在铺设完毕后将线桥恢复原状。光纤及电缆铺设完毕后，在前端设备及其他各处预留足够的长度，用于框架及设备安装完后的接线工作。

3. 安装防护框架

前期现场勘察完成后，可将勘察的数据作为参考，并在项目地现场采购材料，现场制作安装，从而避免勘察时出现的微小差别对安装工作造成阻碍。这样的做法快速并且有效。整体框架分为高箱与低箱，高箱用于安装探测器，低箱用于顺煤流及安装水分仪。

4. 水分仪安装

根据调试要求，在 6 段两路安装水分仪，并在安装完毕后对水分仪进行标定。安装水分仪需根据水分仪的大小制作安装框架和固定框架，且在发射与接收天线的对应方向不能有任何金属遮挡。调试前需准备足量的煤样和大小合适的调试箱，并对煤样粉碎、烘干；调试时需先确定高度参数，然后根据比例测量烘干的煤样，添加定量水的煤样等，根据此静态测量数据，粗调水分仪参数，最后再根据实际测量值与化验值，细调水分仪参数。

5. 安装配电箱

配电箱安装于高箱侧面，根据现场护栏的高度确定安装高度。固定完成后，将预留的电缆及光纤连入探测器与配电箱内。在连接光纤时需要进行光纤熔头处理，因为配电箱内有一台光端机用于将光纤信号转换成网线信号。

6. 工程师站服务器搭建

首先将电脑组装，并将软件安装完成，再将预留在工程师站的光纤熔头处理（与前端设备处一样），连入此处光端机上，处理后通过网线连接在电脑上，最后根据《MDL-200 系列射线灰分仪说明》第四章"配置灰分仪连接参数"说明，将前端探测器、配电箱以及服务器三者连接起来。

7. 前端设备给电及 PLC 信号接入

框架、探测器、配电箱及服务器均安装无误后，向电厂有关部门申请设备给电，并由燃料检修电工班负责将电缆接入公辅输煤配电室电源箱内，最后再由运行集控中心同意后，将电源给前端设备。给电后，在与电厂热控部协调后，采集到 6 段两个胶带机的运行信号，并由热控部门监控施工人员将 PLC 皮带运行状态信号接入配电箱内。

8. 设备调试工作

静态标定：MDL-200 型煤质在线检测设备的标定需要进行大量数据对比，其中，静态测量对调试设备起到先期定位的作用。测量时所需准备的工具为，纸盒（20cm×20cm×3cm）、泡沫板（平均厚度为 3cm）、煤样（准备尽可能多的不同灰分的煤样，最好在 10~15 组，并且灰分与热值均已知）。

（1）高度标定：首先准备大约 3kg 的煤样，然后将煤样按照从低到高的顺序测量高度

（添加高度时保证每次增加的高度是定量的），并记录数据，最后将得到的数据进行拟合并标定高度参数。

（2）高度与灰分线性标定：在高度参数确定后，再准备两种不同灰分的煤样（最好差别大一些），将其中一种煤样按照从低到高的顺序依次测量灰分（与高度标定同理，增加的高度要定量），并记录数据，再将另一种煤样按照同样的方法测量灰分并记录，最终将两组数据进行拟合，确定高度与灰分的线性关系。

（3）灰分参数标定：将高度参数、高度与灰分线性参数标定完成后，准备10~15组不同灰分的煤样，并选取2~3个固定高度（最好与皮带运行时的平均高度一样），然后将这些煤样在同一高度下，按照灰分从低到高的顺序测量灰分，并记录数据，最终将数据进行拟合，确定灰分的A\B值。

动态标定：分为数据采集和数据标定两个流程。

（1）数据采集：根据电厂皮带运行时间，制定准确采集时间，一般以一班为一个时间点。

（2）数据标定：将所采集的数据与化验室化验数据统计，经过计算整理，确定合适参数。

9.煤流跟踪系统搭建

（1）PLC系统程序编写。

编程人员根据煤的重量判断煤的批次，只有在上一批次（或上几个批次）的煤都用完（都由煤斗送出至给煤机）之后，才会按序更新煤斗中本批次的重量及热值，因此需要计量上一批次（或上几个批次）的煤重量。当上一批次（或上几个批次）的煤重量减计为零后，将本批次的煤的热值数据传输给锅炉主机监控系统。本批次和上一批次（或上几个批次）的煤重量，通过原煤仓的上仓皮带秤和给煤机的给煤皮带秤进行逻辑判断和计量。其中，原煤仓的上仓量，由皮带秤计量每一批次煤的重量。每一批次煤的热值、灰分、水分由煤质在线仪表提供，然后关联到每一批次煤。

原煤仓的出煤量即给煤机的给煤量，通过给煤机皮带秤进行计量，因此需要将给煤机皮带秤的煤量信号（吨脉冲信号）传送至输煤程控系统（通过硬接线）。

（2）DCS数据同步。为了保证系统安全，煤的热值数据由输煤程控系统模拟量信号（4~20mA）输出的方式传给主机控制系统，即输煤程控系统输出模拟量信号，主机控制系统接收模拟量信号，中间通过硬接线连接。

当前批次的热值信号，共8个点（两台炉，每台炉4个原煤仓），由8个煤流跟踪系统的 AO 通道通过硬接线传输给主机 DCS 系统。给煤机小时总煤量以及给煤机小时综合热值，共 4 个点（两台炉，每台炉 2 个信号），由 4 个煤流跟踪系统的 AO 通道通过硬接线传输给主机 DCS 系统。给煤机重量脉冲信号，共 20 个点（两台炉，每台炉 10 个给煤机），通过锅炉 DCS 的 DO 硬接线传输给煤流跟踪系统。

锅炉 DCS 系统共需新增 12 个 AI 通道、20 个 DO 信号，其核心技术装备包括灰分仪、水分仪。

煤流跟踪系统安装试运行检测精度如表 1 所示。

表 1　煤流跟踪系统安装试运行检测精度

参数	均方根误差
灰分 < 15	≤ 0.5
15 < 灰分在 < 30	≤ 1.0
灰分 > 30	≤ 1.5
发热量 > 4600 大卡	≤ 100 大卡
发热量 < 4600 大卡	≤ 150 大卡
5 < 水分 < 12	< 0.5
12 < 水分 < 20	< 1.5
水分 > 20	< 2.0

（三）运行情况

1. 入炉煤实时检测数据

入炉煤实时检测数据如表 2~ 表 3 所示。

表 2　河曲 CFB 电厂基于精细化掺烧开展的煤质煤流数据
实时跟踪系统应用及研究项目试运行数据总表（一）

日期	测量数据			化验数据			差值		
	灰分	热值	水分	灰分	热值	水分	灰差	热差	水差
2022-10-1 1：00，2022-10-1 08：00	47.02	3207	7.09	44.74	3300	6.4	2.28	-93	0.69
2022-10-1 08：00，2022-10-1 16：00	43.61	3445	5.06	43.13	3416	5.8	0.48	29	-0.74
2022-10-1 16：00，2022-10-2 1：00	46.09	3272	5.26	45.3	3227	5.8	0.79	45	-0.54
2022-10-2 1：00，2022-10-2 08：00	43.51	3452	6.43	42.29	3498	6.4	1.22	-46	0.03
2022-10-2 08：00，2022-10-2 16：00	45.77	3294	6.29	44.36	3316	5.9	1.41	-22	0.39
2022-10-3 08：00，2022-10-3 16：00	46.00	3278	6.91	42.52	3454	6.2	3.48	-176	0.71
2022-10-3 16：00，2022-10-4 1：00	45.18	3335	6.66	43.38	3410	6.5	1.80	-75	0.16

日期	测量数据			化验数据			差值		
	灰分	热值	水分	灰分	热值	水分	灰差	热差	水差
2022-10-4 1：00，2022-10-4 08：00	45.85	3289	6.80	42.85	3435	6.4	3.00	−146	0.40
2022-10-4 08：00，2022-10-4 16：00	44.76	3365	5.03	42.3	3546	5.8	2.46	−181	−0.77
2022-10-5 1：00，2022-10-5 08：00	43.08	3482	8.33	41.68	3569	7	1.40	−87	1.33
2022-10-5 08：00，2022-10-5 16：00	45.14	3338	6.27	44.5	3371	6.2	0.64	−33	0.07
2022-10-5 16：00，2022-10-6 1：00	43.85	3428	6.73	43.52	3433	6.5	0.33	−5	0.23
2022-10-6 1：00，2022-10-6 08：00	43.20	3473	6.45	42.5	3501	7	0.70	−28	−0.55
2022-10-6 08：00，2022-10-6 16：00	45.60	3306	6.94	43.64	3385	6.6	1.96	−79	0.34
2022-10-7 1：00，2022-10-7 08：00	44.69	3370	6.47	42.9	3469	6.6	1.79	−99	−0.13
2022-10-7 08：00，2022-10-7 16：00	43.84	3429	6.75	42.15	3485	6.6	1.69	−56	0.15
2022-10-7 16：00，2022-10-8 1：00	46.45	3247	6.76	45.42	3287	6.2	1.03	−40	0.56
2022-10-8 1：00，2022-10-8 08：00	44.27	3399	6.31	44.72	3314	6.4	−0.45	85	−0.09

表 3 河曲 CFB 电厂基于精细化掺烧开展的煤质煤流数据
实时跟踪系统应用及研究项目试运行数据总表（二）

日期	测量数据			化验数据			差值		
	灰分	热值	水分	灰分	热值	水分	灰差	热差	水差
2022-10-8 08：00，2022-10-8 16：00	46.15	3267	6.50	46.4	3195	6	−0.25	72	0.50
2022-10-8 16：00，2022-10-9 1：00	44.07	3413	7.85	42	3529	7	2.07	−116	0.85
2022-10-9 1：00，2022-10-9 08：00	45.47	3315	5.60	45.19	3316	5.8	0.28	−1	−0.20
2022-10-10 1：00，2022-10-10 08：00	45.77	3294	5.76	45.79	3245	5.8	200	49	−0.04
2022-10-12 08：00，2022-10-12 16：00	43.38	3460	6.65	42.36	3552	6.2	1.02	−92	0.45
2022-10-13 08：00，2022-10-13 16：00	42.44	3527	6.25	42.06	3566	6.2	0.38	−39	0.15
2022-10-13 16：00，2022-10-14 1：00	42.64	3512	7.10	42.07	3547	6.9	0.57	−35	0.20
2022-10-14 1：00，2022-10-14 08：00	42.54	3519	7.22	42.56	3512	6.6	−0.02	7	0.62
2022-10-14 16：00，2022-10-15 1：00	46.20	3264	6.88	45.35	3287	6.5	0.85	−23	0.38
2022-10-15 08：00，2022-10-15 16：00	45.00	3348	7.47	43.87	3460	6.4	1.13	−112	1.07
2022-10-16 1：00，2022-10-16 08：00	43.02	3486	6.83	44.36	3372	6.2	−1.34	114	0.63
2022-10-18 16：00，2022-10-19 1：00	44.39	3390	6.36	43.24	3497	6.4	1.15	−107	−0.04
2022-10-19 1：00，2022-10-19 08：00	45.84	3289	5.28	44.47	3388	5.9	1.37	−99	−0.62
2022-10-19 08：00，2022-10-19 16：00	42.10	3550	8.17	41.6	3520	7.8	0.50	30	0.37
2022-10-19 16：00，2022-10-20 1：00	42.39	3530	7.83	41.02	3499	8.4	1.37	31	−0.57
2022-10-20 1：00，2022-10-20 08：00	44.69	3369	6.58	43.75	3489	6.2	0.94	−120	0.38
2022-10-21 1：00，2022-10-21 08：00	45.25	3330	7.64	41.6	3464	8.2	3.65	−134	−0.56
2022-10-29 1：00，2022-10-29 08：00	45.37	3322	6.27	45.32	3208	6.6	0.05	114	−0.33

表4 河曲CFB电厂基于精细化掺烧开展的煤质煤流数据
实时跟踪系统应用及研究项目试运行数据总表（三）

日期	测量数据			化验数据			差值		
	灰分	热值	水分	灰分	热值	水分	灰差	热差	水差
2022-10-29 08：00，2022-10-29 16：00	45.16	3336	7.23	42.96	3423	6.8	2.20	−87	0.43
2022-10-29 16：00，2022-10-30 1：00	44.87	3357	6.99	43.16	3463	6.6	1.71	−106	0.39
2022-10-30 1：00，2022-10-30 08：00	47.61	3166	6.46	44.74	3270	6.6	2.87	−104	−0.14
2022-10-31 1：00，2022-10-31 08：00	47.01	3207	7.17	43.48	3394	6.8	3.53	−187	0.37
2022-10-31 08：00，2022-10-31 16：00	45.88	3286	6.86	42.09	3540	6.4	3.79	−254	0.46
2022-10-31 16：00，2022-11-1 1：00	47.41	3179	7.79	43.86	3315	6.8	3.55	−136	0.99
2022-11-1 1：00，2022-11-1 08：00	46.18	3265	6.37	44.06	3344	6.4	2.12	−79	−0.03
2022-11-1 08：00，2022-11-1 16：00	44.21	3403	6.07	42.73	3435	6.3	1.48	−32	−0.23
2022-11-1 16：00，2022-11-2 1：00	45.59	3307	6.18	43	3392	6.2	2.59	−85	−0.02
2022-11-2 1：00，2022-11-2 08：00	44.74	3366	6.74	42.12	3456	6	2.62	06−	0.74
2022-11-2 16：00，2022-11-3 1：00	44.27	3399	6.66	42.82	3454	6.8	1.45	−55	−0.14
2022-11-3 1：00，2022-11-3 08：00	44.74	3366	6.10	42.6	3463	63	2.14	−97	−0.20
2022-11-3 08：00，2022-11-3 16：00	47.13	3199	6.09	43.92	3389	6.3	3.21	−190	−0.21
2022-11-3 16：00，2022-11-4 1：00	46.62	3236	6.56	44.45	3341	6	2.17	−105	0.56
2022-11-4 1：00，2022-11-4 08：00	47.81	3152	6.12	44.17	3327	6	3.64	−175	0.12
2022-11-4 08：00，2022-11-4 16：00	47.09	3202	6.51	45.48	3255	6.2	1.61	−53	0.31
2022-11-4 16：00，2022-11-5 1：00	45.25	3330	6.03	44.1	3487	5.2	1.15	−157	0.83
2022-11-5 1：00，2022-11-5 08：00	46.13	3269	6.11	43.14	3427	6.2	2.99	−158	−0.09

表5 河曲CFB电厂基于精细化掺烧开展的煤质煤流数据
实时跟踪系统应用及研究项目试运行数据总表（四）

日期	测量数据			化验数据			差值		
	灰分	热值	水分	灰分	热值	水分	灰差	热差	水差
2022-11-5 08：00，2022-11-5 16：00	45.24	3331	6.84	43.13	3387	6.6	2.11	−56	0.24
2022-11-5 16：00，2022-11-6 1：00	45.56	3309	6.21	42.24	3490	6.7	3.32	−181	−0.49
2022-11-6 1：00，2022-11-6 08：00	45.36	3323	6.63	42.3	3466	6.6	3.06	−143	0.03
2022-11-6 08：00，2022-11-6 16：00	46.46	3246	7.11	42.73	3401	7.1	3.73	−155	0.01
2022-11-6 16：00，2022-11-7 1：00	46.71	3228	6.48	43.92	3318	6.5	2.79	−90	−0.02
2022-11-7 1：00，2022-11-7 08：00	46.23	3262	6.63	43.19	3439	6.4	3.04	−177	0.23
2022-11-7 08：00，2022-11-7 16：00	47.64	3163	6.62	44.72	3277	6.3	2.92	−114	0.32
2022-11-7 16：00，2022-11-8 1：00	46.89	3216	8.00	43.84	3356	7.1	3.05	−140	0.90
2022-11-8 1：00，2022-11-8 08：00	47.57	3169	6.35	43.87	3318	6.4	3.70	−149	−0.05
2022-11-8 08：00，2022-11-8 16：00	47.22	3193	6.54	43.14	3325	6.9	4.08	−132	−0.36
2022-11-8 16：00，2022-11-9 1：00	46.59	3237	6.11	43.4	3404	6.1	3.19	−167	0.01
2022-11-9 1：00，2022-11-9 08：00	46.06	3273	7.88	42.7	3418	7	3.36	−145	0.88
2022-11-9 08：00，2022-11-9 16：00	45.49	3314	6.88	43.12	3396	6.8	2.37	28	0.08

续表

日期	测量数据			化验数据			差值		
	灰分	热值	水分	灰分	热值	水分	灰差	热差	水差
2022-11-9 16：00，2022-11-10 1：00	46.06	3274	7.10	43.72	3303	7	2.34	-29	0.10
2022-11-10 1：00，2022-11-10 08：00	44.91	3354	6.29	46.99	3067	6.2	-2.08	287	0.09
2022-11-10 08：00，2022-11-10 16：00	43.71	3438	8.24	41.95	3384	8.3	1.76	54	90.0
2022-11-11 08：00，2022-11-11 16：00	44.29	3397	6.18	44.14	3322	6.8	0.15	75	-0.62
2022-11-12 1：00，2022-11-12 08：00	44.86	3358	7.82	43.65	3341	7	1.21	17	0.82
均方根误差							1.31	92	0.45
平均误差							1.74	-64	0.18

表6 河曲 CFB 电厂基于精细化掺烧开展的煤质煤流数据
实时跟踪系统应用及研究项目试运行数据总表（五）

日期	测量数据			化验数据			差值		
	灰分	热值	水分	灰分	热值	水分	灰差	热差	水差
2022-11-12 08：00，2022-11-12 16：00	45.66	3302	7.86	44	3301	7.2	1.66	1	0.66
2022-11-12 16：00，2022-11-13 1：00	44.49	3384	7.72	44.9	3267	7.4	-0.41	117	0.32
2022-11-13 1：00，2022-11-13 08：00	44.75	3365	7.93	43.86	3330	7.5	0.89	35	0.43
均方根误差							1.31	92	0.45
平均误差							1.74	-64	0.18

表7 技术检测指标考评汇总表

检测项目	检测范围	检测精度要求	试运行结果	是否满足要求
灰分	>30%	均方根误差≤1.5%	1.31%	是
发热量	<4600kcal/kg	均方根误差≤150kcal/kg	92kcal/kg	是
水分	5%~12%	均方根误差<0.5%	0.45%	是

2. 系统界面图

系统界面图如图1、图2所示。

◆ 图1 系统界面图（一）　　　　◆ 图2 系统界面图（二）

三、项目收益

（1）掌握入炉皮带煤质实时数据、原煤仓实时数据、给煤机出口数据。以这些实时数据为基础，可以指导运行人员进行更精准掺配，从而降低发电煤耗，节约燃煤成本。

（2）实现了入炉煤质的发热量、灰分、水分的实时在线检测，提高智能燃烧控制系统对运行煤种复杂多变的适用性和计算准确性。

（3）实现了不同煤质的实时数据检测，提供了最佳掺配比例，实现了锅炉实时燃烧调整。这几点的实现打下了大数据利用的基础，为电站运行过程中的"互联网+"提供了依据，同时也为开发手机App打下坚实基础。

（4）通过煤质实时检测，企业既做到节能降耗，又可以通过实时检测煤质的各项指标是实现绿色排放的重要环节，社会效益明显。

四、项目亮点

（1）不使用放射源、采用无接触式的测量方式，关闭电源没有任何射线输出。引入多能人工射线，将煤炭原二元混合物模型修正为多元混合物模型，从而降低煤中高Z元素比例变化对灰分检测的影响。多能人工射线能量极低，并获得使用活动实行豁免备案管理。

采用多能X人工射线煤质检测技术实时检测煤质指标。基于多能人工射线–X射线吸收法很好地解决了辐射和测量准确性问题，该方法用人工射线替代放射源，将人工射线照射煤样，测量作用后不同能量射线强度，选取至少5个敏感能量区间，从而获得至少5个方程，将其组成方程组，解方程组可获得各种组分含量，进而计算出灰分、热值、水分等。

测量准确性高，不受煤灰中高原子序数元素（Fe）比例变化影响。此方法受煤中元素成分比例变化影响较小，可适应混煤、重介选煤等情况下煤质检测，此方法采样量远多于其他测量方法，测量结果更精确。

（2）研究的煤质煤流跟踪系统将原煤仓煤质成分透明化分层显示，并通过计算分析，实时显示入炉煤煤质成分，指导目前电厂配煤掺烧，实现上煤加仓和锅炉运行无缝连接，有效解决入炉煤炭采样及化验室数据分析滞后（正常滞后12~24小时，在此期间，煤炭已进入生产、储存环节）、原煤仓煤质不能显示、无法实时显示入炉煤质数据的问题。

（3）对锅炉来说，不同比例的几种甚至十几种煤种掺配形成一种新的煤种，而煤质煤流跟踪系统能够显示不同比例掺配后的最终煤质数据信息，为精细化掺烧带来极大便利，也为当前燃煤机组的节能降耗工作提供燃料信息基础。

（4）通过原煤仓的上仓皮带秤和给煤机的给煤皮带秤进行逻辑判断和计量。其中，对于原煤仓的上仓量，目前的 PLC 系统已经有统计（按班次进行统计）。煤质煤流跟踪系统以此计量数据为参考，计量每一批次煤的重量。原煤仓的出煤量即给煤机的给煤量，通过给煤机皮带秤进行计量，因此需要将给煤机皮带秤的煤量信号（吨脉冲信号）传送至输煤程控系统（通过硬接线），通过煤量自动校正解决两种皮带秤存在测量不准的问题。

（5）保障了煤质在线检测装置、输煤程控系统、机组 DCS 系统与锅炉优化系统之间的数据传输及接口的安全、稳定、实时、精准。

水电部分

水电站绝缘综合智能监测平台研究与应用

[国能大渡河大岗山发电有限公司]

> **案例简介**　发电机组绝缘综合智能监测平台，可实时在线监测机组局部放电、转子匝间短路、端部振动数据，实现状态可视、风险可控的综合性评估；开展发电机局部放电深入研究，实现局放故障诊断的智能化；研究平台大数据分析功能，接入机组运行参数，结合在线监测数据，诊断局放隐患的可能原因，如浸渍不足、绕组过热、线圈松动等，并定位发生绕组支路，同时结合转子匝间短路、端部振动参数，形成故障智能分析诊断模型，实现机组运行状态的智能分析与判断。

一、项目背景

目前，国内电力行业普遍实施的是设备预防性维护管理模式（预防检修），它是根据设备发生故障的统计规律或经验，事先确定检修类别、检修周期、检修工作内容的检修方式，其比早期最传统的（随坏随修的）故障检修模式有一定的先进性，可以在一定程度上主动预防故障发生。但发电设备在投产初期和寿命末期的故障概率较大，并且在各个阶段的故障特点也不尽相同，而现行的预防检修方式下确定的检修项目和周期基本不变，在故障率偏高的初、末阶段就降低了设备的可靠性和利用率，在设备稳定运行阶段就造成了检修人力、物力、财力上的浪费。

对于水轮发电机，机组局放在线监测系统尚处于初级阶段，国内应用较少，没有达到理想的智能水平，需要加强局放数据分析，达到智能判断的目的。同时，该系统只能提供对发电机定子绕组局部放电情况进行基本的实时在线监测，而发电机运行中处于同样工况下运行的转子，以及位于发电机铁心外部、面临更苛刻工况的端部绕组，同样也存在较大的绝缘隐患。转子匝间短路、绕组端部的振动异常，也会对发电机的经济安全运行造成较大影响。因此，单纯实施定子绕组的局放监测，并不能够完全体现发电机运行状况，需要多维度监控，对转子的匝间短路、端部绕组振动也同样实施有效的监控手段，可以更为全面地实现机组状态监控。

本项目是基于工业设备状态检修的大趋势，通过配备机组定子绕组局放、转子匝间短路、定子端部振动监测设备，运用先进的数据分析技术，实现定子绕组局放以及转子匝间短路等智能分析，对识别水轮发电机绝缘故障的早期征兆，对故障部位、严重程度、发展趋势做出分析判断，开展针对性检修具有一定的促进意义。

二、技术方案

充分挖掘数据，采用大数据、分类算法、新材料等手段，开发智能诊断、智能报表、综合监测等应用功能以满足实际需求，提高设备管理及综合生产管理集约化水平。

（一）发电机组局部放电监测系统智能化

在消化吸收 IRIS 局放分析模型的基础上，采用分类算法，构建局放数据智能监控及预警系统。可根据定子绕组在线局放值的大小、稳定性、极性、相位等信息，进行机组局放状态智能分析，判断绝缘隐患的严重程度、发生位置，做出风险提示及建议。智能判断流程图如图 1 所示。

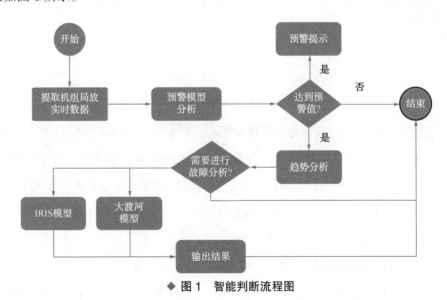

◆ 图 1　智能判断流程图

（二）发电机组综合监测平台

系统将采用大型关系数据库和模块化设计，初期实现发电机组定子局部放电、转子匝间短路、定子端部振动监测数据的集成、展示和联合预警，实现了智能诊断和前端显示，形成一个电厂厂级综合监控一体化预警平台。平台具备各类智能专家诊断系统，能够实现针对不同设备智能报警和报告生成功能（见图2、图3）。

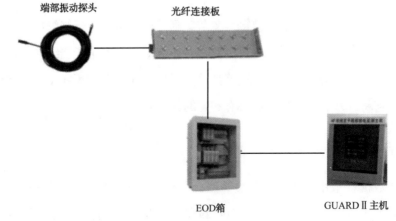

◆ 图2 端部振动安装示意图

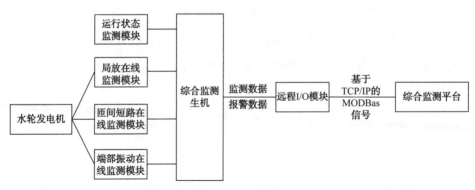

◆ 图3 机组绝缘智能在线综合监测平台原理图

状态监测技术按照功能可分为"测量型"和"诊断型"两类。"测量型"系统根据测量的数值，参考相应标准，界定设备的健康状态和风险程度；"诊断型"系统以诊断技术为基础，利用监测到的数据进行综合诊断分析，从而界定设备的健康状态和风险程度。

综合预警平台的主要目的是，对同一高压设备不同类型的监测手段进行多维比对，实现综合性的预警，避免误报警。其主要功能概括如下：

（1）汇集所有监测系统的监测结果，进行分层式的集中显示；

（2）对于设定测量型监测项目的报警阈值，并根据各监测单元的监测结果和其他监测手段（包括诊断型设备）结果，决定是否产生报警输出；

（3）报警输出应包括风险评估结论和对应的应对措施；

（4）将所有监测系统的数据和整体监测结果集中上传到更高层次的监测诊断中心。

（三）发电机组智能故障分析模型

应用平台大数据分析功能，接入机组运行温度、机组参数、运行负载、经验模型、故障机理，结合在线监测数据，形成故障智能分析诊断模型，定位局放发生的支路，显示局放发生的大小、趋势、诊断隐患类型，如浸渍不足、绕组过热、线圈松动、绝缘失效老化或受污染、匝间短路和端部振动等；同时通过转子匝间短路图表之间的叠加对比功能，定位转子匝间短路发生的磁极；以及端部振动趋势变化、大小、危害程度分析（见图4）。

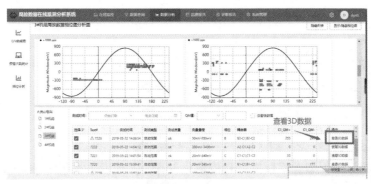

◆ 图4　分析模型

（四）智能报表功能

智能分析可以实时监测设备运行状况，自动分析设备当前运行趋势，生成分析报告（见图5），发现潜在危险源，打破了传统运行分析方式的短板，充分利用数据信息，提前发现、提前消除，提高运行维护人员工作效率，为状态检修提供数据支撑，保证设备安全稳定运行。

◆ 图5　故障诊断报告

三、项目收益

（一）经济效益

该项目安装了机组综合智能监测平台，可避免大岗山水电站发电机发生突发性故障，相当于增加了发电量，经济效益计算如下（以一台机组发生绝缘故障为例）：

（1）烧毁及故障处理需更换线棒 20 根：20×1.6=32 万元。

（2）重新更换线棒需 30 天，按机组容量 650MW，按平均电价 0.21 元/kW·h 计算：

增加经济效益：32+30×24×65×0.21=9860 万元。

忽略机组非计划停运电网公司对电站的考核，共计增加经济效益 9860 万元。

（二）社会效益

机组绝缘状态实时在线监测功能的实现，可有效发现机组定子绕组浸渍不足、绕组过热、线圈松动、转子匝间短路等故障隐患，避免了机组因绝缘缺陷造成的设备损坏，防止机组停运事件的发生，保障了电力生产的安全稳定，为电网提供了大量优质电量，社会效益明显。同时，发电机绝缘综合智能监测平台深入探索与研究，加强了水电行业设备状态检修的技术基础，对水电机组设备检修手段由计划性检修向状态检修迈进具有一定的促进意义。

四、项目亮点

（1）采用新材料、光学原理的光纤加速度传感器和印刷电路传感器，解决了在高电压、强电磁干扰等恶劣环境下的振动及磁通监测难题。

（2）采用新算法，在不需要改变电机负载的情况下，即可准确量测转子是否有匝间短路及找出短路所在的极，实现了转子磁通的在线监测。

（3）系统将采用大型关系数据库和模块化设计，实现发电机组定子局部放电、转子匝间短路、定子端部振动监测数据的集成、展示和联合预警，实现了智能诊断和前端显示，形成了一个厂级综合监控一体化预警平台，实现了由小系统变成大数据平台，保证了应用的专业化、经济性及准确性。

（4）通过研究平台大数据，归纳发电机组中常见的故障类型，接入机组运行温度、机组参数、运行负载、经验模型、故障机理，结合在线监测数据，形成故障智能分析诊断模型，可实现对机组运作状态的智能分析，判断绝缘隐患的严重程度、发生位置，做出风险提示及建议处理措施。

五、荣誉

（1）2022年"大型水电机组绝缘综合智能监测平台"荣获中国电力设备管理协会的2021年全国电力行业设备管理创新成果二等奖；

（2）2022年"大型水电机组绝缘综合智能监测平台"荣获中国电力建设企业协会的2022年电力建设科学技术进步奖三等奖；

（3）2022年"大型水电机组绝缘综合智能监测平台"荣获国能大渡河流域水电开发有限公司的2021年科技进步奖三等奖。

猴子岩水电站引水隧洞检测机器人技术研究与应用

[国能大渡河猴子岩发电有限公司]

> **案例简介** 猴子岩公司基于引水隧洞的巡检现状及问题，开展适用于引水隧洞结构安全智能巡检的机器人关键技术研究，通过实现量化、全面、精准的引水隧洞过流断面的结构缺陷检测，能够基于数字化检测成果、混凝土缺陷智能分析方法，实现量化表观缺陷，构建巡检结构缺陷数据库管理系统，建立引水隧洞运维管理和健康评估体系。

一、项目背景

猴子岩水电站引水隧洞的检查主要是在检修期引水隧洞放空的情况下，靠巡视人员到现场进行检查。人工检查存在如下问题：

（1）引水隧洞巡检手段以人工目视观察为主，使用卷尺、裂缝测宽仪、放大镜、望远镜等工具，而大坡度的斜井段人工巡检困难且安全风险极大，目前人工无法巡检。这种常规方法存在巡检不及时、人身安全风险高、人力需求量大等问题。

（2）巡检作业面有限，更是无法及时发现和消除引水隧洞斜井段部分的结构缺陷和隐患。对于长距离、大直径、黑暗环境中的引水隧洞，传统检测手段难以满足混凝土缺陷高精度的识别和作业面全覆盖的巡检要求，留下很多检测死角。从检测质量来讲，黑暗、潮湿的隧洞环境更是无法做到对结构缺陷和隐患的及时检查，严重制约了水工建筑物安全风险防范。

（3）行业中对引水隧洞普遍采用人工巡检方式，没有更加有效、可靠、安全的检测手段，缺乏足够的检测监测成果支撑引水隧洞结构安全健康诊断体系的构建。随着电站运行时间的推移，未来人工巡检的任务和压力会增大，表观巡检成果成为支撑水电站安全运行的重要依据。

为了落实"安全第一，预防为主，综合治理"的安全生产方针，加快猴子岩"智慧电站"的建设，基于以上问题，通过调查和研究，采用机器人对引水隧洞进行混凝土表面缺陷、裂缝、损伤、脱落及冲蚀等问题进行定期检查，实现隧洞环境全覆盖检查巡视，替代人工进行缺陷识别和数据采集；同时可根据检测发现的隐患灾害、失稳机理与寿命评估的成果，开展定量分析，建立大坝安全监测与检测技术的一体化体系，分析评估水工建筑物运行状态，预警缺陷和隐患，保障大坝运行安全。根据以上分析，开展引水隧洞机器人智能检测技术研究，研发引水隧洞机器人代替人工巡检引水隧洞具有重大的现实意义。

二、技术方案

本项目构建"巡、检、识、诊"一体化的引水隧洞安全智能检测技术总体方案。基于引水隧洞外形特征，开发主从式引水隧洞智能化巡检机器人，实现对引水隧洞结构缺陷的无人化检测，实现"巡"；根据常见缺陷类型与特征，设计多维传感的采集方案，实现"检"；采用缺陷特征识别技术，实现流道结构缺陷的全断面量化提取，实现"识"；研究引水隧洞缺陷产生机理以及有压隧洞混凝土缺陷维修方法，进行风险评价与结构健康诊断，提出针对不同类型缺陷的修复处理方案，实现"诊"。

（一）研发引水隧洞巡检机器人载体

研发高可靠性的引水隧洞巡检机器人载体，采用主从机器人、绕线机相互协作实现水平段、渐变段和斜井段空间可达，配合高强度光电复合缆连接和绕线机收放线控制确保机器人供电、通信和安全牵引，为缺陷检测传感器提供可靠载体。巡检载体可提供足够负载能力作为检测装置的搭载平台，完成在引水隧洞中安全、可靠的巡检工作。研究绕线机自动收放线和机器人本体运动协同控制方法，结合避障和定位技术实现机器人本体自主定点移动功能。研究激光 SLAM、IMU 和收放线缆长度的引水隧洞内部融合定位方法，结合引水隧洞先验地图，实时获取机器人精确定位。

（二）设计多维全方位缺陷数据高精度采集方案

研究适合引水隧洞环境的表观缺陷现场检测手段和检测装置。拟采用机器人搭载高清可见光图像采集器、红外图像采集器和 3D 激光传感器，结合云台控制实现引水隧洞全方位图像、温度场和点云信息采集，实现毫米级表观缺陷检测、内部渗漏判断以及引水隧洞三维点云模型重建。搭载高清可见光图像采集器，结合云台控制实现全方位毫米级裂缝、剥落、麻面、露筋等表观缺陷图像数据采集。搭载红外图像采集器，结合云台控制，实现全方位引水隧洞表观混凝土温度场信息，预判内部渗漏缺陷。搭载 3D 激光传感器，结合云台控制和 SLAM 算法进行引水隧洞三维模型重建，实现表观破损缺陷检测。

（三）研发缺陷分类、识别、量化的处理算法

研究缺陷分类、缺陷大小、缺陷分布的智能化数据处理算法，采用深度学习技术，基

于原始图像数据集训练生成分类器模型，实现表观缺陷如裂缝、脱落、麻面、渗水、露筋等缺陷自主分类；以检测设备标定数据为基准，获得缺陷宽度、长度的量化信息，通过数据的拼接获得缺陷走向、方位的位置信息。

（四）研发引水隧洞缺陷风险评价与结构健康诊断系统

通过数值模拟掌握引水隧洞水流特性的沿程分布规律，开展引水隧洞破损水力学研究。分析泄水发电时隧道的压力分布、空化数分布和沿程水面线等分布规律，明确边界急变段等特征段的压强梯度和空化数等参数对损伤量和损伤类型分布的影响。在耦合分布模型基础上，根据引水隧洞的典型破损类型，研究破损处的局部流场，探求局部破坏的原由和进一步破坏趋势。掌握引水隧洞荷载与缺陷的实测性态及关联度矩阵，通过隶属度建立诊断指标与风险评价集中的风险等级之间的映射关系，构建正常、基本正常、轻度异常、异常、险情等五级分级体系。

猴子岩引水隧洞结构安全智能巡检系统技术路线图如图1所示。

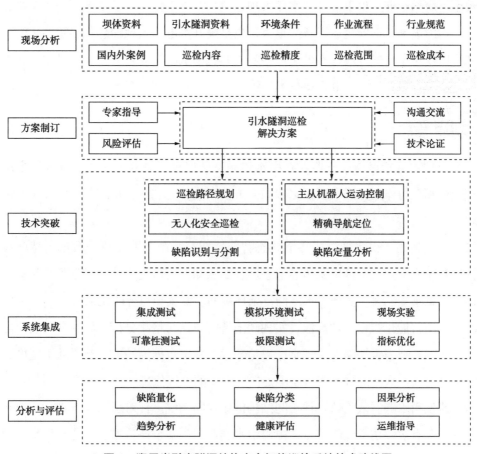

◆ 图1 猴子岩引水隧洞结构安全智能巡检系统技术路线图

三、项目收益

（一）经济效益

以猴子岩水电站为例，电站装机容量1700MW（425MW×4台），每个检修期需要对引水隧洞进行彻底检查。原有检查方法需要在斜井段搭建脚手架等方式进行，工期至少在20天，而利用机组检修进行检查，需要延长机组检修工期15天。按2021年枯水期负荷率52%计算，单台机组日发电量约530.4×10^4 kW·h（425MW×24h×0.52=530.4×10^4kW·h），上网平均电价0.3元/kW·h。采用本项目研发的装备，每个检修期开展一台机组巡检可以减少发电损失大约2386.8万元（15天×530.4×10^4×10^4kW·h×0.3元/kW·h=2386.8万元）。

（二）社会效益

水电发展"十三五"规划对数字流域和数字水电、"互联网+"智能水电站等方面提出新要求。应用智能巡检手段开展水库大坝建筑物检查工作，对于水工结构安全检测和除险加固、保障电站长期安全运行意义重大，也是提升水电站大坝信息化和智能化管理水平的重要手段。本项目的开展，有助于进一步提升我国水电产业自动化、信息化、智能化水平，树立企业形象和巩固水电行业技术优势。

四、项目亮点

（1）实现主从式遥操作机器人在引水隧洞特殊巡检场景的可靠作业。采用主从机器人、绕线机相互协作的方式实现引水隧洞全方位可达，完成在引水隧洞中的安全、可靠巡检作业。

（2）提出适用于引水隧洞的环境状态智能感知与多维全方位缺陷数据高精度采集方案。开展基于光学、声学等多源传感信息融合的感知方法研究，结合光学与声学提升典型缺陷多维信息感知能力，实现引水隧洞复杂环境的多源感知与智能化采集。

（3）提出智能化数据处理算法，实现缺陷智能识别与量化分析。研究缺陷的智能化数据处理算法，实现表观缺陷自主识别，以检测设备标定数据为基准，获得缺陷宽度、长度的量化信息，通过数据的拼接获得缺陷走向、方位的位置信息。

（4）研发引水隧洞缺陷风险评价与结构健康诊断系统。针对引水隧洞结构安全缺乏原位数据支撑及有效评估手段的特点，提出引水隧洞结构安全评价方法，建立引水隧洞风险诊断模型，构建巡检数据统计分析与管理系统。

铜街子水电站设备声学监测诊断技术研究

[龚嘴水力发电总厂]

案例简介 本项目主要针对铜街子水电站发电机、水轮机等重要设备，以及风洞、水车室等关键部位，在进行声学信号实时在线矩阵数据采集的基础上，利用复杂噪声环境下的故障声音特征提取和分类技术，实现设备运行状况的自主监测和自动预警，提示设备故障发生的可能性及其类别、等级等信息。同时，基于大数据机器学习的自主诊断和智能推理算法，明确运行设备影响因素的相关性特征量，为设备安全稳定运行、维护与检修提供可靠依据。

一、项目背景

水电站设备运行声音是评价其运行工况的一个重要指标，对运行声音进行监测也是水电站设备管控的重要手段。

近年来，龚电总厂依靠甄别运行设备的异常声音，曾发现并处置 3 起重大设备隐患，避免了恶性事故的发生。（1）2010 年 7 月，巡检人员发现龚嘴水电站 7F 机组发电机风洞内有"唰唰"异常声响。经检查发现，1 个转子风斗严重开裂与定子发生擦碰，1 根线棒主绝缘受损，50 余根线棒防晕层受损。（2）2012 年 7 月，铜街子水电站 12F 机组尾水管出现"咚咚"异常声响。经检查发现转轮室内一处面积约 1.5m² 的钢衬撕裂脱落。（3）2016 年 12 月，龚嘴水电站 7F 机组运行中出现明显的"嗡嗡"声。经检查发现，18 号固定导叶存在严重焊缝开裂，裂纹长度达该固定导叶与座环连接焊缝总长度的 75%。

然而，目前水电站设备运行声音监视基本只能依靠人工巡检，其存在时域不足的问题，并受到人员技能水平不高的制约，而且部分声音不可耳闻、不易分辨，容易出现漏判、误判。因此，对水电站设备声音进行数字化研究、智能化诊断，必将是水电站设备管控领域的重要发展方向，也是智慧电厂建设的重要工作内容。

二、技术方案

（一）技术路线

本项目技术路线主要包含宽频段 10Hz~80kHz 故障检测的声学阵列硬件系统和软件系统，如图 1 所示。

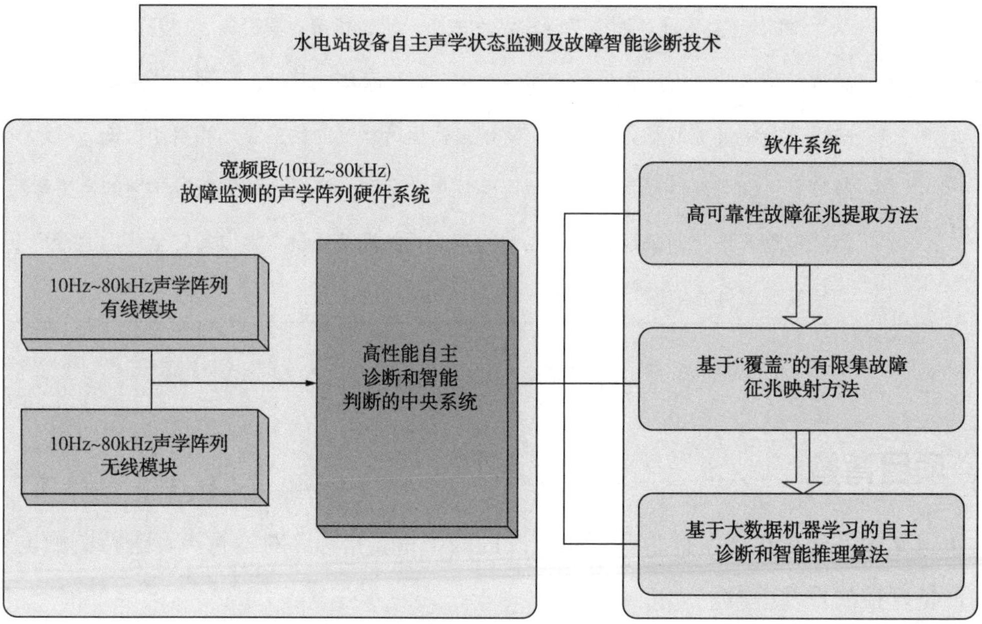

水电站设备自主声学状态监测及故障智能诊断技术

宽频段(10Hz~80kHz)
故障监测的声学阵列硬件系统

软件系统

10Hz~80kHz声学阵列
有线模块

10Hz~80kHz声学阵列
无线模块

高性能自主
诊断和智能
判断的中央系统

高可靠性故障征兆提取方法

基于"覆盖"的有限集故障
征兆映射方法

基于大数据机器学习的自主
诊断和智能推理算法

◆ 图 1　自主声学状态监测及故障智能诊断技术结构图

智能声学传感阵列硬件系统主要包括：10Hz~80kHz 的智能声学阵列模块及高性能自主诊断和智能判断中央系统。智能声学阵列模块具有信号合成和方向辨识功能，能够实时监测低声频段、人声频段和超声频段的声学信号，能够从复杂噪声情况下区分出故障噪声，同时具有高信噪化和低功耗特点。

面向水电站故障实时监测和智能诊断软件系统主要包括：面向复杂噪声的基于代数方法的故障征兆提取方法、基于"覆盖"的有限集故障征兆映射方法及基于大数据机器学习的自主诊断和智能推理算法。自主诊断和智能推理算法主要涉及以下流程：（1）在代数的故障征兆提取方法上利用 PCA 和稀疏方法进行故障提取；（2）在"覆盖"故障映射模型下利用 k- 最近邻算法、概率神经网络算法、半监督学习算法进行分类数据训练；（3）建立专家库实现自主监测和智能诊断，包含基于样本类别确定度可靠半监督算法、线性判别分析散度矩阵分析法、半监督学习故障分类器、故障声学信号检测分类协同训练与增强学习。

（二）研究工作

1.智能声学传感器技术：面向宽频段故障监测的声学阵列硬件系统

本项目针对水电站噪声环境复杂的情况，专门设计面向宽频段（10Hz~80kHz）故障监测的声学阵列硬件系统，主要包含宽频段声学阵列实时监测子系统、高性能自主诊断和智能判断的中央系统。

目前市场上，只有窄频段的声学传感装置，常见范围为100Hz~10kHz，无法覆盖宽频段内的异常噪声检测需求。本项目中，宽频段声学阵列实时监测子系统拟设计8×8阵列的10Hz~80kHz声学监测功能，能够从复杂噪声情况下区分出故障噪声，如"嗡嗡""刷刷""啪啪""砰""嘶嘶"等声音。同时，实时监测子系统具有高信噪化和低功耗优势，能够满足特殊应用场合的需求。硬件设计主要包括宽频段声学传感前端阵列，利用波束合成技术，实现指向性拾音和声源定位；软件设计包括波束合成算法、降噪算法、指向性拾音算法和声源定位算法。针对现场实施环境，比如水车室，本项目将按照声源定位算法要求安装智能声学传感器阵列（8个阵列平均距离等高安装）。高性能自主诊断和智能判断的中央系统运行自主诊断和智能推理算法，能够对故障进行特征提取、故障分类以及学习和推理，满足故障预警需求。

2.故障征兆提取方法

征兆提取后的特征参数和水电站设备系统工作状态间对应的匹配情况是有差异的。个别特征和设备的工作状况间的对应关系明显，而有的则不明显。因此，这里借用代数分类的思想对征兆进行分类，完成对征兆"差异化"处理的目的，更能降低"误判"率，提高将所提取的征兆用于状态监测、故障诊断、预测与健康管理的可信性。

基于代数方法来提取故障征兆，不同于已有的基于概率模型的方法。因为代数方法没有概率模型带来的随机性，所以具有诊断精度高的优点；又由于代数方法没有数值计算的复杂性难题，因而借助计算机，代数方法可以快速实现诊断自动化。

这里的代数方法主要基于扰动理论，即利用矩阵分析中矩阵特征值随矩阵元素的扰动而相应连续微小变化的性质，对矩阵特征值进行分类、变换，用以解决故障诊断中故障征兆提取面临的确定性、稳定性、灵敏性不足等问题。

该方案的科学依据是：水电站设备工作现场噪声源多种多样，噪声的耦合效应导致采集的声学信号差异性非常大。这种差异性直接导致理论无故障输出与实测无故障输出之间也存在较大的差距。因此，单纯利用理论分析产生的征兆值，在实际中是难以奏效的。所以必须有一种容许无故障序列特征漂移的方法，以产生稳定度好、灵敏度高的征兆值，以此作为故障区分的判据。针对这些问题，借助代数学中扰动分析所提供的理论工具，可以得到令人满意的解决方案。

3. 区分故障原理

输出序列 1 组织为方阵，记为 A；输出序列 2 组织为方阵，记为 B。记方阵 A 的特征值为 a，方阵 B 的特征值为 b。由于有限字长效应、外界环境噪声、自身噪声等因素，实际输出发生扰动，表现为实际输出序列的特征值位于以真值为中心的圆周内，每次 A/D 采样得到的序列值，组织为方阵后，其特征值均为圆周里面的一个点。因此，这个圆盘里面的点集，可以认为是当下输出的真值特征值的一簇，如图 2 所示。当特征值 a 的真值集半径与特征值 b 的真值集半径之和小于 A 和 B 的真值圆心之间的长度时，则可认为两种不同序列的差别便可以区分。

如图 3 所示，我们把不同响应序列圆心之间的距离作为一个特征值来区分故障。因为数学上实数是具有最小上界性的有序域，所以可将序列的"特征半径"作为区分不同序列的特征值。

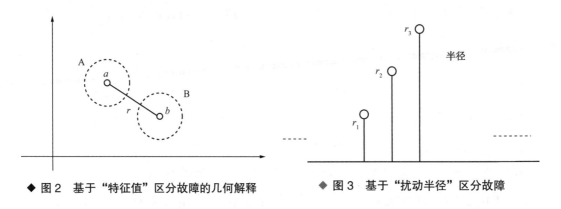

◆ 图 2 基于"特征值"区分故障的几何解释　　◆ 图 3 基于"扰动半径"区分故障

图 3 中，r_1，r_2，r_3 代表不同序列对应的扰动半径。由于所有输出序列的扰动半径不同，所以不同故障序列对应着不同的扰动半径。这样，不同的故障都可以予以区分。这种方法是基于点集的办法，所以是具有统计意义的。这就保证了这种故障征兆提取方法的稳定性，使得不同的半径对应不同的故障，同时保证了征兆的灵敏度，所以满足故障征兆提取的要求。

该方法具有如下优势。第一，可弥补测试环境噪声影响。由于噪声产生的效果是引起测试矩阵特征值的扰动，而我们给出的扰动半径容许有微扰变化，所以诊断信息量得以保持。第二，可获得高诊断质量。在给定信息量的条件下，扰动分析方法可以给出不同故障的不同扰动半径，使得故障与征兆量产生良好对应。

4. 可行性分析

这里给出应用著名的 Perro-Frobinius 定理提取故障征兆的思路梗概。

如果不可约矩阵 A 所有的元素均是非负数（$a_{ij} \geq 0$），则 $R=\min M_\lambda$ 是 A 的一个特征值，并且 A 的所有特征值均在圆盘$|Z| \leq R$内，这里，$\lambda=(\lambda_1, \lambda_2, \ldots \lambda_n)$ 是一组不全为零的非负数。

$$M_\lambda = \inf \left\{ \mu : \mu \lambda_i > \sum_{j=1}^{n} |a_{ij}| \lambda_j, 1 \leq i \leq n \right\} \tag{1}$$

另外，如果 A 有 P 个特征值均分布在圆周$|Z|=R$上，那么 A 的所有特征根幅度相同，相位相差 $2\pi/P$。

对于实际采样值，组织为一个方阵，通过恰当的变换（一种典型的变换就是进行置换，即对原矩阵 A 寻找恰当的 P 矩阵，进行 $B=PAP^T$），使得该方阵满足 Perro-Frobinius 条件。接下来，对 B 进行变换 Δ，使若干个特征值位于 R 圆周上，则特征值的分布即已清楚。对另一类采样值，如法进行两次变换，若特征值分布一致，则说明前后两次被测系统没有问题；如若不一致，则可以进行相位的比照。每种不同的故障，对应的相位转动不同，如图 4~图 6 所示。

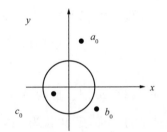

原特征值分布(非全部集中R圆)

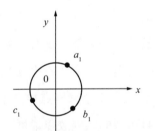

新特征值分布(R圆上)

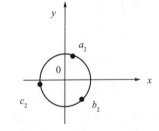

Perro-Frobinius定理保证的特征值的分布

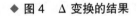

◆ 图 4 Δ 变换的结果

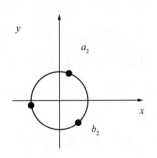

a 故障的特征值的分布相位图

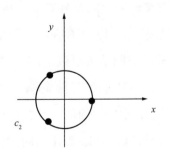

b 故障的特征值的分布相位图

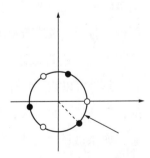

a、b 故障的相位差θ,单位:弧度。

◆ 图 5 a、b 故障的征兆值分布图　　◆ 图 6 a、b 故障相位图

5. 建立故障征兆空间与故障原因空间的映射模型

将"覆盖"这一数学原理用于水电站设备故障诊断的理论依据在于：通过"覆盖"这一数学原理，可以用有限故障集来表征被测对象的故障集，不会丢失诊断信息，为降低诊断难度提供了数学保证。

将"连通"这一数学原理用于故障诊断依据在于：通过"连通"这一数学原理，可以利用有限的测试信息，将那些因故障表现差异很小，用传统方法不能区分开的故障区分开，实现高的故障定位精度。这一思路的数学保证是"闭区间套定理"。

将"Lebesgue 积分"这一数学工具用于故障诊断依据在于：通过"Lebesgue 积分"这一数学工具和观点，将故障征兆视为一种"测度"，通过构造不同的测度，得到对被测对象的不同描述，用来实现故障定位。

对故障诊断而言，覆盖可以用来说明被测设备故障集是否可以使用某一组故障集完全表征；连通性用来处理如何进行故障集区分，建立不连通的故障，为后续故障定位做准备。

某个故障产生的故障信息，会在系统中传递，既影响既定的输入量，又影响系统响应，即故障点引发的影响是全局的。构成实际物理系统的器件的数目是有限的，必然导致故障类型极少，同时，不同故障的影响后果存在差异性。覆盖的方法，就是研究是否存在一组有限的故障集，可以将全部故障完全表征。这对故障诊断的意义是，可以通过对有限的若干个故障的考察，来替代对一大类甚至全部的故障集的考察。

如果故障点是孤立点，即认为只有一个采样点导致系统特性异常。这时，取这个点，可以覆盖全部的故障。若故障点是可数的，则故障集可以认为是紧的，因为可以认为一个故障引发的后继故障及故障的全体是趋于有限的。因此，由 Heine-Borel 定理可知，故障集是闭集且有界，可以由有限个开区间覆盖。若故障点是大于可数的无限个，只要故障点集是闭的且是有界的，则这个故障点集是列紧的，从而是可以使用有限开区间（k 方格）覆盖。对于一次或若干次测量数据而言，存在每个测量数据为故障点的概率在某种判据下是可控的，从而总可以将故障点归结为可数个的情况。这样，对可数个故障点构成的集合，是否可以找到目标故障点，如何找到目标故障点？闭区间套定理说明这样的点是存在的，且是唯一的。从代数学上，本项目的理论方法是有科学依据的。

如果故障集是紧的，即可以由有限个开区间的并集来覆盖。则存在复值连续函数 $0 \leq \psi_i \leq 1$，$1 \leq i \leq s$，每个 ψ_i 的支集属于某个开覆盖区间，且任意属于故障集的元素 x，有

$$\sum_{i=1}^{s} \psi_i(x) = 1 \qquad\qquad (2)$$

这样，实现了对故障集的单位分割。容易证明，故障集为可测空间。建立以故障集为拓扑空间 X，故障特征值为拓扑空间 Y 的映射，可以证明：

$$y = \sum_{i=1}^{s} \psi_i y \qquad\qquad (3)$$

每个 $\psi_i y$ 的支集在某个开覆盖区间。这样，实现了对故障特征函数的分割；这样做的好处是，实现了对测量数据的多维度分析，同时可以经由测量数据得到故障参数的估计，这是故障预测中的重要数据。

6. 自主诊断和智能推理算法

基于大数据的机器学习的自主诊断和智能推理方法是上佳选择。在机器学习实践中，智能推理及分类是其基本功能。有了机器学习的推理分类结果，自主诊断方法的实施变得可操作。

该算法的基本原理和组成见图 7，过程如下：

第一步，对系统监测的声学矩阵数据进行分块处理，采用主成分分析（PCA）和稀疏描述方法，对数据进行信号预处理（采用连续小波变换和本征分解方法），再实施故障征兆提取。

第二步，采用稀疏描述的 k- 最近邻算法、概率神经网络算法、半监督学习算法进行分类数据训练。

第三步，执行交叉确认，利用匹配矩阵对分类结果进行评估。

第四步，执行如上三个步骤，建立可预测故障的完备故障字典。

第五步，字典学习，产生鲁棒灵敏的故障征兆。

第六步，一旦检测到故障征兆，系统进行提醒工作。

评注：第一步操作中 PCA 方法，本质上是寻找信号不变量，天然具有降噪作用；第二步中 k- 最近邻算法与半监督学习算法中平稳信号处理等价。

在传统的监督学习中，神经网络通过对大量有标记的数据进行学习，从而建立模型用于预测异常的故障。本项目拟采用基于声学信息的可靠半监督算法来解决故障检测和分类问题。基于样本类别确定度（Class Certainty of Samples，CCS）可靠半监督算法，通过赋予正常声学信号样本类别确定度信息，并利用线性判别分析（Linear Discriminant Analysis，LDA）散度矩阵进行分析，能够很好地表征正常情况下信号的真实特征分布。由于类别确定度能够有效衡量样本的类别可靠性，可靠性较高的样本所起作用大于可靠性较低的样本，因此算法能够充分表征正常样本的特征信息，保证半监督算法中正常样本的安全性。拟研究的半监督算法主要包括三个部分：未标记样本初始类别确定度获取、样本类别确定度安全处理和半监督分类器。图 8 为算法流程图。

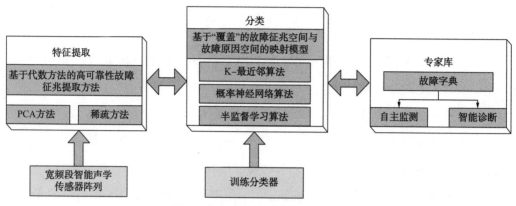

◆ 图 7　自主诊断和智能推理算法结构

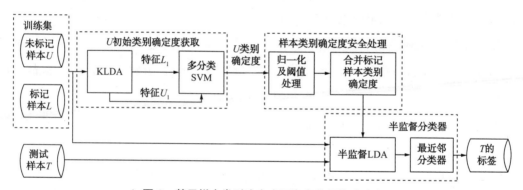

◆ 图 8　基于样本类别确定度可靠半监督算法流程图

未标记样本初始类别确定度获取：

在图 9 中，作为输入的 L 和 U 的维度往往较高，为了能够提取样本特征并且方便得到类别确定度，首先对样本进行降维。为了在降维过程中利用到类别信息，使得在降维后的子空间中异类样本之间更具有可分性，采用 KLDA 方法。训练样本经过 KLDA 降维后，得到投影特征 L_1 和 U_1。在样本进行降维之后，根据标记样本训练出 SVM，这主要是利用 SVM 的输出能够有效衡量样本的可靠性。由于样本一般为多类，因此要构造多分类 SVM。对比"一对其余法"和"一对一法"，前者由于正负类训练样本极不均衡，有可能会造成分类面偏差，进而导致样本类别判决出现错误及 $f(x_i)$ 无法有效衡量样本的可靠性。因此，采用"一对一法"构造多分类 SVM。以获取未标记样本属于类别 m 的初始确定度为例，其过程如图 9 所示。$L_1^{(m)}$ 表示 L_1 降维后属于第 m 类别的标记样本。

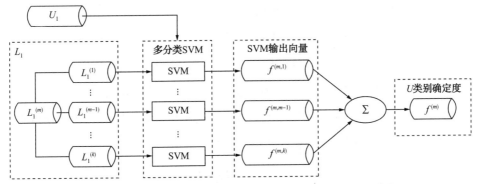

◆ 图9　多分类 SVM 构造及未标记样本初始类别确定度获取

样本类别确定度安全处理：

对于向量 $f(i)$ 里的元素值，当其值大于 1 时，属于 i 类的可信度很高；当其值小于 -1 时，属于 i 类的可信度很低。为了准确方便地利用 $f(i)$，我们对其进行归一化和阈值处理。当数据分布存在类间重叠等极端情况时，通过增大阈值 t，可以防止半监督算法的性能恶化，有效地保证半监督算法稳定性。上述处理加大了可靠样本的权重而减小了不可靠样本权重，保证利用的未标记样本拥有足够的可信度。之后计算标记样本 L 的类别确定度，设属于 i 类别的原始标记样本集为 $L(i)$。显然，对于 $L(i)$，其属于 i 类别确定度为 1，属于其他类别则为 0。因此，标记样本 $L=[x_1, x_2, \cdots, x_1]$ 属于 i 类别的确定度向量可以表示如下：

$$p_{L,j}^{(i)} = \begin{cases} 1 & y_j = i \\ 0 & y_j \neq i \end{cases} \tag{4}$$

式中，$p_{L,j}^{(i)}$ 为向量 $p_L^{(i)}$ 的第 j 个元素值；y_i 为样本 x_i 的标签。因此，对于所有的样本 X，其属于 i 类别的确定度为

$$P^{(i)}=[P_L^{(i)}, P_U^{(i)}] \quad i\in [1, \cdots, k] \tag{5}$$

半监督分类器：

为了充分利用未标记样本的信息，我们对原始训练集数据进行半监督 LDA 降维，其原理是：将上述获得的样本类别确定度融入散度矩阵中得到新的目标函数，从而使样本在投影后的子空间中更具可分性。

全监督 LDA 中均值向量代表了样本的特征平均值。如果将样本特征映射到空间中，设每个样本的密度为 1，那么此时的均值向量就是每个类的质心。借鉴这个思想，本方案将样本 X 属于各个类别的确定度作为密度，样本属于该类别可靠性越高，则密度越大，对该类质心位置影响越大，反之则越小。由于充分融入了未标记样本的特征信息，求出的均

值向量更加真实可靠，而且对噪声不敏感。

不同于全监督 LDA 的是，我们在类间散度矩阵中改变了类内样本数的定义，在类内散度矩阵和全局散度矩阵中添加了样本类别确定度作为权重。当样本属于该类别的确定度越小时，对散度矩阵的影响越小，反之则越大。这样做不仅充分融入了未标记本的信息，还减小了错分样本的影响，从而使得散度矩阵能够代表更加真实准确的样本分布信息。

与此同时，根据前期研究，水电站内部故障会产生典型的故障声学信号，如"嗡嗡""刷刷""啪啪""砰""嘶嘶"。目前，水电站没有对故障声学信号进行采集工作，也很难获取到当时故障的声学信号，因此，这类故障声学信号将采用仿真和模拟的方法来充实项目的故障库。其中，仿真的方法是指将典型故障声音，如自然界常见的"嗡嗡""刷刷""啪啪""砰""嘶嘶"等声学信号，与发现故障的当事人共同通过模拟设备调试出与历史故障声音相类似的音频，再将其加到现场采集到的正常噪声信号上来仿真充实故障库；模拟的方法是指在实验场地下，进行故障声学信号的人工模拟（如敲击等），以充实故障库。

三、项目收益

（一）经济效益

（1）提高水电机组运行的可靠性。发电的可靠性与发电设备的可靠性，在水电站运行中是最为重要的。发电设备故障而导致的发电中断或设备损坏，将会对国民经济建设造成巨大损失。水电站设备声学实时监测与智能分析可以起到预警的作用，从某种程度上可以有效防止故障的发生或扩大，因而将有助于减少乃至避免因机组故障造成的巨大经济损失，甚至人员伤亡和环境污染等。

（2）可观的直接经济效益。本项目可评估掌握设备状态，预测设备故障发生发展的趋势，因此，对状态尚好的生产设备，可以有依据地适当延长运行、维护或检修的周期；对状态不太好的设备，可以积极主动地采取有效的维护措施，最大限度地使其正常运行，充分发挥设备的运行能力，防止盲目停机检修。

与此同时，由于该系统投入使用后，将会把故障发现并消灭在萌芽状态，因此，此时需要采取的检修、维护等工作往往比故障真正出现后所需的检修、维护工作少，从而可以大大降低检修维护成本。

（二）社会效益

本项目主要针对目前绝大多数水电站缺少的环境及设备声音采集、监测、智能分析等要素，其成功研发和投运后将会减少现场运维人员巡检设备次数，减轻员工的工作强度，并且避免员工长期在嘈杂工作环境中带来的身体伤害，特别是听力受损，增强员工的幸福感。

四、项目亮点

（一）面向宽频段（10Hz~80kHz）实时智能传感技术和推进其应用试点

为了检测水电站设备异常机械振动及转动、电气设备异常等现象，本项目设计10Hz~80kHz的声学阵列系统，能够实现实时监测低声频段、人声频段和超声频段的声学信号，取代人工巡检，实现无人化的水电设备实时故障监测。项目后期，将依托龚嘴水电站开展实测，一方面为技术迭代提供实测数据支撑；另一方面，建立试点电站声学故障检测和运行维护的数据库，具备显著的实践和应用创新。

（二）实现高可靠性的故障征兆提取方法，能在故障征兆的"灵敏度"与"鲁棒性"之间达到一种良好的平衡

水电站具有非常多的噪声源，为了避免"故障混叠"和"鲁棒性"不高的缺陷，本项目采用基于代数方法的故障特征提取方法。基于代数方法来提取水电站设备的故障征兆，不同于已有的基于信号处理与基于概率模型的方法。与基于概率模型的方法相比，基于代数方法没有概率模型带来的随机性，所以具有诊断精度高的优点；又由于代数方法没有数值计算的复杂性难题，而且理论严密，因而借助计算机，采用代数方法可以快速实现自动化。

本项目方法具有如下优势。第一，可弥补水电站测试环境的噪声影响。由于噪声产生的效果是引起征兆值的扰动，而我们给出的扰动半径容许有微扰变化，所以诊断信息量得以保持。第二，可获得高诊断质量。在给定信息量的条件下，扰动分析方法，可以给出不同故障的不同扰动半径，使得故障与故障征兆产生良好对应。

（三）采用基于"覆盖"的有限故障集表征方法，建立故障征兆空间与故障原因空间的映射关系

本项目采用"覆盖"的有限故障标准方法来建立水电站设备故障与原因的映射关系。在不损失诊断信息下，通过对算法复杂度可接受的、有限的若干个故障的考察，以替代对一大类甚至全部的故障集的考察，这为降低故障诊断难度提供了理论保证。本项目基于"覆盖"这一数学原理，找到了这种表示方法，建立了故障与故障征兆间的一对一的映射。这种映射满足三点：一是这种映射对故障表现的扰动是不敏感的，保证了诊断的可靠性；

二是这种映射具有记忆效应，即对已经建立的"故障 – 故障征兆"映射，它是不会覆盖的；三是这种映射不仅具有将连通集分离开来的能力，且可保证原集合的某些性质不变。

（四）自主式诊断和智能推理算法

本项目拟从人工智能的角度，研究得出自主式诊断和智能推理算法，建立故障征兆空间与水电站设备故障原因空间的映射关系模型，实现基于小样本空间的设备故障声学信号的半监督分类学习、故障声学信号检测分类协同训练与增强学习。

五、荣誉

2022 年荣获四川省职工职业技能大赛大数据应用场景设计建模竞赛二等奖。

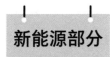

新能源部分

风电场机载测风仪现场检测校准技术研发与示范

[国华投资山东分公司]

案例简介　数字智能化风机机载测风仪现场检测校准技术研发与示范项目的实现，是解决目前风电机组测风系统的机载风速仪是否满足风电机组控制系统对环境风速精度要求，以使风电机组能够准确、精优控制其达到最佳发电能效的关键技术措施；满足能准确以及快速甄别、判定风电机组测风系统机载风速仪是否满足风力发电机组的精度、可靠、高效运行发电要求，使得不断探索与提升风力发电机组的发电能力成为可能，提升现有在运风电资产运营的经济性。

一、项目背景

自 2006 年我国兆瓦级风力发电机组兴起至今，已有超过 10 万台的存量，以及超过 1000 个风力发电场。随着时间的推进，越来越多的风力发电机组出保或者完成了成本回收，进入了后市场运维阶段。风力发电机组的正常发电及安全控制，离不开机载测风设备对风电场风速的准确测量。目前应用在风电场的机载测风设备主要分为风杯式机械风速计（以下简称"机械式风速计"）以及超声波式风速计，且机械式风速计通常多为三杯式机械风速计。

业内人士统计，我国的兆瓦级风力发电机组采用机械式测风设备的机组占比大于 80%，其测量的准确性对风力发电机组的正常发电及安全控制起到了至关重要的作用。我国的风电场主要集中在华北、东北、西北及东部沿海等地区，华北、西北等地区存在风沙较大、昼夜温差大，而东部沿海地区则易因水汽、盐雾等侵蚀而老化。同时，机械式测风设备存在旋转部件，其测量精度随着使用年限的拉长而呈现逐步下降的趋势，且不同的风电场环境，下降程度在不同的个体上呈现随机分布特征，从而成为风力发电机组发电量的不可控因素之一。

通常，风电场为了识别机载机械式风速计是否满足风力发电机组对风速测量精度的要求，采用定期拆除返厂检测的方式，不仅费时费力，检测费用高昂，而且运输途中易产生意外损坏，更有甚者，个别风电场直接定期成批更换，从而产生不必要的设备和资金浪费。基于上述问题，本项目旨在探索、研究、开发一种能够部署在风电场、可以有效地对风杯式机械风速计进行快速检测的现场检测装置。

二、技术方案

（一）技术概述

通过针对风电场风电机组测风系统风速仪传感器的精度检测校准技术研究，开发一整套数字智能化系统且可在风电场现场便捷部署，并利用风电场现场环境自然风况的风机机载测风仪检测校准技术，以满足准确以及快速甄别、判定风力发电机组测风系统机载风速仪是否满足风力发电机组的精度、可靠、高效运行发电要求，使得不断探索与提升风力发电机组的发电能力成为可能，提升现有在运风电资产运营的经济性。

针对风电场风电机组测风系统风速仪传感器的精度检测校准技术研究，本技术方案分三部分：风速仪检测校准设备技术方案、风速仪检测校准应用软件技术方案、设备部署技术。

（二）风速仪检测校准设备技术方案

（1）采用 GH4382 型超声波测风仪作为参考设备。

（2）可同时判定 6 台被测风速计，并最小化相互的干扰，提升检测校准效率。

（3）可利用风电场风况环境条件，在整个发电区间风速范围内对被测风速计进行精度评估和判定。

（4）具备网络通信装置，现场仅需部署电源线，检测校准设备完成一批被测风速计的评估和判定后，通过网络传输装置向相关用户的通信设备发送通知。

（5）用户在收到通知之后，携便携式计算机到系统部署处拷贝评估结果。

（三）风速仪检测校准应用软件

（1）实时同步采集基准测风仪以及被测风速仪，根据基准风速计的测量值，实时对比被测风速仪在当前风速下的精度误差，并建立数据库。用于存储整个用户精度判定的风速范围内被测风速计的误差。

（2）根据被测风速仪的精度误差数据记录以及精度劣化容忍度参数，评估被测风速计是否满足继续使用的条件。

（3）用户根据现场风况，可配置用于精度判定的风速范围，如 3~20m/s。

（4）用户可设置对精度劣化的容忍度，用于界定不满足要求的被测风速仪的精度劣化程度。

（5）用户可设置最大评估时间。由于现场风况存在不确定性，现场风况覆盖用于精度判定的风速范围所花费的时间也不确定。在用户设置最大评估时间之后，即便现场的风况尚未完全覆盖风速范围，系统将在评估时间到达之时，根据已覆盖的部分风速范围的数据库对每个被测风速仪进行判定。

（6）在完成一次数据采集、判定的过程之后，应用软件将通过网络向负责人发送通知，通知内容为精度不满足使用的被测风速计的台位号。

（四）设备部署

（1）方案设计选址在办公楼楼顶，以满足在风电场内选址，以及保证判定风况环境和风力发电机组运行的风况最大化的接近，从而保证判定结果的有效性。选址在风电场内的开阔平地，应保证半径 100m 范围内不得有丘陵、风力发电机组、平房或者楼房建筑、高度大于 3m 的成片植物（如竹林、树林、灌木丛）。

（2）方案设计防雷部署，依托风电场办公楼楼顶现有避雷接地设施，将 35mm² 接地线的线鼻子一端可靠地连接在现场气象架的接地预留孔上，将带有线夹的一端可靠地连接在靠近楼顶的避雷针引下线上。为保障避雷接地的可靠性，电控柜及气象架均做防雷接地，且气象架对角做两点接地，分别连接在屋面两条避雷针引下线上。

（3）220V 电源配置采用风电场办公楼楼顶现有的水泵控制箱备用空开引出，引出线为 3mm×2.5mm 防水电缆穿 Φ20 金属包塑管防护。

（五）风速仪检测校准设备

数字智能化风机机载测风仪检测校准设备部署于风场地面空旷处（方案设计选址在办公楼楼顶），可同时安装多台被测风速计，并采用 1 台经过第三方权威检测结构校准标定过的超声波测风仪作为测量参考（方案设计选定 GH4382 型超声波测风仪），通过多通道数据采集设备，同步超声波测风仪以及被测风速计的测量值（方案设计同时同步检测 6 台机械式风速仪），在风场的随机风况下，在覆盖整个发电风速区间的风速范围内，对所有被测机载风速计的精度做出评估判定，并在评估完成后通过网络传输设备向相关负责人的通信设备发送通知，负责人收到通知后，携便携式计算机在设备部署地点拷贝评估结果。

数字智能化风机机载测风仪现场检测校准设备硬件主要由电控柜、气象架、基准测风仪及线缆和安装附件组成。

（1）电控柜。电控柜由图1中所示的各个模块构成并互联，其中待检测机械式风速计为客户提供的待测风速计。电控柜为每路信号、电源的输入端都配备了防雷模块，电控柜的外壳也通过35mm²的接地线连接屋面避雷引下线，保证电控柜及被测风速仪的安全运行。

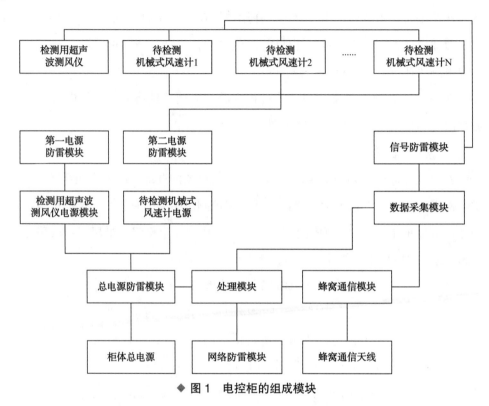

◆ 图1　电控柜的组成模块

电控柜内部各元器件布局如图2所示。

（2）气象架。现场气象架横梁立柱由13根50×50铝合金型材组成，用铝合金角码配合加强热镀锌角钢组装固定，具备6个被测风速计的安装接口和安装支架。现场气象架的框架尺寸为2.1m×2m，高1.7m，重量不大于50kg，框架为氧化铝合金配合镀锌钢加强件，满足现场恶劣环境使用要求。

每个风速仪安装支架配备风速仪安装线缆、航空插头（BEILIANG电子机械式风速仪）及安装支架。由于西门子KK风速仪与连接线缆为一体焊接的，KK风速仪必须连同线缆一起进行校准测试，线缆直接安装在电控柜的指定接线端口。

由于气象架安装在综合楼的屋顶，气象架通过两条35mm²的铜芯电缆可靠地与屋面的避雷引下线连接以达到避雷的效果，从而保证检测校准设备和被测风速仪的安全运行。

气象架的外观如图3所示。

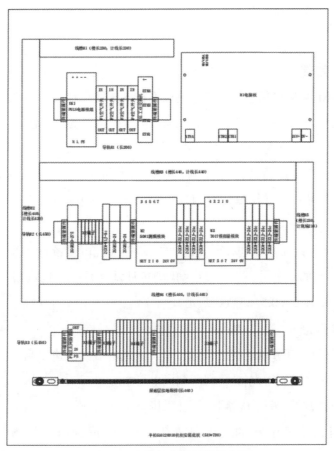

◆ 图 2　电控柜内部元器件布局

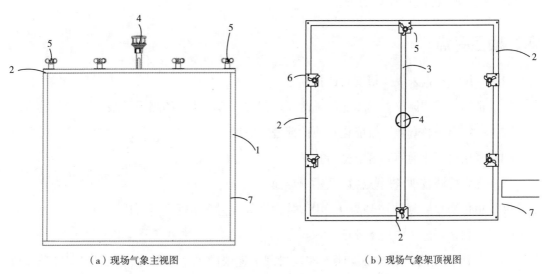

（a）现场气象主视图　　　　　　　　　　　　　（b）现场气象架顶视图

◆ 图 3　气象架的外观

1—现场气象架支撑骨架；2—被测风速计安装梁；3—参考测风仪安装梁；4—参考测风仪（配套超声波测风仪）；
5—被测风速计；6—被测风速仪安装支架；7—配套电控柜。

三、项目收益

（一）经济效益

通过对数字智能化风机机载测风仪检测校准技术研发与示范，完善风力发电机组生命周期精益经营手段，不断探索与提升现有在运风电资产运营的经济性。

基于对风电运营行业内以及国华（栖霞）风力发电有限公司下辖风电场运营情况预测与评估，2022 年 2 月通过风速仪的检测，共发现 15 台机组风速仪出现测风精度下降。预防性更换后，经过与临近机组发电量和历史发电量对比，共累计提高发电量 $29 \times 10^4 kW \cdot h$。

依据国华（栖霞）风力发电有限公司 2022 年损失发电量统计：经济效益 =2022 年 2 月因风速仪故障引起的发电量损失 ×2（考虑到每月风况不同，本次采用保守估计 2 个月）× 上网电价 =290000 × 2 × 0.57=33.06 万元。

（二）社会效益

国华山东分公司大部分风场机组投运较早，采用机械式风速仪测风机组普遍，此项技术可以推广投入至整个国华山东分公司所属风电场中。

基于国华栖霞风电场运营情况，预测国华山东分公司应用此项目一年后经济效益 = 年度风速仪故障引起的发电量损失 ×6（考虑到每月风况不同，本次采用保守估计 6 个月）×8（山东分公司所属风场容量 / 栖霞风电场容量）× 上网电价 =290000 × 6 × 8 × 0.57=793.44 万元。

四、项目亮点

（1）应用大数据采集及精度对比技术。

（2）精确标定测风仪器同步比较被测风速仪与参考风速仪的测量结果。

（3）制定出一整套数字智能化且便捷部署与应用。

（4）采用数字化通信和智能分析技术。

（5）开发检测校准应用软件以及用户界面。

（6）由传统直接测量方式改为应用大数据采集和测量精度进行对比。

（7）将数字智能化应用于此项技术。

（8）应用软件的比对核心算法，实现机载风速仪的采集数据分析、判定、报表等功能。用户可以灵活配置需要测试的风速计类型、风速范围、测试时间、淘汰率等，测试完成之后自动生成报表。

风电场 5G 网络覆盖建设与示范

[国华投资蒙西公司]

案例简介　　公司敖包风电场 5G 信号网络覆盖项目采用 5G（700M 频段）基站，700M 频段在电信领域属于黄金频段，实现风电场全范围的 5G 信号覆盖。本项目 5G 无线通信的覆盖要求在支持高稳定性、高安全性、高可靠性的音视频、业务数据传输和管理的同时，部署和建设周期短、成本可控且后期运维更简便。

一、项目背景

国华投资蒙西公司地属偏远，周围运营商基础通信设备少，现场通信情况差，存在信号盲区，无法保证基本的公网通信，运维人员到达现场后，无法与集控中心、检修专家进行实时通讯，严重影响生产作业效率。在运维检修人员外出作业的过程中，由于没有信号覆盖，出现意外情况时无法及时联系到升压站，容易直接危害到人身安全。

风电场的主要通信方式为传统的光纤技术，仅能支撑风机、箱变等常规设备的实时传输。

其它数据，比如运行维护和检修过程中的交互数据。无法实现远程、多点、实时传输。移动视频监视、无人机等设备数据，因为其分散和移动作业的工作模式，亦无法通过现有的光纤网络传输数据。

为了解决上述问题，适应公司业务快速发展的需要，实时掌握场站设备运行状况和人员工作情况，快速响应、指导风电设备的故障检修，实现各种远程、移动和智能化应用，进一步提升业务层面的管理效率和现场工作效率，需要部署高性价比、高安全性、高可靠性且可全场景覆盖的无线通信网络。

二、技术方案

（一）系统架构

通过 5G 无线网络可提供更加安全、稳定、可靠的无线网络以及业务应用的部署和应用，并且更好满足风电场站数据的安全可控，满足数据不出场超低时延等业务需求。提供 5G+MEC 边缘计算服务，MEC 下沉至风电场区，实现数据流经基站直接进入 MEC，时延小，无数据迂回，同时数据不出场区，具备数据分类、分析、挖掘、融合处理等功能，实现各系统之间数据的互联互通与融合共享功能，满足智能巡检、高清视频回传、AR 远程辅助、智能机器人等应用场景的网络需求。

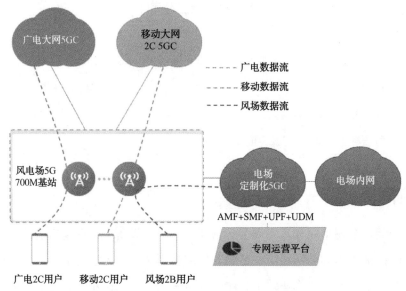

◆ 图 1　电场 5G 网络总体架构设计图

（二）工程参数规划

表 1　基站工程参数

站点类型	700M	站型	S1/1/1
设备类型	AIR 6454 B41K	网络类型	SA
工程参数（5G）	扇区 1	扇区 2	扇区 3
天线挂高（米）	75	75	75
方位角（度）	0	120	240
总下倾角（度）	8	8	8

三、项目收益

（一）经济效益

1. 安全监督人员的费用节约

能够提升电站安全监督人员的工作效率 25%，安全监督人员年平均支出为 8 万元，即在不增加新的安全监督人员的情况下，提高了安全监督覆盖率，预计每个电站至少可节约支出 2 万元。

2. 专家远程指导费用节约

以前对于相对复杂的检修问题，需要分公司或厂商专家到现场指导，不仅增加了差旅费用，而且在路途上浪费了专家大量时间，通过完成本项目成果，预计可节约差旅费 60%，提升专家效率 50% 以上，以每个电站配备 1 名专家支持为基准，每名专家平均薪酬支出 15 万元、差旅费用 3 万元计算，每电站合计节约成本（15 × 50%+3 × 60%）=9.3 万元。

3. 提高培训水平，显著提升员工的运营能力

可支持现场运维人员与远程专家的实时互动，进而实现本地化培训，极大提升员工的专业技能水平。系统可在每次在线检修、维修的过程中记录大量的影像资料，形成实操培训材料，无论是新员工入职培训还是在职员工职业培训进阶，都是非常好的工具，相当于每人每年节约 5000 元培训费，按该风电场运维人员 12 人为例，预计每年节约培训费 6 万元。

（二）社会效益

项目紧跟时代潮流，把握行业趋势，构建数字化风电站，助力国家大力推进风电互联网、数字化转型，提升国家风电竞争优势。通过 5G 无线网络的搭建，可以提升企业在行业中的影响力，进一步提升风电站现场运维工作效率，加强现场安全管控，真正实现降本增效，推动行业发展，促进地方经济发展。实现全场站的无线高速覆盖，打造风电发电行业的智慧化建设标杆；实现远程运维，提升生产效率，推动风电发电行业的可持续发展；能够大幅降低安全生产事故，实现生产过程零伤亡；实现远程应急指挥，促进企业从上到下无延迟联动机制。

（三）管理效益

机组的安全运行，需要运维服务的稳定保障。据专家预测，我国风电运维市场将迎来快速扩张，到 2025 年，市场规模有望突破千亿规模，市场前景可谓广阔。然而，与发达国家相比，我国风电行业发展时间较晚，运维服务还存在很多不足。

目前，我国风电运维体系还处于完善阶段，行业发展集中于检修和零部件供应等方面，对于运营期间的维护还有待加强。不仅如此，风电运维行业在技术、经验等方面也还较为欠缺，真正优秀的运维服务商比较缺乏。

为了解决风电运维发展中的各项挑战，业内企业正在积极推动"互联网+"进程，开启智能制造转型升级，加速向智能化、数字化方向迈进，以打造"智慧运维"模式，助力风电运维发展的大跨越，从而支撑风电产业的快速发展。现场无线网络的建设可大大提升

运维效率，进一步实现运维工作的减员增效。

5G 中的 700M 频段为全国首次应用于新能源企业风电场，项目建成落地后可为新能源企业的风电场推广无线覆盖提供有力的数据支撑，为实现风电场的智慧化、智能化管理模式打下坚实的基础，其管理效益不可估量。

四、项目亮点

（1）将 5G 700M 频段第一次应用到新能源行业，为 700M 频段信号传播损耗低、覆盖广、穿透力强、组网成本低等方面优势提供有效的实践支撑，为 5G 700M 频段更适合新能源提供实践依据，为后续其他风电站的 5G 无线通信和应用部署提供有效的实践经验。

（2）通过敖包风电场 5G 试点项目，为后续的远程实时会议、协同和培训，运维检修及监督指导，移动巡检等办公自动化以及人员定位功能的具体实现提供了实验环境；经过改变原有低效的金字塔式的沟通结构，建立扁平化、自组织的网状连接结构，进一步提高工作效率和形成高效管理流程，为管理模式创新和降本增效提供有效的实践证明。

（3）通过敖包风电场 5G 试点项目数据通信安全体系应用研究，能够为无线链路进行完整性加密保护，以及为保障业务及数据传输安全等方面提供有效的实践支撑，为后续其他风电场站的 5G 无线通信和应用部署提供有效的实践经验。

（4）通过敖包风电场 5G 试点项目的研究，在已有实践基础之上给出风电场站智慧管理方向上的技术创新点、经济增长点；通过建立运维检修专家库，实现未来自动化运维检修，解决电站运维人员不足的缺点。为物联网下的智慧型风电场站建造进一步拓展技术思路，夯实技术储备。

基于 5G 技术的风电场作业智能辅助
与远程安全监管系统研究

［龙源电力集团（上海）新能源有限公司］

案例简介	本项目拟在风电场区域内搭建 5G 环境，并结合具体智能化应用，在 5G 环境下通过 3D 数字孪生、智能穿戴、人工智能等技术研究搭建风场数字化作业智能辅助与远程安全监管平台。

一、项目背景

风电场分布区域分散，受现场天气和地理条件影响，作业现场管理难度大、风电机组运维困难。风电场新建项目的快速增长，现有电场专业人才紧缺，给电力设备维护管理、运行分析及故障处理带来很大困难，也使得现场安全风险管控的成本越来越高。

公司提出要加强安全风险管控工作，确保风电项目受控，要求构建从风电项目建设施工、生产安全运行等各环节的全过程安全监管体系，加快解决针对影响风电生产运营和项目建设中安全管控的突出问题。通过调研分析，当前风电巡检运维及作业安全管控还存在以下问题，如表 1 所示。

表 1　风电巡检运维及作业安全管控存在的问题

存在的问题	问题描述
现场作业工效低、作业质量得不到保障	受现场环境和作业条件限制，有效工作天数少，现场作业效率和质量尤为重要。目前，辅助手段较为缺乏，现场人工巡检消缺效率和质量无法保障
作业现场监管难度大	作业过程中无法实现有效的互动，无法对现场安全情况进行监管，传统的固定摄像机也无法满足作业现场的全面实时监管
人员实时的安全状态监管存在盲区	风电机组所处环境偏远，并且塔筒高达百米，场外人员作业时，中控人员无法及时掌握人员位置分布和人员安全状态，不利于安全生产管理
专业人才资源有限，且无法远程协作	在巡检运维过程中，现场班组人员技能水平参差不齐，专业人员的稀缺，使得运检难度大、技术要求高的检修或故障处理无法第一时间得到技术支持，造成故障停机时间长

在数据传输与网络通信方面，传统采用的 4G 通信方式，4G 网络容量受限，往往无法

提供持续稳定的多路视频同时回传；在郊外空旷区域，4G 网络覆盖难以满足业务接入需求，从而从网络传输上限制了智能监管的发展。虽然针对设备运维工作开展了在线监测方面的研究工作，且实现了设备实施操作的可视化，但仅局限于事后监视，无法对过程进行协作参与，更无法对生产作业现场进行实时监督或监管。就风电场而言，如何基于 5G 通信技术与业务深度融合，一方面解决现有问题痛点，一方面加强推进业务场景应用创新，已经成为当下不可逆转的趋势。

二、技术方案

本项目拟在风电场区域内搭建 5G 环境，并结合具体智能化应用，在 5G 环境下通过 3D 数字孪生、智能穿戴、人工智能等技术研究搭建风场数字化作业智能辅助与远程安全监管平台。

本研究项目中，拟采用新建 Lampsite 的方法实现对北堡风电场示范区域 5G 信号覆盖，拟布放 12 台 PRRU（5962），采用 1 个 BBU 设备 +4 台 RHUB（5963）的方式对楼宇内部进行覆盖；对已有室外宏基站进行 5G 改造，新建 5G-AAU 设备（见图 1）。

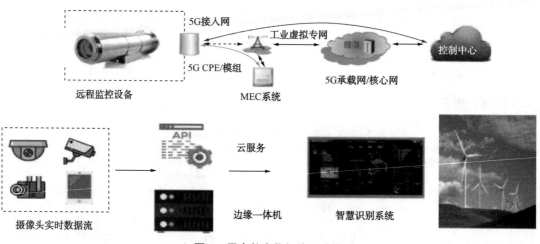

◆ 图 1　风电数字化智能系统模型

（一）规范化作业智能辅助

该智能辅助装置设备用于风场一线作业辅助，主要包含三大模块：3D 可视化操作手册、预判智能提醒、巡检智能指引辅助工具。

将专业知识经验沉淀，包括作业合规流程、安全注意事项与关键点、故障分析与处理等，形成 3D 可视化操作手册，结合 3D 设备模型进行直观可视化展示。人员可通过手势、语音等交互操作模拟演练，提升业务水平。在智能搜索技术的帮助下，一线人员可快速调取关键信息用于作业前准备（见图2）。

作业人员接收巡检作业任务，去现场之前，可通过智能辅助终端的3D数据可视化效果来了解各个点位风机及设备状态信息，风机部件的型号、基础信息、状态信息、尺寸信息等。另外，智能辅助终端可智能预判提醒作业人员出发前需携带设备、本次作业的重点关注对象、点位风机运行异常等（图3）。

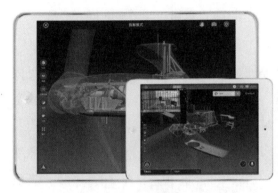

◆ 图2　智能辅助（一）　　　　　　　◆ 图3　智能辅助（二）

借助线路导航、人员定位等工具，作业人员抵达巡检现场，佩戴智能辅助装置，开始作业，作业过程中可快速查看本次巡检的任务清单、重点巡检的部件及常规巡检部件的详细步骤；根据风机部件设备的运行数据标准，填写数据后，通过后台的判断，借助3D模型可做数据比对直观结果提示。在巡检过程中，一线作业人员可随时调取过程文件查看，对任意部件可进行历史数据追溯，查看历史故障信息及处置方式，便于快速掌握部件运行状态及处置方式。

同时有效解决在作业过程中需要不断对照图纸，而工器具和图纸资料的频繁切换，导致工作效率不高，且经常要重复确认、记录相关数据的问题（图4）。

一线作业人员在作业过程中，在智能辅助终端可直接记录作业过程数据，对于有问题的部件或设备，可进行拍照记录问题，提交上传至后台保存。后台登录后，可查看本次作业的详细记录，包含本次作业的作业记录单、问题拍照记录等，实现数字化作业操作。

同时解决每次作业携带大量表单，每月各类报表40张，现场人员容易遗漏表单材料，表单与操作目标不匹配，造成作业不及时、不准确，效率不高。同时一线作业数据表单均为人工记录与上报，造成数据信息不连续不客观等问题（图5）。

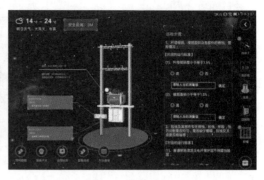

◆ 图4 工作画面（一）　　　　　　　　　◆ 图5 工作画面（二）

（二）远程安全监管与故障处置

巡视作业时，由于一线作业人员设备携带不便，或是受到视角限制，后台只能看见固定视角操作。智能穿戴设备具有视频采集功能，基于现场作业人员第一视角实时监管安全合规性操作，作业数据实时同步，第一视角了解现场具体情况（图6）。

现场端佩戴智能穿戴装置后，可采集现场第一视角高清图像及声音。经过图像压缩算法后，通过网络传输至后台中心，通过解压缩后，可实时得到来自前端的图像和声音数据；允许多个现场端工作同时接入后台中心，中心同时监管多个现场，数据传输通信过程中，具有双向语音对讲功能，且监管后台能够通过终端的麦克风与前端作业点实现实时语音沟通功能。风场现场作业过程可记录为视频资料，统一在后台进行进行管理，事后可查找到对应作业的作业过程视频，调取查看追溯过程（图7）。

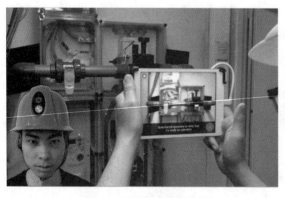

◆ 图6 远程安全监管场景　　　　　　　　◆ 图7 事后追溯场景

当急需专家进行作业指导时，使用远程智能指导功能，能够有效解决专家不在作业现场的作业指导，提高技术指导效率，缩短指导周期，节约业务成本。利用 AR 与远程通信技术结合，远程专家操作手持终端，能够轻松地与现场人员建立通信（图8）。

现场端也使用手持终端时，现场人员可同步接收到基于 3D 设备的图像、实现信息及交互同步，远程专家端在观看现场端的同时，可手动标注有问题的部分。另外，以 AR 的形式演示操作动画，作业人员可快速了解操作过程及方法；专家可远程观看第一视角的实时高清图像，与一线人员通过语音沟通，从而快速了解问题，及时查找风机设备故障原因，向一线作业人员演示处理方式（图 9）。

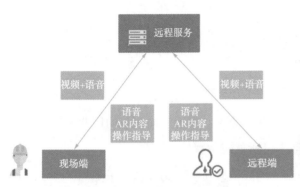

◆ 图 8　现场端与远程端的实时通信　　　　◆ 图 9　实时演示

在远程协作过程中，专家可调取与共享历史作业数据、表单、视频、图像等文件。另外，在交互过程中积累的数据资源可以共享给对方或指定人员，达到多人协作的效果（图 10）。

◆ 图 10　远程协作事例

（三）3D 立体虚拟安全围栏

一般的风电机组设备高度为 80~100m，一线人员的风电机组作业属于高空作业。在没有旁人进行安全监管的情况下，地面人员无法具体观察作业人员在风机塔筒或风机机舱内的位置和行动情况，如果在不安全的区域内进行工作，也无法提供及时有效的警告。因此，对于现场作业人员来说，主动的安全预警显得尤为重要。3D 立体虚拟安全围栏是通过可佩戴式定位标签、差分基站以及 3D 可视化终端，获取检修作业人员的空间定位数据，结合现场设备坐标数据以及模型尺寸数据而构建的（图 11）。

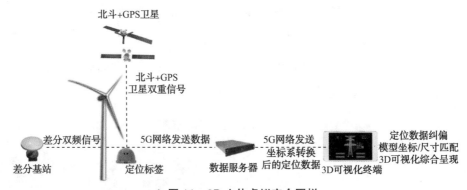

北斗+GPS卫星

北斗+GPS
卫星双重信号

差分双频信号　　5G网络发送数据　　　5G网络发送
　　　　　　　　　　　　　　　　　　坐标系转换　　定位数据纠偏
差分基站　　　　定位标签　　　数据服务器　后的定位数据　模型坐标/尺寸匹配
　　　　　　　　　　　　　　　　　　　　　3D可视化终端　3D可视化综合呈现

◆ 图11　3D 立体虚拟安全围栏

在作业前，检修人员配合佩戴定位标签；在作业中，基于之前获取的作业人员的定位数据，在 3D 可视化终端可清晰地看见当前人员所处的位置信息。

在三维空间中，运用空间数据计算规则，构建检修作业现场虚拟电子围栏，当发现现场检修作业人员超过虚拟电子围栏安全距离时，将会形成安全区域告警，并通过现场作业人员穿戴的智能终端实时警报，提醒检修作业操作人员，便于检修作业人员及时调整或修正作业行为。远程监管人员则可以通过 3D 可视化终端进入具体检修线路点位，远程监控作业现场操作人员分工情况，以及监测各作业人员是否在安全区域内。

（四）基于储能技术的 5G 基站用能优化

针对当前制约 5G 项目发展的能耗高问题，风电场针对性地提出解决方案：拟采用基于储能技术的 5G 基站智慧能源管控系统（图12），优化基站耗电量，同时通过光伏、储能等设备的运用，利用峰谷电价差降低 5G 基站能耗成本。

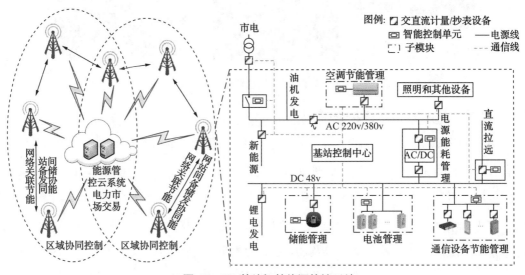

◆ 图12　5G 基站智慧能源管控系统

制订基站能耗计量方案，通过区域—基站—设备的分级能耗对比分析，排查能耗异常情况；通过对基站设备分级建模，自动分析计算不同场景下的 5G 能耗状况，并进行优化，更好地服务于 5G 应用场景。

三、项目收益

（一）经济效益

（1）随着风电场两化融合的实施和创新运检模式的逐步推进，本项目对进一步推动区域集中检修、提高运检效率，最终实现无人值班和少人值守有着重要意义。与以往相比，预计每年节省人工工时 800 小时，每年节省人工成本 40 余万元。

（2）在不降低安全风险管控的基础上，大大减少运维人员的工作强度，快速提升一线人员对运行检修作业的掌握，且以 5G 技术为载体，以三维可视化平台为展示，结合北斗定位技术的运用，可以实现现场信息的实时回传，进一步提升效率和加强现场安全管控。

（二）社会效益

（1）基于 5G 技术和北斗定位技术的前沿应用，首次实现 5G 技术、三维数字化、AI 智能、智能穿戴等前沿技术与风场巡检业务深度融合，创新智能巡检与远程协作工作模式，率先实现 5G 专网环境示范区建设，为该类科研项目研究起到引领示范作用。

（2）风电场作为崇明地区新能源企业对外展示窗口之一，通过本项目的实施可进一步提升公司软硬实力。另外，在项目实施过程中，加强与上海地区邮电设计总院、移动公司、华为公司等的深度合作，可扩大公司在当地的影响力和知名度，为公司创建世界一流新能源发电企业贡献力量。

（3）创建风电场巡检运维人员的集中管控和调度模式，在不降低作业质量、确保作业安全的前提下，实现人员配置和经济产出的最优化，加强安全风险管控工作，确保风电项目安全和现场管理受控，使得风电场运行管理和检修作业向着更加专业化的方向发展。

四、项目亮点

（1）建成风电场 5G 应用示范区：针对特定区域，建立 5G 信号的全覆盖，实现高频段、高速率、低延时、高安全性标准的 5G 示范试验区，在此基础上率先开展 5G 智能化应用。

（2）形成风电场数字化标准作业流程手册一套：针对现场规范化作业过程与作业数据，引入 VR 技术强化现场作业人员的作业指导，降低一线作业对人员的专业要求，为员工提供作业过程智能辅助。

（3）形成故障处理协同专家知识库一套：建立基于远程协作技术的后台专家与大数据知识库协同指导，有效解决现场问题及事故的处置滞后性。

（4）配置升压站和风电机组关键设备的 3D 数字模型 1 套，在此基础上建立基于空间定位技术的 3D 虚拟安全围栏，对作业人员的安全区域进行远程监控，有效加强作业现场安全管控。

小　结

  国家能源集团在基础设施与智能装备方面开展了大量探索与实践。在火电方面，内蒙古东胜电厂建成了行业首个全覆盖、全应用示范 5G+ 智慧火电厂，开发了基于边缘计算和智能安全识别的火电工控智能检测 AI 专用视频芯片。浙江余姚、江苏泰州、浙江北仑、国能京燃热电、台山电厂、河曲电厂等单位基于 5G+ 技术进行了专网建设、安全管控、作业监视等方面的探索，开发了基于机器人的自动巡检系统，研制了无人值守的卸船机控制系统及入炉煤煤质信息跟踪系统等。在水电方面，大岗山、猴子岩、龚嘴电站开展了发电机组绝缘智能检测、设备声学检测诊断、引水隧洞检测机器人等相关技术的研究及应用。在新能源方面，国华投资、龙源电力等公司基于 5G 技术完成了风电场的网络全覆盖、风场作业智能辅助与远程安全监管以及风机机载测风仪校准技术的研究。

CHAPTER THREE 第三章

智能发电平台

　　智能发电是对发电过程的智能化监控、操作和管理，也是建设智能电站的基础，是实现智慧能源的必需。智能发电平台是在基础设施和智能装备的支撑下，以发电过程的数字化、自动化、信息化、标准化为基础，以大数据、云计算、物联网、人工智能等技术为手段，构建包含泛在感知环境、智能计算环境、智能控制环境、开放的应用开发环境的基础平台软件，支撑"智能检测"、"智能监盘"、"智能寻优"、"智能控制"、"智能交互与展现"等功能实施，形成以工业互联和智能应用为核心的自学习、自适应、自趋优、自恢复、自组织的智能发电生产运行控制管理协同模式，实现更加安全、高效、清洁、低碳、灵活的生产目标。

　　智能发电平台与分散控制系统（DCS）进行深入融合设计和构建，服务于泛在感知、智能监盘、智能控制、自趋优运行的智能化生产过程，具备可用性、可扩展性和开放性，并部署了有效的网络安全防御体系，构建出一体化的工控信息安全防护系统。通过先进的传感测量手段及网络通信技术，实现对电力生产设备及运行环境中振动、温度、湿度、噪声等信息的全方位监测、识别和多维感知，并采用安全加密传输，为设备远程诊断、故障预警、智能监盘提供基础数据。通过智能计算引擎，形成智能发电平台的分析计算中心，提供统计分析、建模计算和知识推理能力，为智能控制和决策提供依据。配置智能控制环境，利用模式识别、数据挖掘、机器学习与知识推理等方法，实现全过程的在线性能分析、预警和诊断，以及高性能的自主决策优化控制和新型人机交互，实现对机组运行方式、控制参数和效能指标的持续优化，不断提升发电机组的可靠性和经济性，最终实现"无人运行、少人值守"发电生产运行目标。

火电部分

自主可控智能发电运行控制系统研发及应用

[国电内蒙古东胜热电有限公司]

> **案例简介**
>
> 将 DCS 基础算法库进一步升级，融合现阶段已发展成熟的先进控制算法、智能优化算法和智能状态监测及诊断算法，充分发挥生产一线应有的控制、优化、监测及诊断优势，形成初级版本的 ICS 系统，并将 SIS 中面向生产过程分析、诊断与优化的部分融入 ICS 系统中，实现机组能效的大闭环控制。通过 DCS 算法库的升级和应用功能的扩展，研发出一套智能发电运行控制系统，为火电机组安全、经济、灵活运行提供重要保障。

一、项目背景

在我国能源结构中，传统化石能源还将长期占据主导地位。新能源开发利用与传统化石能源清洁高效利用成为当今能源革命的主题，其中，智能发电是实现这一主题的重要技术。国家《电力发展"十三五"规划》将智能发电内容列入规划，电力工业面临供应宽松常态化、电源结构清洁化、电力系统智能化、电力发展国际化等一系列新挑战。推进智能发电运行控制系统是实现能源绿色、低碳、智能发展的战略选择。

二、技术方案

（一）智能发电运行控制系统设计架构

智能发电运行控制系统（ICS）整体设计关注于生产过程中数据—信息—知识的转化及其与人、生产过程的智能交互。在分散控制系统（DCS）基础上，加强人工智能技术三要素"数据""算法"和"算力"在生产控制过程中的设计实现，探索将工业领域的专有知识注入人工智能模型中，并将其与先进控制技术相集成，形成一套新型的工业控制体系。通过智能技术与控制技术的深度融合，ICS 实现生产过程中数据—信息—知识的实时转换和交互循环促进，在将人从重复、简单劳动中解放出来的同时，有效提升生产过程的安全性和经济性，推动发电生产过程运行控制模式及效果发生深刻变化，形成对行业转型发展的有效支撑。

ICS 配置有智能控制器、数据分析服务器、智能计算服务器、大型实时历史数据库、高级应用服务网、高级值班员站、网络管理审计和域间隔离等智能组件，构建了高度开放的应用开发环境、工业大数据分析环境、智能计算环境和智能控制环境，提供了丰富的内置算法和应用功能，同时由全面的工控信息安全技术保障网络和数据的安全稳定运行。

整个系统按多域设计，可将监控范围配置为厂级和机组级运行控制系统。厂级运行控制层是 ICS 为适应全厂生产数据聚合和一体化监控全新设计的控制层级。在实现参数软测量、过程数据泛在感知、数据量丰富的背景下，厂级控制层消除各机组、公用、辅网网络形成的单元数据孤岛，对全厂数据进行综合分析，实现全局信息价值挖掘（如全厂水、电、热平衡计算，厂级负荷分配、厂级实时成本分析等），形成对单元机组运行的宏观指导。机组级运行控制层在原有 DCS 控制系统的基础上，从数据分析角度进行了强化设计和功能融合，旨在实现生产数据价值的深度挖掘和反馈指导。

为消除高强度数据交互过程对实时控制网络的影响，系统设计了高级应用服务网。高级应用服务网独立于实时控制网，采用千兆网结构，专用于在数据分析服务器、智能计算服务器、大型实时历史数据库、上位机之间进行大容量分析数据的交互传输，实现控制数据与分析数据的分流。其中，智能计算服务器各项应用功能所使用的实时分析数据及中间计算结果，可通过实时控制网与高级应用服务网并行传输，保证数据实时性和高精度；数据分析服务器各项应用功能所使用的长周期历史数据及中间计算结果，通过高级应用服务网独立传输。整体数据交互架构的设计既保证了实时控制网的时效性及可用性，又为人工智能技术的各种在线、离线计算提供了高速数据通道，为先进控制与人工智能的深度融合打下了坚实基础。

系统实现智能功能的核心组件是智能计算服务器、数据分析服务器、实时历史数据库。其中，智能计算服务器是在线智能计算中心，完成数据实时统计分析、复杂控制算法运算、机器学习和深度学习算法的分类、回归正向计算等；数据分析服务器是离线建模计算中心，完成数据抽取和预处理、控制模型辨识、机器学习和深度学习算法的训练和验证等；实时历史数据库是数据中心，提供数据全面收集、高效压缩和存储，以及高速数据交互功能。三者均可根据系统规模实现集群式配置，以应对高强度数据计算和交互需求。数据分析服务器还可根据需要配置多块 GPU 计算卡协助进行深度学习训练，以完成数据特征的深度挖掘。

智能控制器是实现智能控制算法的核心组件，为智能控制策略和算法提供稳定、高效的运行环境。其保证全程自动控制、预测控制、内模和自抗扰算法的高实时和高可靠性运行，同时高度开放，允许加载第三方研究人员按照预先定义好的算法规范编制的复杂优化控制算法，为其提供与内置算法相同的实时、可靠运行环境和调试维护环境。智能控制器可通过两种方式兼容第三方算法：宏算法封装、算法容器。宏算法采用系统已有基础算法模块搭建并封装，算法容器可将第三方独立开发的 dll 文件加载运行。

高级值班员站是 ICS 系统全新设计的面向全厂数据监控分析的值班员站。它是全厂生产运行的重要节点，作为人机交互的主要手段，将全厂生产运行实时数据挖掘计算的结果进行可视化展现，为运行人员提供指标统计、工况分析、能效对标计算结果等信息，并将基于全局分析的指导意见和值班员指令下发到各单元机组，提高全厂机组运行效率。

由于增加了一系列智能组件、高级应用网及厂级控制层，系统网络结构更加复杂，信息交互频繁且数据量大，对网络和信息安全提出了更高的可靠性要求。对此系统设计了全套信息安全组件，通过主动防御、边界防护、集中监管等手段实现了系统从内核到边界，从主机到网络的按需可靠管控。

系统对传统的历史站和操作员站也进行了功能升级。实时历史数据库兼做系统历史站，采用数据高速调用方法，实现百万级别实时数据的读取和写入；采用高级压缩和索引方法，扩大数据存储规模 10 倍以上，提升检索速率 20 倍以上。操作员站的数据展现功能进行了升级，可流畅展示机组 3D 设备模型，实现二维、三维联动监视和数据可视化展现。

（二）全新的电厂控制及信息系统体系结构

火电厂具有关联性、流程性、时序性强的特点，智能发电的技术体系需要按照安全、有效地组织各功能之间的协同与增效进行构建，根据数据的实时与非实时属性将整个智能电厂分为运行控制与管理服务两大层级，可以系统、高效地对电厂信息实施综合管理与应用。通过运行控制系统对电厂全部实时信息进行管控，有利于实现电厂运行控制的能效"大闭环"与安全"大保障"；通过管理服务系统对电厂非实时信息进行全面管控，有利于实现电厂运营管理的管理决策"大协同"。

因此，在智能发电架构整体设计中，将传统的三层网络结构按照实际需求和客观规律进行优化，形成功能性与安全性相统一的两层体系结构。

新的体系结构由 ICS（智能运行控制系统）和 ISS（公共服务支撑系统）两层网络组成。ICS 是生产过程控制层，实现与运行控制密切相关的、实时性高的应用功能，如运行监控、智能预警与诊断、性能计算与耗差分析、实时操作指导等；ISS 是智慧管理层，实现全厂定位、两票、巡检等非实时性生产管理及物资、财务、党建等企业管理功能。对比传统结构，新的体系对原 SIS 系统部分进行了功能划分和拆解。原 SIS 系统实质上是一系列电厂生产过程优化和管理软件的组合。其中，生产过程优化的部分，与生产运行控制密切相关。我们将它与 DCS 融合，形成了 ICS 的主体部分。其中，管理软件部分，则与 MIS 等管理功能融合，形成了 ISS 主体部分。

新架构的实现基于两点基础：硬件方面，高性能服务器、智能控制器、千兆网络及信息安全组件的逐步成熟和成功集成应用，为控制系统实现高强度数据传输和计算提供了算力基础；软件方面，开放式算法开发环境、系统资源调度维护软件以及机器学习、深度学习、预测控制、在线辨识等智能算法逐步成熟，为控制系统提供了算法基础。软硬件水平的提升，赋予控制系统对生产过程的在线优化能力，已完全可以承载原 SIS 系统的生产优化功能。

新的体系结构在满足信息安全相关要求的同时，实现生产运行控制层面的能效分析计算和耗差分析、设备状态智能监测等优化功能，使运行人员能够及时根据机组能效调整运行参数，降低发电煤耗。由于不存在数据单向隔离的限制，系统给出的操作指导信息可直接与底层控制回路联动，形成"能效大闭环"控制模式，最终实现机组的全程自趋优运行。

（三）智能发电运行控制系统功能架构

ICS 关注于生产运行控制的智能化升级，其功能架构设计为三个层次：数据层、计算层和应用层。其中，数据层实现生产数据广泛收集、梳理、存储，并提供可靠交互接口；计算层实现生产数据向生产信息、知识的转化；应用层提供人（生产运行人员）与生产信息、知识的交互环境。

系统的整体功能目标是，面向发电生产运行控制过程建立生产实时数据统一处理平台，以数据分析、智能计算和智能控制技术，实施底层实时控制、优化控制和生产数据全面监测，并将性能计算、优化指导、预警诊断等功能与运行控制过程无缝融合，有效提升运行和控制环节的智能化水平，深入挖掘实际生产数据中蕴含的信息、特征和规律，实现发电过程的系统性优化和增效。

生产数据全集成，实现全厂生产数据的采集和聚合，包括高性能实时/历史数据库、多源数据接口等组件和功能设计，并通过集群数据存储与交互架构、工控信息安全网络保证其高效性和可靠性。

　　系统开发了适用于发电生产过程的高性能实时／历史数据库，提供从现场设备到机组和车间、全厂乃至企业集团的统一数据平台、统一数据接口、不同类型实时数据的标准化管理，并提供生产历史数据的高效存储、处理和通用计算发布服务。高性能实时／历史数据库通过实时控制网和高级应用服务网整合所有实时业务的分布式数据，是实现高效实时信息集成与标准化管理的平台。

　　生产数据全集成提供的实时数据服务充分体现全面性、实时性和准确性，为各智能计算引擎、自动化系统和功能的互联互通、生产过程深度分析、运行控制多目标优化与决策支持提供统一的数据基础，为实现全厂机炉电辅仿真控制一体化、控制与监控管理一体化提供核心支撑。

　　计算层是系统的数据计算和分析中心，提供可靠环境进行生产数据、智能算法和服务器算力的综合调度，实现生产数据向生产信息、知识的转化，主要包括智能控制引擎、智能计算引擎、数据分析引擎。为适应高强度计算需求，提高计算实时性、减少训练时间，引擎可配置为集群式计算架构。

　　生产数据计算与分析直接服务于各项具体功能应用，作为计算调度中心，组织各项资源对生产过程中的数据进行层次化加工和处理，得出信息与知识性计算结果，是各类功能应用的综合性基础平台。

　　智能控制引擎位于智能控制器中，由控制器硬件资源、控制器系统软件和先进控制算法库组成。除强大的硬件资源、便捷的组态方式外，智能控制引擎保持了与常规控制器一致的实时调度、网络接口方式与可靠性设计，可在高实时性条件下实现高性能控制。事实上，常规控制器在资源裕量许可情况下，也可以加载先进控制算法库，在直接控制回路中调用。

　　智能控制引擎提供资源配置工具，可将离线建模和辨识结果导入控制过程，实现自适应控制，支持智能算法的在线组态修改、下载、参数调整功能。

　　智能控制引擎提供丰富的算法资源，包括内嵌基本算法库（数学运算、逻辑运算、热力学参数计算、统计计算等基础算法）、内嵌先进控制算法库（广义预测控制 GPC、自抗扰控制 ADRC、神经网络控制等算法，并可通过辨识方法得出控制过程模型）、内嵌运行优化算法库（锅炉排烟热损失、锅炉气体未完全燃烧热损失、汽轮机内部功计算等能效计算算法，以及氧量定值优化、滑压曲线优化、冷端优化等寻优算法）、内嵌软测量算法库（氧量、再热蒸汽流量、煤质化学成分等算法），还可集成第三方按标准规范开发的定制化算法。

智能计算引擎由智能计算服务器硬件资源、面向工程的系统软件和丰富的算法库组成。智能计算的类型主要有两种：流式计算和知识计算。（1）流式计算通过多任务多线程高效并行运行，将大量生产实时数据同步加工计算，得出数据统计规律和底层信息，支持复杂智能算法和复杂程序按周期实时执行。流式计算完成数据—信息的初次转化，输出的生产特征信息可包括：运行参数偏离程度、变化趋势、波动力度、翻转次数、分布的峰度、偏度等；机组耗差情况、耗差变化趋势、耗差分布特征；运行操作效果评价、个人操作效果对比、值次效果对比、同比、环比等。算法执行列表可配置，根据需求灵活组态。流式计算对生产数据进行全面解析，对机组乃至全厂的运行状况进行准确诊断、分析与优化。（2）智能计算的另一类型是知识计算，实现知识的表达、组织，并与生产过程数据结合，实现自动推理。知识计算将人的知识纳入智能计算体系中，研究基于知识图谱、故障树专家系统等技术的知识表达方法，将生产工艺专家的专业知识和丰富经验表达固化成软件代码，形成过程知识库，并配备推理机，根据生产实时数据记录进行自动推理，形成独立于人的分析、判断和决策能力，并与控制系统有效互动。

数据分析引擎由数据分析服务器硬件资源、工业数据分析流程软件和数据分析算法库组成。数据分析引擎是系统的离线建模中心，负责将生产数据提炼为数学模型，为智能计算引擎提供模型支持，并为生产过程提供深层次指导。

数据分析引擎可根据需要配置为 CPU 或 GPU 服务器，或多台服务器组成集群式架构，利用分布式文件系统和多服务节点协同的计算模式，将海量数据训练过程进行任务分解和并行化的矩阵运算，快速获得模型训练结果。

三、项目收益

智能运行控制系统的投入使用可有效实现电厂节能降耗、减员增效，提升经济效益。通过智能报警及预警、故障诊断处理以及二三维联动监视技术，大幅提升对故障工况的预测、识别、定位、处理能力，显著提高机组的监控品质，准确预警并防止汽轮机及大型转机的恶性事故，优化运行参数，延长锅炉使用寿命，预计可减少机组非停次数 1.5 次 / 年，按机组启动费用 100 万元 / 次计算，可直接减少非停费用 150 万元 / 年。通过应用机炉协调预测控制、制粉系统预测控制等高级控制模块，可以在大于 50% 的中高负荷段，负荷变化率达到 1.5%~2%Pe/min，低负荷段满足深度调峰要求。在两个细则考核下，机组获得电网额外费用奖励和电量奖励，并可有效利用锅炉蓄热，提升锅炉燃烧效率，预计可获得 1500 万元 / 年的电网奖励。通过基于多模型的汽温预测控制、脱硝预测控制等，有效提升汽温以及环保参数的控制精度。提高自动投入率，提升机组效率，减少运行人员操作量。通过机组能效分析与计算，实现锅炉氧量、背压、一次风压力、主汽压力等能效大闭环控制，并实现基于锅炉效率最优的配风方式、磨组的组合方式等闭环运行，有效提升锅炉效率 0.4%，降低煤耗 2g/kW·h。通过基于高度自动化运行操作系统，替代操作人员给水泵启停、磨煤机的启停、一系列的定期工作执行和定期试验以及故障处理等日常操作，有效减少操作人员 70% 的操作量，实现少人监盘。

四、项目亮点

（一）研发了一套自主可控的智能运行控制系统

ICS 系统在硬件平台、软件环境、数据库系统方面均进行了全新设计，配置有智能控制器、数据分析服务器、智能计算服务器、大型实时历史数据库、高级应用服务网、高级值班员站、网络管理审计和域间隔离等智能组件，构建了高度开放的应用开发环境、工业大数据分析环境、智能计算环境和智能控制环境，整体架构更加适合于人工智能技术在生产运行控制层面的落地应用，并能够与先进控制技术深度融合，形成以智能参数感知、控制回路优化、运行状态趋优、智能预警诊断、在线仿真及优化指导等主要功能为一体，同时具有更高安全可靠性的智能运行控制应用体系。在全新的系统平台中，各功能可根据实际应用情况和需求实现不同形式的协调运行，提高发电工艺过程的整体性能和自动化水平。此外，智能运行控制系统具有从硬件到软件的全部国产自主化知识产权，可进一步保证我国能源体系的安全可控。

（二）构造了一种全新的智能发电控制及信息系统架构

火电厂具有关联性、流程性、时序性强的特点，智能发电的技术体系需要按照安全、有效地组织各功能之间的协同与增效进行构建，根据数据的实时与非实时属性将整个智能电厂分为运行控制与管理服务两大层级，可以系统、高效地对电厂信息实施综合管理与应用。通过运行控制系统对电厂全部实时信息进行管控，有利于实现电厂运行控制的能效"大闭环"与安全"大保障"；通过管理服务系统对电厂非实时信息进行全面管控，有利于实现电厂运营管理的管理决策"大协同"。

（三）设计并实现了基于 ICS 平台的智能监测、智能控制和高效运行三大功能群组的应用

根据电厂生产过程工艺特点，ICS 系统设计了智能监测、智能控制和高效运行三大功能群组，并围绕三大功能群开发了智能感知算法、先进控制算法、过程参数预测算法等一

系列高级算法，并配置了一系列功能系统应用。功能构建以运行优化提升机组性能和效率为主线，以智能监测和诊断实现机组和设备高可靠性，以智能控制保证生产过程稳定性和准确性为支撑，各功能集群协同运作，构成机组能效"大闭环"运行控制体系，实现机组安全、经济、环保运行。

五、荣誉

（1）2020 年"智能发电运行控制系统研发及其应用"荣获国家能源集团奖励基金特等奖；

（2）2020 年"智能发电运行控制系统研发及其应用"荣获中国电机工程学会中国电力科学技术进步奖一等奖。

（3）2019 年"国内首套智能发电运行控制系统研发及应用示范工程项目"项目获 2019 年国电电力总经理奖励基金一等奖；

（4）2019 年智能发电运行控制系统研发及其应用获 2019 年度中关村首台（套）重大技术装备试验、示范项目；

（5）2019 年"基于 ICS 架构的智能发电运行控制系统应用"项目荣获中国信息协会的 2019 年度中国能源企业信息化产品技术创新奖；

（6）2020 年国家能源集团"火电智能控制系统"入选 2020 年度国资委发布的《中央企业科技创新成果推荐目录》；

（7）2020 年"智能发电运行控制系统（ICS）"荣获中国自动化学会评选的 2019 中国自动化领域最具竞争力创新产品。

基于大数据和智能控制技术的火电厂 AGC 调节优化设计和工程应用

[国电内蒙古东胜热电有限公司]

案例简介

通过对 AGC 控制回路进行优化改造，2017 年 2 月后，1# 机组 AGC 调节速率指标 K1 值由月平均 0.53 提升至 0.74；调节精度指标 K2 值由月平均 0.83 提升至 0.99；AGC 负荷响应时间指标 K3 值由月平均 0.98 提升至 1.13；综合指标 Kp 值由月平均 0.59 提升至 0.94，增幅 59.3%，在蒙西电网 60 台 300MW 机组中，月平均排名也由第 22 名升至第 2 名。2# 机组 AGC 综合指标 Kp 值由月平均 0.57 提升至 0.91，增幅 34%，在蒙西电网 60 台 300MW 机组中，月平均排名也由第 25 名升至第 3 名。

一、项目背景

大型火电机组参与调峰运行的程度越来越深，对机组协调控制品质的要求日益提高，传统常规控制策略很难达到快速、准确地动态跟踪响应，负荷自动控制系统（AGC）响应品质不理想。同时，公司因燃用煤种实际燃煤发热量低、水分大，AGC 投入后，经常发生参数超调情况，导致主汽温度、再热汽温度超限，被迫解除 AGC 进行手动调节，调节品质指标总体处于蒙西电网中等水平。

二、技术方案

（1）根据锅炉蓄热特性，进行分段控制燃烧率，有效防止大负荷时参数超调。在锅炉蓄热的常规利用的基础上进行了灵活拓展，提出锅炉蓄热变速率利用的理念。也就是说在变负荷初期提高变负荷速率，中、后期再将变负荷速率适当放缓，在不透支锅炉蓄热的提前条件下，充分、有效地利用锅炉蓄热以获取更好的响应时间 K3 指标，幅度不大的变负荷工况下还可获取更好的变负荷速率 K1 指标，而精度指标 K2 几乎不会受到影响，从而整体提升了 AGC 性能。在机组负荷 260 MW 以下时，由于锅炉蓄热低，燃烧强度弱，燃料燃烧过程热量释放时间长，此阶段煤量、风量变化率较大，以满足 AGC 调节性能。机组负荷 260MW 以上时，因锅炉已具有一定蓄热能力，燃料燃烧过程热量释放时间相对较快，此阶段适当减小煤量、风量变化率，以防止燃料燃烧释放热量太快，造成参数超限。

首先，设计锅炉主控 PID 积分作用动、静态分离，引入机组变负荷信号，将锅炉主控 PID 中 Ti 参数分离设置。变负荷过程弱化积分作用，变负荷过程结束后积分作用恢复正常，避免了大幅度变负荷工况下积分作用过度积累，稳态过程中合理的积分作用又可及时校正主蒸汽压力偏差。同时，引入带锅炉蓄热程度校正的负荷动态微分前馈，根据变负荷过程中锅炉蓄热程度的变化，适时校正负荷动态微分前馈的增益，避免降负荷锅炉蓄热过量，增负荷时蓄热被透支，保障主汽压力在合理安全范围内。同时，应用带幅度校正的参数自适应负荷动态微分前馈，自动调整微分速率，以适应不同工况下锅炉燃烧特性。其次，积分作用动、静态分离，引入机组变负荷信号，将锅炉主控 PID 中 Ti 参数分离设置，在变负荷过程开始阶段先弱化积分作用——将 Ti 参数设置成定负荷时的 3~5 倍；变负荷过程结束后，慢慢将 Ti 参数释放为定负荷时的设置。再次，在充分利用蓄热的同时，燃烧系统提供快速、适当的能量支持，以适应负荷变化的需求。最后，在稳态时，及时抑制主汽压力波动，保障机组安全稳定运行。通过此项措施，解决了机组在低负荷时 AGC 调节性能差、高负荷时参数超限情况。在 AGC 控制系统中增加燃料偏置功能。当实际煤量与理论煤量偏差较大时，人为手动进行煤量干预，减小偏差，有效地防止了热惯性造成参数超限事件。

（2）设计带超压保护的主汽压力拉回回路，适当放宽拉回动作死区，避免汽压拉回频繁动作影响机组负荷调节精度。当主汽压超过 17.2MPa（额定 16.7MPa）时，快速开启主机调门稳定锅炉压力，避免锅炉超压。

（3）采取节流供热抽汽技术，加快 AGC 负荷响应速度。为了快速响应电网的负荷需求，在供热抽汽管道上加装 30% 旁路，通过开关旁路实现调整供热抽汽量目的。在供热初期，投入供热抽汽旁路运行，当机组发电负荷指令增加时，可以先关闭供热抽汽调节旁路阀门，快速减少监视段抽汽量，将原本用于供热的蒸汽引入汽轮机低压缸内做功，迅速提高机组发电功率；然后，机组在协调控制系统作用下，依靠增加燃料量使机组总功率缓慢增加，再逐渐关小供热抽汽调节蝶阀开度，恢复供热热源的稳定。深度供热期，供热抽汽蝶阀部分开启，通过全开、全关抽汽旁路实现调整抽汽量目的，可瞬间改变 1.1~1.6MW/s 负荷变化率。由于供热热网管道具有非常大的热惯性，这一过程导致的供热热源不稳定不会反映到用户端，这可作为提高机组变负荷能力的一种辅助技术手段。

（4）优化氧量校正结构，减少氧量波动。将脱硝入口、脱硝出口及空预器入口氧量取平均值，减少了氧量波动。修正后的氧量参与到氧量自动控制中，氧量变化趋势更加稳定、准确。这样，氧量参与到煤量与一二次风量函数曲线控制，增加风量至送风机动叶前馈。优化后氧量校正自动可正常投用，在减少变负荷过程中操作量的同时，一定程度保障了锅炉燃烧经济性。

（5）增加分层配煤系数。

针对四角切圆燃烧锅炉 A/B 磨组控制主汽压力特性好、C/D/E 层燃烧器控制主 / 再热温度的特性好等特点，实施分层配煤控制。即在机组协调系统平均给定煤量的基础上增加分层配煤系数，按照 A：B：C：D：E=1.2：1.2：1：1：0.7 方式，实现下排磨组（A/B 磨煤机）的煤量优先变化，可防止主再热汽温大幅波动，有效解除汽温和汽压耦合，辅助于提高 AGC 调节性能及汽温的优化控制。

三、项目收益

东胜热电公司负荷控制系统 AGC 经过优化后，调节品质及投入率较前期大为改观，AGC 投入率由前期低于 80% 到目前的高于 98%。2017 年 3 月后，AGC 奖励电量达 6080 万度，折合销售收入 1720 万元。2018 年 AGC 奖励电量 6552 万度，折合销售收入 1850 万元。

四、项目亮点

利用锅炉蓄热特性，进行燃烧率分段控制；在 AGC 控制系统中增加燃料偏置功能，必要时可人为手动干预调节；采取节流供热抽汽技术，利用抽汽加快 AGC 负荷响应速度；优化氧量校正结构，减少氧量波动；设计带超压保护的主汽压力拉回回路，避免汽压拉回频繁动作影响机组负荷调节精度；增加分层配煤控制，针对四角切圆燃烧锅炉 A/B 磨组控制主汽压力特性好、C/D/E 层燃烧器控制主 / 再热温度的特性好等特点，实施分层配煤控制。

五、荣誉

（1）2018 年"优化 AGC 控制策略，深挖机组调峰潜能"荣获国电电力发展股份有限公司科技创新一等奖；

（2）2018 年"基于大数据分析和智能负荷控制策略的火电机组 AGC 调节优化设计和工程应用"荣获中国电力设备管理协会设备管理创新优秀成果一等奖；

（3）2019 年"基于智能负荷控制和自动化调节策略的火电机组 AGC 优化设计和工程应用"获中国电力技术市场协会电气自动化创新优秀成果奖。

基于故障逻辑树和专家知识图谱的智能分析诊断系统研究与工程应用

[国电内蒙古东胜热电有限公司]

案例简介　东胜热电研发的智能预警报警及自动处理控制系统是燃煤火电厂高级运行员的专业知识和丰富经验的总结及积累，将生产中典型故障固化为故障逻辑树，实现早期预警报警，实现故障根源诊断分析，实现了故障闭环自动处理。减少人员分析、判断及人为处理等环节，避免异常事件扩大和升级。同时，绘制故障逻辑树，制订报警预警自诊断、自分析方案，实现早发现、早处理，可提高机组运行安全可靠性。

一、项目背景

火电厂现有报警主要是超限报警和跳变报警，报警信号准确性、可靠性不高，不能作为保护信号应用。另外，大多数故障还需要专业人员分析查找原因，造成了故障处理滞后及延误。基于故障逻辑树分析法提高了故障报警信号的准确性和可靠性，报警信号可以作为保护信号广泛应用，实现了故障逻辑诊断 + 预警报警 + 自动处理系统应用。同时，实现故障的程序化、专家化处理，防止了误操作及分析判断不及时造成故障扩大，保证了安全生产。

二、技术方案

本案例针对燃煤火力发电站，基于智能 DCS 操作系统的智能发电平台，建立故障逻辑树的标准分析诊断方法，对已发生过的故障现象进行综合分析，提取故障典型特征，制定报警及控制策略。将专家的宝贵经验和实践知识，形成计算机能识别的专家知识图谱，进而辅助故障的诊断、早期预警和实时闭环处理，极大地提升火力发电机组长周期安全稳定运行的能力。基于故障逻辑树的早期预警方法能有效提高火电机组缺陷报警和故障预警的及时性、准确性及可靠性。

（一）案例一：主变绕组温度变化率报警

2019 年 1 月 23 日 13：44：03，1# 机主变绕组温度出现上升的趋势，13：44：45 智能光字牌发出 1# 主变绕组温度温变速率快预警。发现预警后，运行人员及时采取措施，将负荷 167MW 减少至 120MW，及时有效地遏制了温度继续上升的趋势，避免了一次机组非停。

（二）案例二：辅机循环水泵断轴（叶轮脱落）故障诊断及处理

事件现象：2018 年 11 月 19 日 21 时 05 分，辅机循环水出口母管压力由 0.48MPa 降至 0.23MPa，电流由 43A 降至 24A。接运行值班人员通知后，设备管理部相关专业人员到达现场检查，确认 2# 辅机循环水泵泵轴断裂，水泵倒转。辅机循环水出口母管压力由 0.48MPa 降至 0.23MPa，电流由 43A 降至 24A（变化曲线见图 1）。

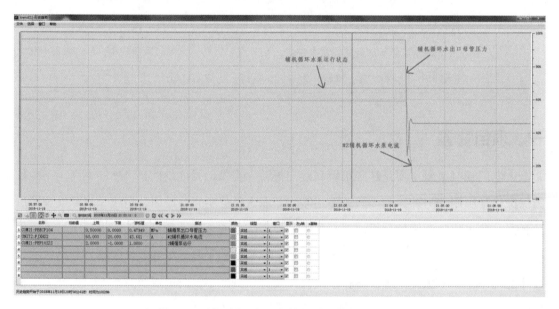

◆ 图 1　2# 辅机循环水泵泵轴断裂时的参数变化曲线

分析说明：辅机循环水泵断轴（或叶轮脱落），造成循环水泵不出力，几台泵并列运行时，因故障循环泵出口门、入口门不关闭，发生循环水泵机械部分倒转，循环水系统压力降低，发现处理不及时，造成循环水中断、机组停运事故。实现智能诊断后，"循环泵出力降低"信号发生后，及时停运故障辅机循环水泵，联锁关闭出口液动蝶阀、出口电动门、入口电动门，将故障循环水泵隔离出力，保证系统压力不继续降低，然后联锁启动备用辅机循环水泵。

故障诊断逻辑树如图 2 所示。

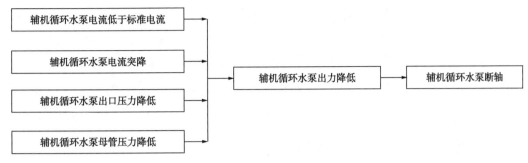

◆ 图 2　故障诊断逻辑树

（三）案例三：汽轮机高调门门杆断裂的控制策略

事件现象：2018 年 2 月 10 日 15 时 57 分，机组负荷由 207.88MW 突降至 145MW，主蒸汽流量由 732t/h 突降至 460t/h，主汽压力由 14.89MPa 快速上升至 16.25MPa，汽包水位由 2mm 突降至 –155mm，立即开大调门，减煤，调整主汽压力、汽包水位正常，联系设备部热控专业检查；16 时 30 分，发现 2# 高调门连杆断裂（变化曲线见图 3）。

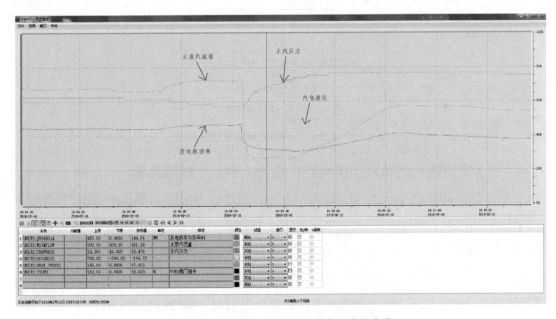

◆ 图 3　高调门门杆断裂时的参数变化曲线

分析说明：高调门门杆断裂（高调门门芯已突然关闭）在火电厂生产过程中经常遇到，因为在发生此类故障时，高调门阀位反馈及指示未变，但高调门门芯已突然关闭，就地噪声大，就地有蒸汽泄漏造成人身伤害风险，故此检查、分析、判断及确认需要较长时间。且该故障发生时，主汽压力快速升高，不及时处理，可能就会造成汽包水位低、锅炉灭火、汽机打闸停机。对此，根据这一故障发生时的现象，抓住"实际负荷小于主汽调门开度对应标准负荷"这一典型特点,以及"机组负荷突降30MW以上""主汽压力突升0.4MPa以上"等综合特征,只需要5s即可对故障进行定性。有了故障判断,其控制策略也就比较容易了。及时停运一台磨煤机,投入等离子稳燃,快速增加负荷至故障前80%,减缓主汽压力升高速度,可有效防止主汽压力升高造成锅炉水位调整困难,避免了锅炉灭火事故。待机组运行参数稳定后,各级管理人员到位,故障确认后,进行顺序阀切单阀操作,切阀完毕,手动关闭故障调阀的执行器。

高调门门杆断裂故障诊断逻辑树如图4所示。

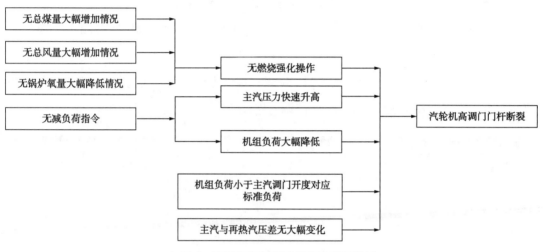

◆ 图4　高调门门杆断裂故障诊断逻辑树

(四)案例四:送风机伺服阀连杆脱落(断裂)故障诊断

事件现象:2018年5月17日12时00分,机组负荷266MW,背压14kPa,2#机组A送风机动叶指令、反馈在23%时,电流由36A突升至61A,关小A送风机动叶无效,联系检修查找原因,00时40分,检修告知"A送风机动叶伺服阀连杆脱落"。

分析说明:送风机动叶连杆脱落(断裂),在不受执行器拉力约束下,风机动叶高速转动在离心力作用下会越开越大,存在送风机过电流电机烧损危险。对此,抓住故障时"风机动叶指令未发生变化或关小,风机电流仍持续增加"及"实际电流大于动叶开度对应标准电流"这两个典型特征,同时综合"锅炉总风量增加""送风机出口风压增加"这些特征,就可以准确判断送风机动叶连杆脱落(断裂)这一故障。有了准确诊断,处理时采取跳闸故障送风机触发RB保护的方法,可防止送风机电机烧损及故障扩大事件。

送风机伺服阀连杆脱落(断裂)故障诊断逻辑树如图5所示。

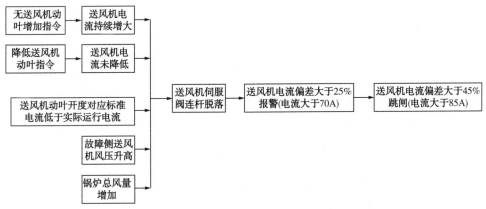

◆ 图 5 送风机伺服阀连杆脱落（断裂）故障诊断逻辑树

针对燃煤火力发电站，基于智能 DCS 操作系统的智能发电平台，建立故障逻辑树的标准分析方法，对已发生过的故障现象进行综合分析，提取故障典型特征，制定报警及控制策略。将专家的宝贵经验和实践知识，形成计算机能识别的专家知识图谱，实现故障的诊断、早期预警和自动闭环处理，极大地提升火力发电机组长周期安全稳定运行的能力。

三、项目收益

（一）经济效益

预计该项技术每年能为机组减少 1~2 次非停事故，减少设备损坏事故 3 次以上，以国电内蒙古东胜热电有限公司单机容量 330MW 计算，按当前利用小时数，单机每天可发电 $600 \times 10^4 kW \cdot h$，机组非停后处理及恢复需要 2~3 天，损失发电量 1200~1600 $\times 10^4 kW \cdot h$，上网电价按 0.2 元 /kW · h 计，加之设备损坏及机组启动等各项费用，保守估计减少 600 万元 / 年的事故损失。

（二）社会效益

完成研发的智能预警、报警系统是燃煤火电厂高级运行员的专业知识和丰富经验的总结及积累，在此基础上转化为代码形式，固化为故障逻辑树，嵌入计算机系统中，实现运行经验到人工智能的转变。提高报警信号质量、准确性，拓展为保护信号，完成了故障逻辑诊断 + 预警报警 + 自动处理闭环系统的建设，实现故障诊断的程序化、标准化，故障处理的程序化、专家化，有效防止了人员误操作及分析判断不及时造成故障扩大，保证了安全生产。

此项技术现已开始在行业内电厂推广应用，预计能为机组每年减少 1~2 次非停事故，减少设备损坏事故 3 次以上，保守估计减少 600 万元 / 年的事故损失。

四、项目亮点

基于故障逻辑树的分析法，将设备故障发生时典型特征和运行专家经验相结合提炼出专家的经验，固化成诊断专家库，并形成 DCS 系统可识别和处理的软件代码，从而让 DCS 系统快速地识别故障典型特征，在提高故障报警信号准确性的同时，扩展报警信号的应用，实现了故障逻辑诊断 + 预警报警 + 自动处理闭环系统。同时，实现故障诊断的程序化、标准化，故障处理的程序化、专家化，有效防止了人员误操作及分析判断不及时造成故障扩大，保证了安全生产。

五、荣誉

（1）2019 年"一种基于故障逻辑树和专家知识图谱的智能分析诊断和电力设备故障智能预警应用"荣获内蒙古自治区电力行业协会技术成果二等奖；

（2）2021 年"基于故障逻辑树和专家知识图谱推理的火电设备故障诊断和智能报警应用"获 2021 年第 5 届电力设备管理智能化技术成果一等奖；

（3）2021 年"一种基于故障逻辑树和专家知识图谱的火电厂设备智能分析诊断研究"获 2021 年电力科技成果"金苹果"奖技术成果三等奖；

（4）2021 年"一种基于故障逻辑树和专家知识图谱的火电厂设备智能分析诊断研究与应用"获 2021 年电力行业设备管理与技术创新成果一等奖；

（5）2021 年"一种基于故障逻辑树和专家知识图谱的智能分析诊断和电力设备故障智能预警应用"获 2019 年度电力职工技术创新奖一等奖；

（6）2019 年"基于故障逻辑树和专家知识图谱的智能分析诊断系统研究与工程应用"获 2019 年度国家能源集团科学技术进步奖三等奖。

基于 ICS 的三维可视化锅炉四管防磨防爆
精准监测预警与全生命周期管理

[国电内蒙古东胜热电有限公司]

<table>
<tr>
<td>案例简介</td>
<td>东胜公司于 2020 年 7 月~2021 年 11 月开展基于 ICS 的三维可视化锅炉四管防磨防爆精准监测预警与全升命周期管理项目的科研和实施。该项目主要通过新技术加强锅炉故障全升命周期管理，包括根源分析、诊断、预警、报警、闭环的全链条管理，为数字化智能化电厂打下了坚实的基础。系统主要集成锅炉设备台账、检修记录、换管数据、泄爆数据、蒸汽温度与金属壁温预警、氧化皮预警、受热面吹损分析、壁厚趋势预测、风险评估等各种涉及锅炉防磨防爆工作各环节的相关数据和分析功能于一个平台，采用界面友好的三维可视化形式展现不同监测数据，对金属劣化与物理性变做出预警，对锅炉节能、受热面防磨防爆检查作出指导，形成一套基于电厂锅炉四管精细化管控的、检修和运行数据联动以及可视化培训的智能信息化平台。</td>
</tr>
</table>

一、项目背景

公司在 2015~2021 年开展了数字化电厂建设和人工智能电厂建设，取得了丰硕成果，实现了"两平台、三网络""底层智能芯片，中层智能算法，高层智能应用"的智能电厂应用体系。锅炉智能安全管理是公司打造数字化智能化电厂的重要环节。

2020 年 8 月~2021 年 11 月开展基于 ICS 的三维可视化锅炉四管防磨防爆精准监测预警与全生命周期管理项目。该项目是科技创新项目，经过研究探索和实践，取得国内软件著作权 1 个、专利 3 个，在国家级科技期刊发表论文 2 篇。硬件设备和软件系统现已投入运行，运行效果良好，使热电公司锅炉防磨防爆和金属技术监督等锅炉设备管理工作再上新台阶。

锅炉防磨防爆和金属技术监督工作是专业性非常强的工作，锅炉设备复杂、涉及专业面广，关联的资料数据多，每次检修前需要核对大量的历史数据；锅炉管吹损一直是热电公司锅炉发生泄爆事故的主要原因；在数据中心足够的数据量有待挖掘和利用。

二、技术方案

（1）锅炉机组设计资料、基建资料、日常运维资料、机组主要参数、受热面壁温测点、吹灰器运行参数。

（2）创建锅炉金属数字台账，按机系统、设备、部件、零件的层级逐一划分并编写编码规则。编码管理是金属监督管理和台账建设过程中至关重要的一个环节。对接了图纸、文档、零部件的材质、规格、标高、壁温、检修记录等。数据统一的编码方案可以作为各功能的通话语言，也可以为信息化系统的集成提供便利。建立特种设备台账，管理特种设备报告和监测周期，具有报告管理和定期检测提醒功能。

（3）创建数字三维模型。以逆向工程技术镜像还原生产现场。针对流程工业的特性，使用参数化建模与动态异步加载技术，结合三维可视化直观的展示方式，将锅炉机组设计资料、基建资料、日常运维资料、机组主要参数、受热面壁温测点、吹灰器运行参数等与三维模型对接。使用颜色区分不同金属材质，使用高亮效果标记超温零部件，实现三维模型的自由控制，隐藏或单独显示锅炉金属受监部位的三维模型各系统、设备、零件，零件细度达到了焊口级。在 B/S 架构上的三维模型动态展示，能快速打开和灵活操作，让热电公司内任何装有网页浏览器的电脑都能通过账号登录方便查看锅炉的三维模型；对于锅炉的精细化零部件复杂模型，增加 C/S 架构的客户端软件，给热电公司锅炉专业的人员使用。

（4）基于机组运维实践经验，结合状态检修理论，设计锅炉防磨防爆和金属技术监督工作的计划制订、记录填写、参数监视、数据分析、决策建议的展示方式。把锅炉重点危险部位、特殊监督部位、运行超温部位、评估失效部位进行管理，作为检修决策的考量因素。

（5）基于锅炉管氧化皮的生成机理和实验数据，运用创新算法，建立氧化皮实时监控预警机理模型。该算法是"中层智能算法"的体现。运用实时数据，将静态、动态数据进行结合，进行氧化皮厚度预测和当量温度计算及对运行壁温进行控制指导。

（6）基于锅炉吹灰器的运行与锅炉管吹损减薄之间的关系，首先通过数据的收集清洗，再采用统计分析、对比分析、关联分析等手段，展示吹灰器运行状态和锅炉管减薄状态之间的关系，从而快速分析锅炉管吹损减薄的原因。

（7）基于吹灰器对锅炉管减薄的影响，发明一种采用边缘计算的锅炉蒸汽吹灰器的智能终端，旨在服务于公司锅炉吹灰工作。该发明是"底层智能芯片"的最佳体现。

（8）为了给运行人员直观展示高温受热面的壁温状态结果，首次将 K 线图应用于锅炉温度的监视分析，更加直观地查看锅炉监视受热面的实时工况和历史工况，同时也是首次将绘制贝塞尔曲线的原理应用于锅炉温度的预警中。温度监测方法的创新，为锅炉防止超温运行、预防设备劣化方面又增加一种监管措施。

（9）为了给管理人员提供检修决策指导，研究了锅炉金属部件风险评估系统。采用定性法、定量法和半定量法等评估方法，对锅炉金属部件的危险部位进行离线评价和检修费用测算。

（10）汇总全国电厂100起典型锅炉泄爆事故，并整理分析形成知识库。对人员培训和事故防范预期效果良好。

三、项目收益

（一）经济效益

（1）科学管理锅炉"四管"的运行与检修，在系统的锅炉防磨防爆中心展示更新材料的信息，准确给出每次需更换材料的数量、时间、材质和位置，可大幅提升金属材料可靠度及管理效率，确保机组可靠运行，减少意外爆管。

（2）通过系统监测中心的超温分析和氧化皮预控，对超过标准值的部件给出预警，实现状态监控，延长四管寿命。

（3）通过系统的信息中心确保运维人员处理事故的过程更加精确且富有效率，对受监金属部件的失效进行原因分析，准确推送四管检查范围，减少材料成本、人工成本，缩短检修周期，保证科学性、合理性，节省运行成本。

综上所述，该项目实施后，能够将锅炉各类数据进行有效利用和综合分析，加强了对电厂锅炉设备安全管控水平，防止非计划停机损失，设备检修周期大大降低，发电机组有效利用小时数增加，大幅降低了备品以及人力成本。

（二）社会效益

（1）建立健全可视化安全监视预控系统，进行三维可视化、全数字化、信息化管理。

（2）通过系统的培训中心非常有利于培养锅炉专业技术人员，以直观、生动的交互体验代替了抽象枯燥的数字与波形，极速缩短培训周期，极速提高培训效果，极速壮大高质量的运维队伍。可视化三维模型能使新上岗的技术人员直观了解锅炉设备及状态，大大缩短了工作交接时间，同时有效避免了因技术人员流失造成技术监控上的空白。

（3）确保运维人员处理事故的过程更加精确且富有效率，对受监金属部件的失效进行原因分析，并给出处理对策，对管理者的运维决策起到很好的决定作用。

（4）通过对炉内管的历次检查记录与定点，跟踪掌握受监部件服役过程中表面状态、几何尺寸的变化，并对材料的损伤状态做出评估，提出相应的技术措施，保证其科学性、合理性，节省运行成本。

（5）具有深度开发的功能，可以将电厂重要的设备集中管理，并扩展到机炉外管道、汽轮发电机本体，以及支吊架系统、压力容器系统等与金属技术监督相关的设备。同理，可以将电气设备的电缆、电路和电气一次设备和二次设备采用三维数字化模型进行深度管理。

四、项目亮点

（1）探索辅助大修决策的研究和实践，从传统的计划检修向状态检修过渡。实现锅炉防磨防爆和金属技术监督工作的辅助计划、辅助记录、辅助监视、辅助分析、辅助决策。对锅炉重点危险部位、特殊监督部位、运行超温部位、评估失效部位进行管理，作为检修决策的考量因素。

（2）研究高压锅炉管氧化皮的生成机理，运用创新算法建立氧化皮实时监控预警机理模型、寿命评估与风险评估模型。该算法是"中层智能算法"的体现。运用实时数据，进行在线数据流的解析计算、关联分析，将静态、动态数据进行结合开展防磨防爆分析工作。对目前已经运行近 10 万小时的锅炉进行超前分析和预警，具有前瞻性。

（3）研究锅炉吹灰器的运行与锅炉管吹损减薄之间的关系，首先通过数据的收集清洗，再采用统计分析、对比分析、关联分析等手段，展示吹灰器运行状态和锅炉管减薄状态之间的关系，从而快速分析锅炉管吹损减薄的原因。

（4）基于吹灰器对锅炉管减薄的影响，发明一种采用边缘计算的锅炉蒸汽吹灰器的智能终端，旨在服务于公司锅炉吹灰工作。该发明是"底层智能芯片"的最佳体现。同时已经申请专利，届时拿到证书，为将来在锅炉上应用做好准备，为下一步更好地做好锅炉防磨防爆工作起到积极的推动作用。

（5）首次突破在 B/S 架构上的三维模型动态展示，能快速打开和灵活操作，让热电公司内任何装有网页浏览器的电脑都能通过账号登录方便查看锅炉的三维模型；对于锅炉的精细化零部件复杂模型，增加 C/S 架构的客户端软件，让热电公司锅炉专业的人员使用。这种双架构的创新应用，是"高层智能应用"的体现，既保证了创新成果应用的宽度（应用的广泛性），也保证了创新技术应用的深度（应用的专业性和针对性）。

（6）创新温度的监测方法，首次将 K 线图应用于锅炉温度的监视分析，更加直观地查看锅炉监视受热面的实时工况和历史工况，同时也是首次将绘制贝塞尔曲线的原理应用于锅炉温度的预警中，并将此应用方法作为一项技术申请专利证书。温度监测方法的创新，为锅炉防止超温运行、预防设备劣化方面又增加一种监管措施，对防止锅炉受热面失效爆管具有积极意义。

五、荣誉

（1）2021年"基于 ICS 的三维可视化锅炉四管防磨防爆精准监测预警与全生命周期管理"荣获中国电力技术市场协会燃煤锅炉智慧燃烧技术创新成果（五星）；

（2）2019年"基于三维可视化和大数据集成分析的锅炉四管防磨防爆关键技术研究和工程应用"荣获 2019 年第 3 届电力企业设备管理创新成果一等奖。

火电厂一次调频功能智能综合优化

[国能宁夏灵武发电有限公司]

案例简介

项目分析了灵武公司 4 台机组一次调频功能存在的问题，结合西北电网一次调频调节特性，研究了从调频信号同源与补偿、调频指令校正、高调门流量特性及协调控制系统优化等方面，对一次调频存在问题的机组，针对性地实施综合优化，以满足电网的运行要求。具体包括以下内容：根据电网调控机构对机组频率、有功功率等重要信号的监控与管理机制，分析一次调频功能中信号测量及传送过程中产生误差的规律，通过先进的数学算法和滤波技术，实现传输信号的预补偿；利用汽轮机等效焓降理论，结合模糊控制技术，开发出各机组一次调频控制策略；采用 NARX 神经网络建模和 SVM 等智能算法，对控制策略参数进行优化，实现了一次调频功能的精确控制。

一、项目背景

随着大电网互联和大规模新能源装机的接入，电网调峰调频的压力不断增大。利用机组蓄能快速消除电网负荷变化引起的频率波动，对保证电能质量和稳定电网控制愈加重要，受到电力监管部门和电网企业的高度重视。

火电机组一次调频功能是机组根据电网频率的变化，汽轮机调节系统、系统控制系统利用机组蓄能，快速调节发电机功率，使之与电网与电网负荷的随机变化相适应，以满足电网控制的要求。

2018 年 12 月国家能源局西北监管局发布"两个细则"（《西北区域发电厂并网运行管理实施细则》和《西北区域并网发电厂辅助服务管理实施细则》），对火电机组一次调频功能的要求更加严格。为满足电力市场形势的快速变化，火电机组主要通过缩小调频死区和减小转速不等率来保证一次调频合格率，但误动次数的增多和动作幅度的过大严重影响了机组运行稳定性和安全性。

经研究，火电机组一次调频功能中信号采集和传输过程中的随机误差，是影响一次调频调节品质的关键环节，且各机组一次调频指令控制策略粗放，无法保证调频功率的准确输出。同时，各机组 DEH 控制系统运算周期较长，以及采用特定的组态方式，制约了先进控制算法和策略的实现。

灵武公司研究了一次调频功能调节特性与管理机制，利用先进数学算法和滤波技术，实现调频信号误差预补偿，采用模糊预测控制技术研究出新的一次调频控制策略，并应用智能参数辨识技术对控制策略参数进行优化，实现了各机组一次调频功能的精确控制。

二、技术方案

（一）同源改造与信号补偿

采用高精度频率变速器测量发电机出口电压频率，使调频控制信号与电网监测信号同源，提高测量精度的方案，原理如图 1 所示。

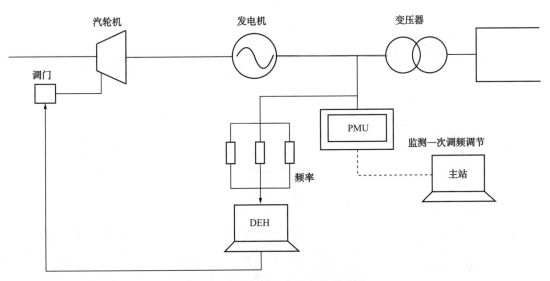

◆ 图 1　同源改造和信号补偿原理

信号传输过程受电磁干扰，发电机电压受电网谐波的影响，调频控制信号与 PMU 监测的频率信号存在随机误差，采用非线性拟合对频率信号进行标定和校准。

（二）调频指令综合校正

借助一次调频试验，针对主蒸汽参数同基准参数存在一定差值时一次调频的不同特性，采用模糊矩阵开环补偿方式对调频函数实施综合校正。

（三）高调门流量特性函数优化

为实现机组有功功率的精确控制，采用基于总流量指令全行程建模的汽轮机流量特性函数优化方法对 DEH 高调门管理函数进行优化。优化步骤如图 2 所示。

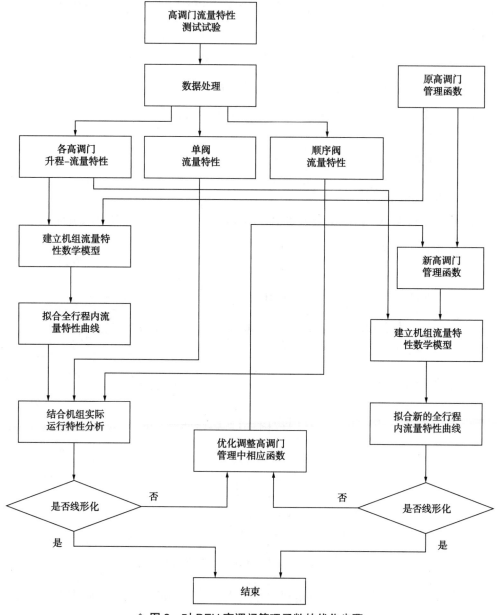

◆ 图2 对 DEH 高调门管理函数的优化步骤

（四）智能参数辨识

采用了 NARX 神经网络作为建模手段，将神经网络的模型输出通过外部反馈延时，与其他神经网络输入一起组合作为下一次神经网络计算的输入，使得 NARX 神经网络拥有了动态部分，能够更好地拟合动态过程。神经网络结构如图 3 所示。

同时，DCS 历史数据中，包含了大量机组实际特性的信息，建立特性函数时间延迟的窗口参数，采用模式挖掘法辨识特性函数参数，挖掘流程如图 4 所示。

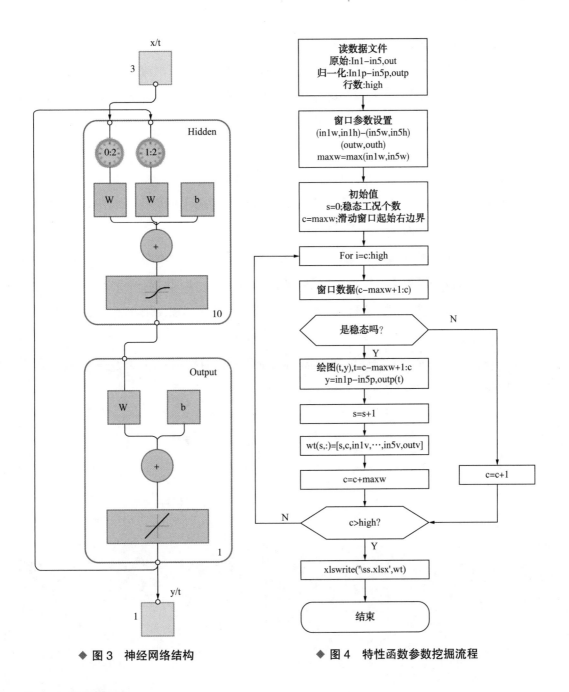

◆ 图3　神经网络结构　　　　　　　◆ 图4　特性函数参数挖掘流程

三、项目收益

（一）经济效益

灵武公司机组容量 2×600MW+2×1060MW，机组运行时间频繁调峰。分别对4台机组一次调频功能实施智能综合优化后，至2022年底，一次调频功能共获得奖励约3600分，产生经济效益约360余万元。

（二）社会效益

火电机组一次调频功能智能综合优化能有效改善机组负荷控制精度和一次调频调节品质，对提高机组的一次调频能力和改善供电质量具有重大意义，具有巨大的经济效益和推广价值。

四、项目亮点

（1）应用标准频率信号源对机组调频控制信号进行标定，并采用非线性拟合对频率信号进行标定和校准，提高了一次调频控制信号的精确性。

（2）结合主蒸汽参数同基准参数存在一定差值时一次调频的不同特性，采用模糊矩阵开环补偿方式对调频函数实施校正，实现了机组在不同运行工况时调频指令的准确输出。

（3）应用基于流量总指令全行程建模的汽轮机流量特性函数优化方法，提高了机组有功功率控制精度。

（4）采用 NARX 神经网络建模和 SVM 等智能算法，对控制策略参数进行优化，实现了一次调频功能的精确控制。

基于全激励仿真技术的在线数字孪生系统的研究与应用

[国能浙能宁东发电有限公司]

<table>
<tr><td>案例简介</td><td>宁东公司现有仿真机系统在应用过程中没有实现真实机组的实际静、动态参数真正相结合，后续将实现并满足电厂对过程分析、操作分析、事故分析、控制系统研究的高层次需求，本项目依托原 1000MW 仿真机系统，进行动态在线仿真技术及其应用功能的研究开发工作，新研发的动态在线仿真系统应将仿真与现场运行历史和实时数据进行技术融合，利用现场数据提高仿真机的动态特性精度，使得仿真机更逼真于现场实际运行设备特性，将仿真机与现场当前运行状态同步，并完成历史数据回放、异常对比和故障预警等功能。同时与 ICS 系统的对接，将异常比对与故障预警的信息发送给 ICS 系统，作为故障诊断的辅助数据。</td></tr>
</table>

一、项目背景

目前国内实时在线仿真仍在开发探索阶段，相关研究较少。在现有市场情况下，结合将来的火电厂智能化的需要，研究和实践适用于火力发电厂在线仿真系统，特别是百万大型燃煤超超机组在线仿真与分析技术，可对发电厂的运行在线监视、经济性计算、故障诊断提供更有力的仿真技术支持，并大大提高对发电机组运行机理的分析能力；同时，通过与实际机组同步运行、采集实时数据、重演历史运行过程，可为电厂安全运行水平的提高、机组性能分析、控制方案的验证提供更丰富的依据。

另外，火电厂在线仿真系统的研发与应用，是仿真培训系统的一次重大技术突破，颠覆以往的仿真培训模式，使仿真培训更接近生产实际，培训更加具有针对性，同时结合仿真系统历史数据回放、异常对比和故障预警等功能，让仿真机更好地服务于火电生产。

二、技术方案

开发了能够实现真实机组侧和在线仿真侧工况文件保存、传输、解析、读取、加载的虚拟生产控制系统软件。此外，虚拟生产控制系统软件控制逻辑和画面和现场完全一致，接收数据后的设备状态与现场设备状态完全一致。

开发了高精度的设备模型反算算法，建立反映仿真对象运行机理的高精度、实时的数学模型。其中，数学模型中的各种特征参数能够正确反映机组系统和设备的内在机理，在线仿真系统能够准确跟踪仿真对象特性并智能化自动修正。

运行状态初始化工况研发，在线仿真系统通过获取当前正在仿真对象运行工况数据及对仿真模型内部参数、中间变量的计算，使在线仿真系统建立与实际运行对象运行状态相同的工况 作为在线仿真运行初始条件。初始化的范围需包括所有被仿真的系统对象，初始化后的模型必须计算稳定，不能发散。

数据自动校验功能研发，对接入数据进行数据误差检验，主要包括三类：（1）数据间的微小差异而导致的数据间的不一致性（例如阀门关闭），却又存在微小流量，这种错误如果不予以校正，将导致在线的流网数学模型难以收敛；（2）由测量装置问题引起的某些测点的跳变（例如负压），仿真系统就不能将其某一时刻的正值作为其初始化及自学习的依据；（3）由测量装置或变送器问题，部分模拟量数据存在较大误差甚至完全错误。

三、项目收益

（一）经济效益

目前，大装机容量火力发电厂机组非停是影响电厂经济效益的重要因素。在线仿真系统应用后，可以大幅提高仿真培训的质量和效率，增强集控运行人员处理事故和操盘能力，极大地减少非停事故。若按照每次机组非停电量损失及启动耗损300万元计算，采用在线仿真系统后，机组非停一年至少可以减少一次，每年可以为电厂增加300万元的经济效益。

（二）社会效益

当前，我国电力发展已进入转方式、调结构、换动力的关键时期，电力改革与市场化建设进入深水区，由高速增长阶段转向高质量发展阶段。另外，电力企业也面临前所未有的机遇，在新技术的推动下正经历着巨大的变革和创新。通过积极应用行业先进技术和科学管理手段，从要素增长转向创新驱动，推进制度创新、管理创新、科技创新，增强企业对市场变化的应对能力。

火电厂在线仿真系统建成以后，可以大大提高员工的培训效率，在线仿真与现场生产相结合，能够进一步提高设备安全运行系数。在线仿真课题在国内仍处于开发探索阶段，此次在线仿真系统的研发应用，对于国家能源集团抢占科技制高点、促进能源发电行业的智能化转型升级起到积极的推动作用。

四、项目亮点

在线仿真系统将仿真与现场运行历史和实时数据进行技术融合，利用现场数据提高仿真机的动态特性精度，使得仿真机更逼真于现场实际运行设备特性，将仿真机与现场当前运行状态同步，实现真正意义上的在线数字孪生仿真。

在线仿真系统通过运行历史和实时数据对比运算，在仿真机上实现历史事故回放重演、DCS 控制策略及操作步骤仿真验证、培训仿真机性能参数优化、事故处置优化、异常数据预警等一系列创新性功能，对电厂的经济运行安全、技术改造、运行管理起到巨大的推动作用。

高级值班员决策系统在 1000MW 机组智能 DCS 上的应用

[国能浙能宁东发电有限公司]

案例简介

在智能发电技术与应用的保障下，本项目开展将引领国内智能燃煤电厂的建设工作，重点研究三维可视化实时在线监测、机组实时能效分析、高级值班员决策系统、发电厂智能检测与诊断平台、汽轮机高温部件寿命检测以及机岛设备健康评估等功能，实现机组智能运行、自动寻找并保持控制的全局最优状态，可靠的设备运行智能监测、诊断与预警，有效提升发电过程运行品质和生产效率，提高电厂核心竞争力与盈利能力，为国家能源集团乃至全国范围内智能火电建设提供宝贵的经验。

一、项目背景

2017 年国家能源集团（原国电集团）依据国家智能化趋势战略，发布了"智能发电建设指导意见"，联合国内著名高校和科研机构成立了"智能发电协同创新中心"，对集团智慧企业建设进行了规划部署，为下属火力发电企业的智能电厂建设指明了发展方向。

智能发电运行控制系统（ICS）由集团智能发电协同创新中心技术统筹规划，是业内第一套用于火电行业智能发电的运行控制系统。

二、技术方案

该项目以智能发电平台为基础，由国能浙能宁东发电有限公司统筹，北京国能智深控制技术有限公司专业研发团队进行功能的开发和应用调试，项目总体技术路线如下。

（一）实现百万机组智能控制和全程自趋优运行

应用包含机器学习和数据挖掘计算引擎的大数据处理平台，具有丰富的先进控制、运行优化算法，结合数据挖掘与模式识别、混合建模、参数软测量、性能计算及耗差分析等技术，实现机组运行状态深度分析和控制目标趋优，实现智能控制和全程自趋优运行。

以智能多目标寻优为核心的能效闭环控制及优化操作指导，结合智能监测、预警和高度自动化控制技术，实现少人值班，最终达到单台机组单人监盘的运行水平。

（二）基于高精度 CFD 数值模拟模型的炉内燃烧过程三维可视化实时在线监测

（1）数值模拟与仿真研究电站锅炉整体燃烧过程，结合电站锅炉实际工况，分析电站锅炉的燃烧机理，采用有限元分析方法进行网格划分，设定燃烧过程边界条件，建立不同工况下的燃烧过程仿真模型，对燃烧产物的三维分布进行高精度仿真。

（2）深度学习算法能够通过构建具有多隐层的学习模型及海量的训练数据来学习更有用的特征，借此提升预测的准确性；通过对不同预测方法的模型比较与优化，获得准确预测模型。

（3）通过深度学习算法同时结合锅炉机理模型，最终实现基于数据的炉内燃烧过程主要参数三维建模和实时可视化。

三、项目收益

（一）经济效益

通过应用性能计算与耗差分析、高级值班员决策系统、炉内燃烧过程三维可视化实时在线监测系统、发电机智能监测与诊断、汽轮机高温部件寿命监测、机岛设备健康评估模块等功能，可以实现对机组运行效率、工况和耗差进行实时分析，确定不同工况下的最优控制目标，指导运行人员进行优化操作，确保运行操作人员可以直接参考性能计算和运行优化的结果，同时与直接控制回路形成闭环，自动实现相应耗差的消除，进一步提升机组运行效率；可以优化调整锅炉的燃烧工况，提高锅炉效率，并有效延长锅炉受热面运行寿命。综上所述，在原有基础上预计能够降低供电煤耗 $1g/kW \cdot h$。

（二）社会效益

研究机组智能发电关键技术，可实现火电机组运行特性的深度分析和自趋优运行，使机组能源转换效率保持最优，同时减少污染物排放，为发电过程的"安全高效、绿色低碳、灵活智能"及"无人干预、少人值守"等目标提供助力。项目的实施，将有效提高电厂的智慧化运行水平，减少电厂的燃煤消耗，直接降低电厂的碳排放，在国内不断严峻的环保压力下，具有较高的环境保护模范效果。

四、项目亮点

（1）实现百万机组智能控制和全程自趋优运行。

（2）实现炉内实时在线烟气侧和工质侧状态全息化智能监测，破除炉膛内部"黑匣子"状态，能对炉内受热面超温和爆管位置提前预测。

（3）将大数据和神经网络等智能算法与发电机知识相结合，实现电厂智慧运行的目的。

（4）建立一套国内技术领先的、可实现对所有高温关键部件（高压缸、转子、主汽门等）寿命实时在线监测的智能化系统。该系统可有力支撑机组状态检修模式的实现，并可指导机组的优化运行工作。

（5）各信号配置的报警信息将不再冗杂，信号间的耦合关系将被解耦再映射成新的关系模型，方便用户判断设备状态并做出应对措施。

基于大数据分析的火电厂全参数智能监控研究与应用

［国能国华（北京）燃气热电有限公司］

案例简介

在电力生产行业的不断发展中，各电力生产单位积累了大量的历史运行数据，其中存在不少与实时工况相似但性能指标更高的情况。如何从海量数据中捕捉这些工况并加以对比利用是一个难题，即当前运行方式调整以及设备性能的提升存在一定的潜力。相比传统解决方案，本项目从一个新的角度提出了解决办法，使得解决范围囊括更大且更高效；另外，通过仿真机增加优化验证，同时验证了经济性与安全性，且规避了系统逻辑上的各类问题。

一、项目背景

随着智能平台、现场总线、APS 等技术深入应用到发电领域，当前电力生产正大步朝着智能智慧型的方向发展。智能化程度越高，可以替代人员劳动的功能越多，电厂需要的人数就越少；同时智能化程度越高，对参数可靠性和准确性的要求就越高，人员需要监视的参数和画面就越多。较少人员可以胜任操作量，却要监视更多的参数，相当于单个值班员的监盘"负荷"成倍增加，国华京燃热电一到两个值班员就要监视全厂近 200 个画面的几千个参数。监控时容易出现信息阅读遗漏，而报警系统的设定值无法轻易修改，无法通过报警系统及时发现设备隐患。传统参数监视模式需耗费运行人员大量的工作精力、DCS 报警限值修改需要在停机时进行等问题，使得运行人员在监视参数疲劳时难免引发参数监视不到位、报警信息不准确、异常发现不及时等后果，为公司的安全生产带来隐患。为解决运行人员监盘工作量过多的问题和保证监盘效果，一套基于大数据分析的监盘辅助系统就非常必要。通过配备实时数据库系统等信息手段，构建可实时更新记录，并轻易调用历史记录的机组运行参数数据库；通过建立可视化监控平台调用该数据库，并结合运行经验设置监控手段，可以全面并及时掌握最新的机组状态信息并捕捉到异常情况，帮助运行人员第一时间发现异常并避免故障遗漏。

二、技术方案

（一）技术原理

该项目致力于应用大数据技术，加强历史寻优能力，实现稳定运行工况对标优化，优化机组或设备运行方式，降低气耗（或煤耗）、厂用电率等机组性能指标，为实际机组的优化调整提供可靠基础，实现"节能降耗"。

课题研究实践过程具体涉及一种对标优化算法，该方法包括：建立指标体系；建立标杆库，根据历史数据和同类对象建立纵向标杆库；获取标杆；对标找偏差，根据所述偏差进行优化指导，通过机理分析找到关联因素，通过主因分析锁定主要偏差因素，通过强化分析显示可调参数并提供劣化提醒；反馈和优化，检验优化指导是否有效，进一步优化标杆和丰富优化指导的知识及因素分析。在实践应用过程中能够解决现有发电厂对标方法采用静态对标、无优化指导的问题，能够实现对标实时化、对标与优化结合、数学与机理结合。

（二）工艺路线

基于课题研究对象，设计了一种发电厂实时对标优化方案，具体步骤如图 1 所示。

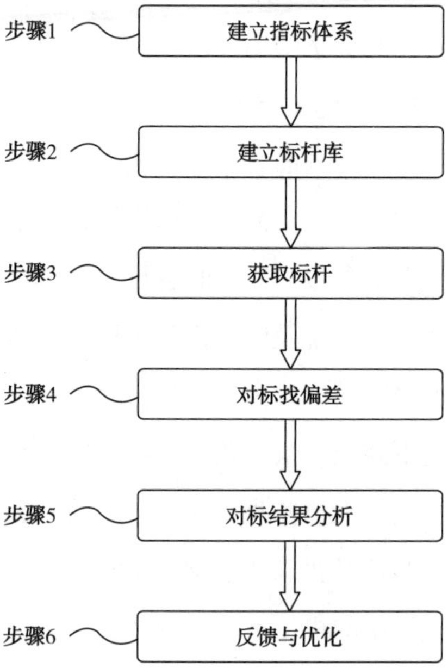

步骤 1：建立指标体系。根据最终调整目标构建影响因素（不同指标）网络，以关键性指标为主、次要指标为辅，构建出脉络清晰、层次简洁的指标体系。

步骤 2：建立标杆库。根据横向历史数据和纵向同类对象标杆库，所述标杆库中的标杆由边界条件、目标最佳值和影响因素组成。

步骤 3：通过层次分析法（AHP）获取合理标杆。所述标杆具有自学习功能，在机组运行中系统标杆库不断实时学习并更新标杆，用于保证标杆实时最优（见图 2）。

步骤 4：对标找偏差。以生产实时工况为输入、

◆ 图 1　发电厂实时对标优化方案

标杆库为基准，进行横向和纵向寻优，得出当前工况下目标和因素与最优范围的偏差（见图 3）。

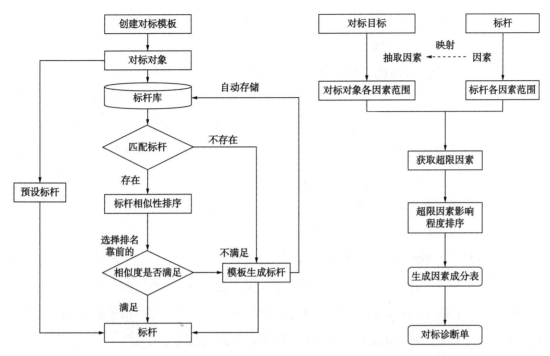

◆ 图2 利用层次分析法获取合理标杆的流程　　◆ 图3 对标找偏差流程

步骤5：根据所述偏差进行优化指导。其中，优化指导具体包括：通过机理分析找到关联因素；通过主因分析锁定主要偏差因素；通过强化分析显示可调参数，得到优化指导、不可控因素造成的劣化，并提供劣化提醒。

步骤6：反馈与优化。运行人员进行调整之后，对结果进行反馈，从而实现优化知识及经验的积累和沉淀。

（三）安装调试运行情况

1. 项目实现的功能

（1）在京燃热电构建了机组级纵向、横向对标标杆库，并具备对所有的标杆模板进行良好的存储、管理和调用的能力，其简洁、高效的辨识手段，能满足使用人员对其内容的查看和更改。

（2）通过智能分析影响目标的因素差异，给出实时优化指导。

（3）建立丰富的指标知识库，以判据形式进行存储影响因素分析。

（4）在机组正常运行过程中提供优化指导，在机组正常稳定运行过程中，根据标杆和判据产生对标结果，给出可调因素及调整建议。

（5）实现灵活的人机交互。经培训的用户可灵活配置和修改标杆模板、对标周期，查看对标结果。

（6）对标过程中自动生成对标评估单，显示目标差异、因素差异和优化建议。同时包括调整因素、调整范围、调整建议功能。

（7）流程管理：对标优化诊断单也可以通过自定义流程实现闭环管理和人机交互、反馈。

同时，实时对标功能运行过程中会产生实时评估单，评估单可根据当前对标目标和其他实时参数计算出当前潜在收益。当评估单中偏差值达报警值并推送报警、用户确认报警后，开始收益计算。用户根据实时评估单调整设备运行情况后，潜在收益发生变化。系统根据潜在收益变化量计算用户累计收益直至实时工况发生变化。

2. 项目界面及功能介绍

（1）主界面。系统实时在后台根据当前工况对标历史工况，在相似度满足要求且偏差值处于设定范围时，在界面上方生成工单，显示工单类型以及标杆时间。在下方则显示相关影响参数，并根据参数是否可以直接调整进行区分。界面右方柱状图显示每日的工单生成数量，用于评估当日机组运行水平是否有较大的调整调优潜力（见图4）。

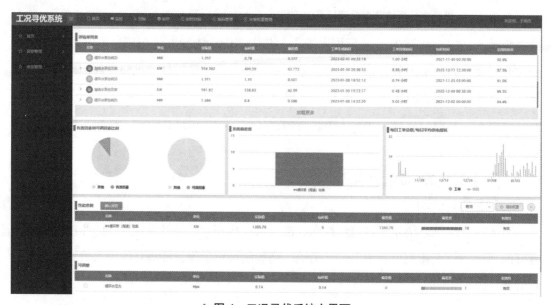

◆ 图4　工况寻优系统主界面

（2）对标界面。点击任意一条工单，进入详细对标界面，可观察参数对标范围。通过对比分析，可以更加清晰准确地了解标杆选取是否合理，同时也可以更加准确地分析影响参数异常的因素（见图5）。

（3）指标界面。系统提供丰富的指标界面，指标分常量与复变量，且可维护，根据机组运行需求以及相关专业技术发展，可以及时对指标规则进行修改（见图6）。

◆ 图5　工况寻优秀系统对标界面

◆ 图6　工况寻优系统指标界面

三、项目收益

（一）经济效益

以煤耗模型为主，选取2021年1月至2023年1月的有效工单进行统计，共计651个，工况持续时间为978.03h，供电煤耗偏差值平均为1.41g/kW·h，潜在收益总计可达到 2057539.09 元。其中，值班员发现并加以调整的共 89 个，平均工单时间大于半小时工况且煤耗偏差值大于 2.5g/kW·h，总计时长 182.04h，平均时长 2.36 h，共计收益 1109416 元。

除煤耗模型，项目还包含凝泵优化与冷端优化两个较小的标杆模型，并与煤耗模型存在部分交叉，可以填补煤耗模型不明显时候的寻优死角，也具有较大的经济效益提升潜力。

（二）社会效益

（1）通过本项目的实施，预计获得每年经济效益 818832 元。其中，平均实际煤耗偏差值按照 3g/kW·h 计算，平均工单时长按照 2.3h 计算，全年 78 个工单，共 184.08h，按照机组平均负荷为 600MW 计算，全年共减少煤耗 331.344t。根据一般火力发电碳排放数据为 1.121kg/kW·h，公司煤耗为 194g/kW·h 计算，折算全年共降低 CO_2 排放 1914.6 吨，为国家早日实现 2030 年"碳达峰"2060 年"碳中和"践行了企业的社会责任。

（2）通过本项目在国电电力系统内、国家能源集团内的推广，推广成本低、效益好。按照每个电厂每年产生实际节支 80 万元计算，每在 10 个电厂推广即可节支 800 万元，减少煤炭消耗超过 3300t，减少碳排放超过 1.9×10^4t，在环保及经济性上均展现出较大的潜能。

（3）本项目的可塑性强，可进行进一步的新能源特色技术推广，在更多的电力生产单位形成良好的环保效益。

（4）工况寻优及验证思想可进一步在工业生产制造领域推广，不局限于电力生产行业，形成更高的经济效益和环保效益。

（5）工况寻优取代了传统人员分析系统运行参数提升机组经济性的过程，转变了运行人员调优机组运行模型的工作方式，为电力生产产业升级提供了思路。

四、项目亮点

（1）提供了一种发电厂的实时对标优化方法，结合对标思想，扩大了在线历史寻优的范围；从自身和各层级之间的角度等多方向进行对标，有利于细致地分析差距存在原因和提出具体的运行优化措施，提高运营水平。

（2）采用了纵向结合的方式，在对标海量工况过程中通过纵向与自己的历史对标，获取与对标对象相似工况的最佳实践，不仅能够实现变化工况的在线寻优，而且能最大限度地挖掘节能潜力。

（3）在对标和优化全流程中采取了数学计算和机理分析结合的方式，通过对标找出差距，结合对标优化知识库，获取节能建议，根据建议调整运行，追溯调整后对标对象运行工况是否优于调整前，优化标杆库。整个过程是闭环的，对标的过程是自学习、不断优化的过程。

（4）利用层次分析法（AHP）将对标层级确定为集团层、区域公司层、电厂层，实现各类机组或者设备最佳运行实践共享，为不断提高运营水平提供参考，为决策提供科学依据。

（5）打破传统静态对标的模式，使得对标是一个动态的过程，实时对标，标杆实时更新，对标的结果趋于"更优"。

（6）建立了对标与优化结合的基础逻辑，充分利用了两者优点，对标的结果有助于分析优化的方向，优化的结果使标杆更准确，并完善了标杆优化知识库。

五、荣誉

（1）2020年"基于大数据分析的全参数智能监控研究与应用"荣获中国设备管理协会的第四届全国设备管理与技术创新成果一等奖；

（2）2020年"基于大数据分析的火电厂全参数智能监控研究与应用"荣获中国电力技术市场协会2019—2020年度电力行业创新应用成果金牌成果；

（3）2020年"基于大数据分析的火电厂全参数智能监控研究"荣获中国电力企业联合会的2020年度电力职工技术创新奖三等奖。

火电厂控制系统智能自检系统

[国能驻马店热电有限公司]

案例简介 本案例于 2020 年 12 月启动，2021 年 10 月完工进入试运行，并于 2021 年 11 月验收合格，通过建立轻量级的数据分析计算引擎，应用统计计算功能，实现控制系统状态一键自检，并完成故障智能诊断分析，计算其在某一时间段内的均值、高低值、分位值、峰度、偏度、越某限值时间、越限力度、越限强度等，以期得出新的统计特征信息指导生产运行。

一、项目背景

国能驻马店热电有限公司现有两台 330MW 机组，机组控制系统通信采用工业以太网协议，多点交叉冗余容错网络结构，与其他生产系统实现物理隔离。机组主控 DCS 控制系统采用国能智深 EDPF NT+3.4 控制系统。

（1）现有 DCS 系统的网络通信状态、网络负荷率、控制器温度、控制器负荷率、控制器的组态匹配情况、各 IO 卡件通信状态等自检参数大部分没有进入报警系统，导致热控巡检人员在巡检过程中很容易忽略对 DCS 系统自身的检查，当 DCS 系统出现异常时，无法及时准确地发现，从而整个机组的运行存在一定的安全隐患。

（2）现有 DCS 系统对于机组各类自动的投入、退出情况，只是简单的手自动状态显示，没有全面的分析诊断功能，大容量机组热力系统复杂，主要系统的自动投入对于系统的稳定运行起着至关重要的作用。重要自动控制回路一旦因异常情况自动切除，在没有正确定位其切除原因的情况下，再次投入自动存在很大的安全风险。

（3）现有 DCS 系统缺少主辅机保护投入、退出的统计分析功能，《发电厂热工仪表及控制系统技术监督导则》中明确要求运行中的机组不得退出主保护，确因设备情况需退出保护的应在 8 小时内进行恢复。而在实际生产过程中，设备的不可靠因素、人为的检修不到位因素、定期工作执行不到位因素均会导致在处理此类问题过程中将设备保护退出，而目前没有一种科学的分类、统计、分析的方法来避免这类问题的发生。

二、技术方案

（1）建立轻量级的数据分析计算引擎，能够支撑相关功能算法的运行，开发计算引擎与 DCS 之间的数据接口，使得数据分析引擎能快速读取所需 DCS 的实时数据及历史数据，并能将计算结果返回至 DCS 参与监控。

（2）研究数据分析相关算法，针对不同功能的应用，设计可行的分析及诊断算法。

（3）建立控制系统有关的故障库，以及故障的实时在线诊断、报警、分析控制。系统故障包括软件故障（系统软件和应用软件、错误代码等）和硬件故障（如控制器、卡件、网络、电源等故障）。

（4）重要控制回路自动退出的诊断及根源分析，当控制回路自动切除时，系统能够快速识别，同时自动回溯切除根源，定位切除原因并提示运行人员，为运行人员下一步的操作提供依据。

（5）主辅机保护退出统计、异常动作诊断及原因分析，将机组所有的主辅机保护投入和退出情况进行可视化展示，并对重点关注的异常动作情况进行原因诊断、统计分析，便于热控人员对主辅机重要保护进行管理与分析，为保护定值的设定和优化提供依据。

（6）重要 DAS 测点异常情况报警与分析，能够自动监视预设的重要测点，当测点出现断线、传感器故障、越限等异常情况时，能进行诊断和报警，及时提示运行人员，降低因测点问题引起的事故安全风险。

三、项目收益

（1）实现控制系统状态一键自检，并完成故障智能诊断分析以及可视化展示，满足热控巡检人员快速、准确地对控制系统进行巡检的要求。

（2）能够快速定位重要控制回路自动切除原因，并进行相关分析，解决机组重要自动调节系统异常退出、原因分析过程较长、影响系统稳定的问题。

（3）能够可视化展示机组主辅机保护投退情况，并进行异常情况分析，解决主辅机保护异常动作后没有正确分析动作原因、影响机组再次启动及降负荷运行的问题。

（4）解决运行人员监视不到位，重要测点出现异常没有发现的问题。

四、项目亮点

（1）在 DCS 系统中构建轻量级的数据分析计算引擎和专家诊断系统，应用包括机器学习和数据挖掘等技术，实现控制系统、控制回路、主辅机保护、重要 DAS 测点的实时计算与分析，是未来智能电厂智能监测方向的重要支撑模块。

（2）自动完成 DCS 控制系统状态一键自检、故障诊断报警及可视化展示功能，并智能分析各软硬件运行工况，提前发现异常工况及早处理，大大提高热控人员的巡检效率。

（3）自动完成控制回路自动异常退出、保护异常动作、重要 DAS 测点异常情况的智能分析，大大提高异常事故分析的准确性，降低因人为判断不准确造成的隐患，保障了机组的安全稳定运行。

600MW 机组安全掺烧与深度调峰深度智能融合应用

[国能民权热电有限公司]

案例简介

建立电、采、配联动小组，公司生产与经营密切配合，牢固树立生产为经营服务的思想。公司董事长担任领导小组组长，下设三级联动小组，一级联动小组成员为各副总经理，二级联动小组成员为运行部、计划经营部、燃料物资供应部主任或书记，三级联动小组成员为运行部、计划经营部、燃料物资供应部相关主管。每周一下午召开二级联动组成员会议（三级成员参会），每月底召开联动小组月度会议（全体成员参会）。发现突发问题时，组织二级联动组成员随时召开会议，根据问题发展程度，可临时组织包含组长、一级联动组的扩大会议。该机制明确了工作目标及各级人员职责，设定了不同煤种的库存结构，对发电、燃料采购、配煤与运行调整进行协同管理，提高了工作效率，适应了外部市场变化。

一、项目背景

面对严峻的煤炭市场形势变化及保供任务，民权公司积极应对，成立专项组织机构，制订工作方案，预防发生锅炉事故，同时不断优化配煤掺烧工作，实行经济采购、精准配煤与精细运行调整协同管理，提高工作实效。成立技术攻关小组，解决了煤泥堵仓断煤、锅炉结焦、受热面硫腐蚀泄漏等难题。制定防断煤、防结焦、防爆燃、防"四管"泄漏、防环保超标等专项措施并监督严格执行，未发生机组非停及环保超标事故；另外，将配煤掺烧与机组深度调峰有效融合，满足电网深调要求。

二、技术方案

（一）技术攻关

1. 解决掺烧高水分煤泥堵塞输煤及原煤仓难题

煤泥是经济煤种的主要来源之一，但煤泥的全水高，一般大于 22%。研究表明，外水大于 8%，煤的流动性变差；外水达 13%，时煤的流动性最差。同时，外水小于 8%，压力对煤的流动性影响较小；外水大于 13% 后，压力对煤的流动性影响较大。根据以上特性制订如下解决方案：①充分利用二期预留煤场区域，实现煤场晾晒功能；②改造输煤皮带落煤筒并增加振打器和检查口，定期清煤解决落煤筒堵塞难题；③改造原煤仓增加清堵机、空气炮、振打器，采用立体防堵操作方法，解决原煤仓断煤蓬煤难题；④制定《防止输煤系统堵塞技术措施》，提升运行管理水平，避免落煤筒堵塞；⑤制定《防止原煤仓堵塞技术措施》，规定了空气炮、振打器、清堵机的使用方法，进行立体防堵，提高清堵效果，避免原煤仓堵煤。

2. 解决锅炉掺烧低灰熔点煤结焦严重、落大焦难题

民权公司为了掺配劣质煤，同时掺配神华煤、宁夏煤等其他高挥发分低灰熔点烟煤，提高锅炉燃烧的稳定性。掺配低灰熔点烟煤后锅炉结焦严重，落大焦后对锅炉燃烧及设备安全影响较大。为了解决这一难题，成立技术攻关小组。首先，从原理上研究燃煤灰熔点的影响因素及结焦指数判断方法如表1所示。

表1 燃煤灰熔点的影响因素及结焦指数

判别指标	结渣程度			置信度 /%
	轻微	中等	严重	
灰熔点 T_2/℃	>1390	1390~1260	<1260	83
碱酸比 B/A	<0.206	0.206~0.4	>0.4	69
硅比 G	>78.8	78.8~66.1	<66.1	67
SiO_2/Al_2O_3	<1.87	1.87~2.65	>2.65	61

$$B/A = \frac{CaO + MgO + Fe_2O_3 + Na_2O + K_2O}{SiO_2 + Al_2O_3 + TiO_2}$$

$$G = \frac{SiO_2 \times 100}{SiO_2 + Fe_2O_3 + CaO + MgO}$$

煤的灰成分中碱性成分氧化钙、氧化镁、三氧化二铁、氧化钠、氧化钾含量越高，结焦性越强；酸性成分含量中氧化铝越大，结焦性越弱，氧化硅与氧化铝的比值越大，结焦性越强。结焦综合指数 R 的计算方法如下：

$$R = 1.24B/A + 0.28\frac{SiO_2}{Al_2O_3} - 0.0023t_2 - 0.019G + 5A$$

结焦等级判别界线如表2所示。

表2 结焦等级判别界线

R	< 1.5	1.5~1.75	1.75~2.25	2.25~2.5	> 2.5
判别界线	轻微	中偏轻	中等	中偏重	严重

煤种掺配方式		神华1:1山西煤泥	神华1:1高硫	神华1:1晋煤	神华1:1（高硫1:1山西煤泥）	神华1:1王洼	神华1:1山东煤泥
B/A	碱酸比	0.24	0.27	0.23	0.25	0.33	0.32
G	硅比	76.21	73.25	77.36	71.25	69.25	70.66
硅铝比	硅/铝	2.17	2.18	2.16	2.18	2.48	2.46
R	结渣综合指数	1.69	1.94	1.76	1.81	2.51	2.36

（1）选择灰成分中酸性成分高的煤与低灰熔点煤掺混，减小混煤的结焦性。通过不同煤种的混配方式，计算结焦指标数据。通过计算数据分析，神华1:1山西煤泥、神华1:1高硫、神华1:1晋煤、神华1:1（高硫1:1山西煤泥）掺配方式，结焦指标在中等偏低范围；神华1:1王洼、神华1:1山东煤泥掺配方式，结焦指标接近严重范围。试验结果表明，选择浅色区域掺配方式结焦情况较轻。

（2）开展燃烧调整试验，减少锅炉结焦。

①通过调整主燃烧器区域与燃烬风区域配风比例，在保持总风量不变的前提下，减少燃烬风率，提高主燃烧器区域配风，减小燃烧器区域还原性气氛，减小结焦性。②通过配风调整，锅炉二、三次风门配风调整前后对比，调整后屏过区域（9.5层左右侧观火孔测温）平均降温30~50℃（见图1），锅炉屏过观火孔检查发现，结焦的次数明显减少。

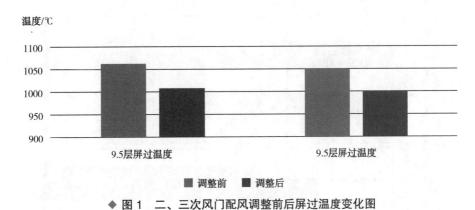

◆ 图1　二、三次风门配风调整前后屏过温度变化图

（3）采取吹灰及扰焦方式，及时除焦。

（4）在冷灰斗底部安装泄压阀，防止落大焦后炉膛压力大幅升高，造成燃烧波动。

采取上述措施后，锅炉落大焦现象明显减少。然而，锅炉仍存在少量结焦现象，长期运行还会出现落焦情况，采取调整吹灰方式、切换磨煤机运行方式措施除焦，基本杜绝落大焦现象。运行人员及时将除焦效果发送至微信群，便于管理人员掌握除焦情况。

总结：采取配煤方式寻优、燃烧调整、吹灰及切换制粉系统除焦措施，解决了掺烧低灰熔点煤严重结焦难题，及时总结攻关经验，制定《防止锅炉结焦或落大焦措施》，并监督运行人员认真执行，巩固攻关成果。

3.解决锅炉掺烧高硫煤硫腐蚀引起"四管"泄漏难题

通过停炉检查受热面减薄情况，检修堆焊减薄水冷壁、运行调整等措施，并制定《防止锅炉"四管"泄漏专项措施》，有效避免了"四管"泄漏故障的发生。

（二）技术路线

1.煤场管理

由于采取了三级混配方式，民权公司配煤掺烧对煤场堆存取管理提出了更严格的要求——既要满足正常条件下机组安全经济环保运行对混煤指标的要求，又要满足斗轮机检修或雨季等特殊条件下机组安全运行要求，还要满足特殊时段煤场预混的场地要求。针对这种情况，民权公司采取了"分类堆放、堆取便捷、界限分明、对称布置"的堆放原则（见图2）。

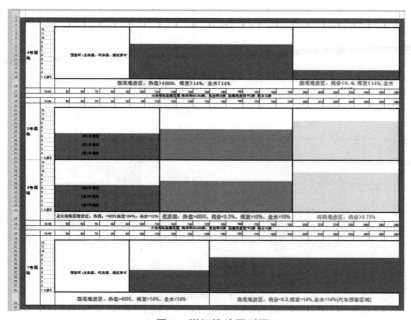

◆ 图2 煤场堆放原则图

分类堆放：为保证炉内混配方式的可靠执行，将不同挥发分、硫分、水分、热值的煤进行分类堆放。

堆取便捷：为了便于运行人员记忆和操作，减少斗轮机调车，采取了空间对应的布置方法。

界限分明：为保证不同煤质的煤堆在煤场的独立性，以及斗轮机司机准确取煤，不同挥发分、硫分、水分煤种之间设界限区。

对称布置：为保证一台斗轮机检修时不影响上煤，煤场堆煤采取对称布置的方式。即1，2号煤场与3、4号煤场在煤种上是完全对称的。

2.配煤掺烧方案的制订与执行

有了煤场堆放原则和煤场存煤动态分布图，结合负荷情况，就能拟订并执行当天的配煤方案，满足机组接带负荷或深度调峰的需要。配煤方案的制订和执行均由一线值长完成，配煤专责进行跟踪修正，主要流程如图3所示。

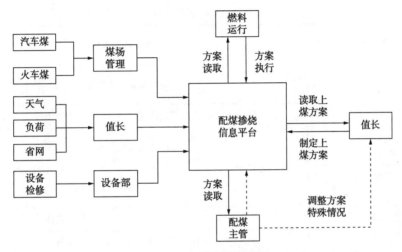

◆ 图3 配煤掺烧流程图

3.配煤指标管控

制定配煤指标边界条件，采用分时段、分比例、分煤种、分煤仓即"四分"精细化配煤手段保证锅炉稳燃及负荷需求。稳燃措施：保证底层仓的热值及挥发分。保证机组出力措施：根据负荷控制全仓热值、硫分，上层仓掺配高热值煤种，提前控制中层仓煤位便于调换煤种。环保指标措施：根据负荷控制硫分、灰分。通过分析掺烧试验数据，总结如下（见表3、表4）。

表3 各层原煤仓配煤约束条件

斗轮机取煤限制	1#煤场与2#煤场的煤不能互相掺配；3#煤场与4#煤场的煤不能互相掺配						
混煤指标限制	热值（低限）	硫分（高限）	挥发分（低限）	挥发分（高限）	挥发分（差异）	水分（高限）	灰熔点（低限）
层	Cal/g	%	%	%	%	%	%
A	4500	2.5	13	20	15	12.5	1300

续表

斗轮机取煤限制	1#煤场与2#煤场的煤不能互相掺配；3#煤场与4#煤场的煤不能互相掺配						
混煤指标限制	热值（低限）	硫分（高限）	挥发分（低限）	挥发分（高限）	挥发分（差异）	水分（高限）	灰熔点（低限）
F	4500	2.5	13	20	15	12.5	1300
B	4000	2.5	8	17	15	13	1350
D	4000	2.5	8	17	15	3	1350
E	5000	2.5	8	17	15	9	1400
C	5000	2.5	8	17	15	9	1400

表4 全炉约束条件

条件类别	条件项目	是	对应约束条件					
天气情况	雨天		南煤场煤泥不能使用					
设检修情况	雨后（三天内）		南煤场煤泥不建议使用，需要配煤主管以上级别同意					
	1号斗轮机或7号带检修		1、2号煤场不能使用					
	2号斗轮机或8号带检修		3、4号煤场不能使用					
	1A层制粉系统检修		IB仓约束条件变为1A层约束条件					
	1F层制粉系统检修		ID仓约束条件变为1F层约束条件					
	2A层制粉系统检修		2B仓约束条件变为2A层约束条件					
	2F层制粉系统检修		2D仓约束条件变为2F层约束条件					
负荷情况	550~630	全层热值	5500	全层硫份	1.5	全层灰份	24	全层灰熔点	1350
	500~550	全层热值	4800	全层硫份	1.5	全层灰份	28	全层灰熔点	1350
	400~500	全层热值	4500	全层硫份	1.6	全层灰份	31	全层灰熔点	1350
	350~400	全层热值	4400	全层硫份	1.9	全层灰份	32	全层灰熔点	1300
	300~350	全层热值	4300	全层硫份	1.9	全层灰份	33	全层灰熔点	1300
	200~300	全层热值	4500	全层硫份	2.0	全层灰份	33	AF挥发份 17~25	全层灰熔点	1300
	锅炉启动	全层热值	5300	全层硫份	1.2	全层灰份	15~20	AF挥发份 25~33	全层灰熔点	1150

4.新煤种的试验

常抓"两项试验"，通过迭代优化求解新煤种经济性。将新煤种按约束条件拟订方案，并再次进行"新煤种掺烧试验"。与现行最佳方案进行比较，得出新的最佳方案。新方案定期进行"锅炉经济运行调整试验"，确定并不断优化最佳运行调整方案。

三、项目收益

2022 年掺烧经济煤种 $113.1 \times 10^4 t$，与使用设计煤种相比，节约燃料费用 7800 万元。同时，实现 600MW 机组安全掺烧与机组深度调峰的有效融合，2022 年至今获得调峰辅助服务补助费用 4141 万元，共计效益 11941 万元。

四、项目亮点

圆满完成年初冬季保供、两会保供、水情保供、疫情保供任务，实现煤泥、易结焦煤在贫煤锅炉的安全、经济掺烧，大幅节约了燃料费用，较区域内同类型机组减少锅炉灭火、受热面泄漏等非停事故 2 次，未发生安全、环保事故。将配煤掺烧有效与机组深度调峰相融合，满足电网对火电机组高、低负荷要求，获得调峰辅助服务补助收益。

五、荣誉

2021 年荣获国家能源集团总经理奖励基金二等奖。

火电厂供热集中智能管控系统开发及应用

[国能长源汉川发电有限公司]

案例简介　　项目首先开展了机组供热能力及各工况下的机组能耗水平试验，为 6 台机组供热统筹优化提供数据支持。然后依据不同类型机组的能耗特性曲线，开发厂级供热寻优算法和逻辑组态，以及单元机组侧保护逻辑。最后实现了厂级供热寻优调度，提高全厂供热的经济性和供热系统自动化水平。

一、项目背景

汉川电厂现有一期 2×330MW 机组、二期 2×330MW 机组和三期 2×1000MW 机组，总装机容量 3320MW。电厂位于汉川经济开发区，毗邻武汉临空港经济技术开发区和孝感经济开发区。为了满足周边企业对用汽的需要，汉川电厂已对全厂 6 台机组进行了工业供热改造，利用冷再蒸汽或热再蒸汽和主蒸汽经减温减压后对外供汽，已建 3 条供热管线，供热管网总长度达 50km，为武汉临空港开发区和汉川开发区近百家企业提供工业用汽。目前，汉川电厂工业供热规模达到 450t/h，正在建设的供热容量为 350t/h。

公司所处的湖北电网，水电占比较大，在全社会发电总装机容量过剩的大背景下，火电燃煤机组深度调峰、启停调峰势必成为常态。为保障机组深度调峰、启停调峰背景下全厂供热可靠性及供热经济性和节能要求，汉川电厂按照管控一体化和智能化要求建设厂级供热集中管控平台，提高热电联产机组深度调峰背景下的运行水平，以及进行全厂供热运行经济性计算，并通过规划求解的方法进行智能热负荷分配寻优控制，从而实现实时厂级供热效益最大化的目标。

随着汉川电厂供热规模扩大、机组供热增容改造和供热参数的提高，提供安全稳定可靠的合格蒸汽，在应对事故应急保障供热，满足电网调峰要求下的供热优化、供热深度节能、热网－热源耦合运行控制优化、供热负荷统筹分配、智能供热等方面亟待研究解决。

目前，汉川电厂供热应解决以下方面的问题。

（1）通过研究和技术改造提升全厂供热自动化控制水平和保障供热设备的安全。现阶段，各机组供热调节及控制由值长根据厂级管网压力和抽汽量，下令各机组运行人员进行控制调节。当机组设备异常时，存在供热管网压力波动大、机组冷再供热抽汽量过大、供热应急处置速度慢等问题；厂级供热管线系统复杂，部分电动阀门基本处于手动控制，跨机组和供热管线的相关系统设备控制依靠单元机组 DCS 系统完成，存在安全隐患，亟待建立厂级供热控制平台，以提高供热可靠性、供热自动化水平和设备的安全性。

（2）机组深度调峰需求将日益严苛，需提前考虑机组宽负荷工业供汽的能力及可靠性，深入研究机组热电解耦技术措施、智能化控制以及供热管控一体化技术。

（3）大规模抽汽供热及宽负荷变工况运行，对机组主、辅机运行特性及经济性存在较大的影响，如何综合提升机组供热运行经济性，是一个普遍存在且亟待解决的共性难题。根据各台机组经济指标和机组运行状况，运用智能化技术和 DCS 系统海量数据，通过建立机组经济性指标模型和引用 DCS 海量数据计算，运用智能化技术科学调度各机组在不同负荷下的供热能力，以达到机组发电和供热整体经济效益最佳状态。

（4）未来，在汉川电厂多机组、多元化供热运行背景下，加之电网侧调峰、调频的要求，如何科学分配供热负荷、合理控制机组运行方式，如何结合机组设备现状及系统特性，科学制定机组调峰、调频措施，将变得日趋复杂，传统运行经验将难以保证全厂经济、可靠、灵活运行。智能供热系统可协调各机组调峰调频和对外供热平衡。

二、技术方案

本项目由汉川公司主导，与国内具有智能电厂建设经验的国能智深控制技术有限公司和具有成熟厂级供热统筹优化的西安热工研究院有限公司共同承担，完成全部研究工作。汉川公司作为用户方和开发方，提出智能供热平台建设思路，组织智能供热平台建设，负责全厂供热管控平台改造、分工及协调各方合作和用户管理使用的职责，在项目实施过程中进行把关。国能智深公司负责编制智能供热平台的研发纲要和技术方案，并组织相关会审，组织参与各方按照纲要和技术方案实施管控软硬件的开发调试、大数据采集应用、建模和智能算法开发优化、平台研究和机组系统控制。西安热工院负责提供机组供热相关试验及建模研究和供热智能化优化策略研究、供热智能控制服务器及相关软件算法的开发应用等工作。

三、项目收益

通过研究和项目实施提升全厂供热自动化控制水平和保障供热设备的安全，解决了原有各机组供热调节及控制由值长根据厂级管网压力和抽汽量、各机组运行人员进行手动控制调节的问题，同时解决了机组设备异常时的供热管网压力波动大、机组冷再供热抽汽量过大、再热器超温、供热应急处置速度慢等安全隐患。建立的厂级供热控制系统平台，解决了运行人员频繁手动调节、再热器超温、机组间分配不均、母管压力波动大等诸多问题。供热可靠性、供热自动化水平和设备安全性显著。

该系统为电厂热电联产高效运行提供实时调节优化，助力电厂精细化管理，实现全厂对外供热系统"安全、环保、持续运行"的生产目标，有效实现降本增效，帮助提升企业效益能力和影响力，体现更好的社会形象。通过对机群供热的协调管控，助力城市节能减碳，在"双碳"目标下具有良好的社会效益。全年可节约标煤量 1.2×10^4t，相应地可减排二氧化碳 2.6×10^4t。项目的实践效果表明，该技术可靠、节能，市场推广应用价值高。

通过项目实施后性能测试得出的结论：全厂各机组不同负荷不同供热量下，全厂总煤耗量可降低 0.7~2.95t/h，按平均每小时节约标煤量为 1.5t、管控系统全年投运 8000h 估算，全年可节约标煤量 1.2×10^4t。若按标煤单价 1000 元/t 计算，每年节约生产燃料成本 1200 万元。

四、项目亮点

该项目围绕电力新形势下智能发电企业的建设，首先开展了机组供热能力及各工况下的机组能耗水平试验，为 6 台机组供热统筹优化提供数据支持。然后依据不同类型机组的能耗特性曲线，开发厂级供热寻优算法和逻辑组态，以及单元机组侧保护逻辑。最后实现了厂级供热寻优调度等系列工作，在解决统筹全厂对外供热方面取得了创新成果。主要创新点如下：

（1）提出了一种部署在生产控制大区安全 1 区的 6 台机组数据互通的厂级 DCS 控制系统，实现全厂统一的智能供热运行控制平台，并与各单元机组 DCS 控制系统深度融合，实现全厂基于智能技术的热电联产优化运行控制。

（2）采用了现场热电解耦试验和 EBSILON 软件仿真模拟相结合的方法，详细掌握机组实际供热能力及热电耦合规律，以全厂能耗最低为导向，进行全厂统筹供热优化，在给定的工况边界及约束条件下，寻找优化的供热运行方式，进行最优供热分配调度，在满足供热可靠性、机组调峰要求的前提下深度挖掘机组供热运行经济性。

（3）提出了一种热电联供机组抽汽辅助调峰调频控制系统及方法，利用供热管道储热性能，采用在线评估修正特性曲线及定量计算抽汽扰动量，根据频差信号、AGC 指令与实际功率信号实时计算获得定量值，并随着信号的实时偏差变化生成扰动量，提高控制的鲁棒性、精确性。

锅炉智能吹灰系统研发与应用

[国家能源集团乐东发电有限公司]

案例简介

本项目基于热力学第一定律与对流换热理论及主成分分析方法，建立了用于表征受热面的积灰结渣状况灰污监测模型，为智能按需吹灰提供了理论依据；利用大数据分析方法，对锅炉各吹灰器吹灰前后洁净因子等参数变化进行分析，挖掘出易积灰、结渣区域的吹灰器；利用吹灰器敏感性分析，根据吹灰器的敏感性对吹灰器进行了重新分组，并设置不同的吹灰频率；综合受热面洁净因子、受热面金属壁温、蒸汽温度、烟气温度等参数开发基于多维度智能综合评判的吹灰策略；最后综合上述研究开发并应用智能吹灰系统。

一、项目背景

近年来，国内外电力企业纷纷在降低发电成本方面挖掘潜力，在保证发电和安全运行的前提下，改烧品位较低（通常灰分高且灰熔点低）而价格低得多的煤，以追求更大的经济效益。然而，往往由此而来的问题之一就是受热面的积灰结渣较重。目前，我国大机组燃用煤种的约50%属易结渣煤，而且我国电厂燃用煤质多变，经常较大偏离设计值，几乎都存在不同程度的结渣和积灰。结渣和积灰轻则影响锅炉的传热和正常运行，重则导致降负荷甚至意外停炉，严重影响锅炉运行的安全性和经济性。因此，预防和减轻电厂锅炉受热面积灰结渣是确保机组安全经济运行的重大问题之一。

在避免严重积灰或结渣的各种技术措施中，运行中对受热面用吹灰器进行吹扫是一种有效的且普遍采用的手段。目前，我国的大型电厂锅炉均装备了吹灰系统。我国电站锅炉的吹灰控制策略一般基于操作规程"定时定量"进行，这势必造成吹灰频繁或者不及时。这种控制方法存在较大的盲目性，吹灰太频繁不仅浪费吹灰的投入成本，而且易造成锅炉受热面吹损减薄，增加维护费用；吹灰不及时将造成受热面过度积灰，降低受热面传热效果，导致机组经济性降低，更为严重的是引起汽温偏差和管壁超温。针对这种情况，电厂很多时候由现场运行人员根据锅炉的运行情况判断吹灰器的投入，而这又带来了很大的随机性。另外，电厂一般没有受热面积灰状况的监测数据，这又使吹灰投入的判断增加了很大的不确定性。因此，基于安全经济原则制定根据不同受热面洁净程度而自动吹灰的控制策略，进而开发一套智能吹灰系统，对于机组的高效安全运行十分重要。

二、技术方案

本项目总体技术路线如图 1 所示，通过受热面灰污监测模型的建立、现场试验及吹灰器敏感性分析、锅炉历史运行参数区间数据挖掘和专家知识相结合，形成基于多维度评价与诊断方法的不同受热面区域吹灰系统控制策略，并通过数据通信和逻辑组态系统集成智能按需吹灰系统。

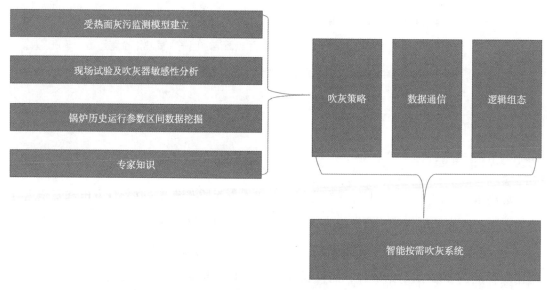

受热面灰污监测模型建立

现场试验及吹灰器敏感性分析

锅炉历史运行参数区间数据挖掘

专家知识

吹灰策略　数据通信　逻辑组态

智能按需吹灰系统

◆ 图 1　项目整体框架

（一）受热面灰污监测模型建立

通过传热原理与大数据分析建立了不同受热面的灰污监测模型。模型采用洁净因子来评价受热面的灰污情况，通过计算模型，即可得出受热面实际的传热系数，再结合历史最佳换热系数进而可以求取当前受热面的洁净因子 CF，判断受热面的积灰状况，从而制定该受热面的吹灰策略。

（二）多维度评价吹灰策略

形成了一套针对不同受热面的多维度评价吹灰策略，策略整体框架如下：

（1）DCS 显示洁净因子及部分判断依据。

（2）综合考虑受热面洁净因子及锅炉运行参数多维度评价，当洁净因子达到下限或参数超过了正常范围曲线时（设置权重），提示吹灰。

（3）限值区间根据结焦及积灰的程度，用统计方法及大数据分析出3个区间：高区间、中区间、低区间。

（4）基于机组安全性、经济性及减少人工工作量考虑，智能吹灰是基于一定频次吹灰的基础的，原因是避免局部出现结大焦或局部出现堵灰但参数上并无明显变化（等有变化时，可能会影响机组的安全性）。当发现参数或洁净因子达到范围曲线判断的依据时，随时加吹或改变吹灰频次及策略。

（5）分析各个短吹灰器对具体壁温的影响，特别是易超温的点，给运行人员参考。

（6）在DCS逻辑实现一键挂起和一键解挂功能，例如：如果短吹提示采用组1方式进行吹灰，则一键将1方式外的短吹灰器挂起，运行人员程控启动短吹顺控，吹完后可一键解挂。

（7）DCS逻辑实现：水冷壁有超温风险（高于420℃）或主汽温度低于550℃时，程控暂停或跳过吹灰。

（三）智能吹灰系统集成

图2显示的是智能吹灰系统的系统参数页，在此页面上会显示各个受热面的洁净因子以及各种相关参数的实时数据以及参考数据。同时，还会显示当前各受热面推荐采用的吹灰决策。

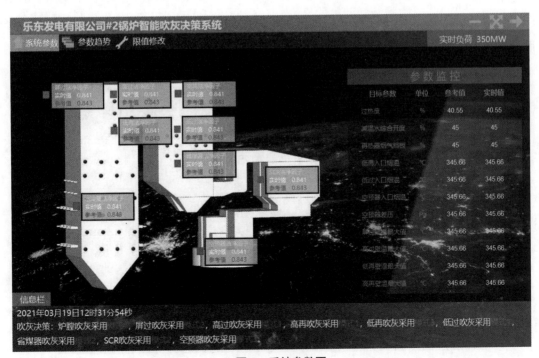

◆ 图2　系统参数页

图 3 显示的是智能吹灰系统的系统趋势页，在此页面上会显示各个受热面的洁净因子的变化趋势。该页面可以通过鼠标左右移动或者在回放日期栏内输入日期来查看历史数据及变化趋势。

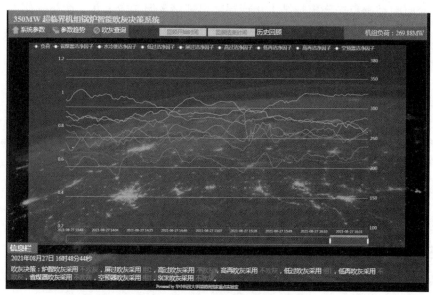

◆ 图 3　参数趋势页

图 4、图 5 显示的是智能吹灰系统的限值修改页，在此页面上会显示各个受热面的洁净因子及壁温参数、温升参数等其他参数的当前限值。运行过程中也可以对限值进行修改，修改完成的数据会存入数据库中，并参与到后续的模式判断中。

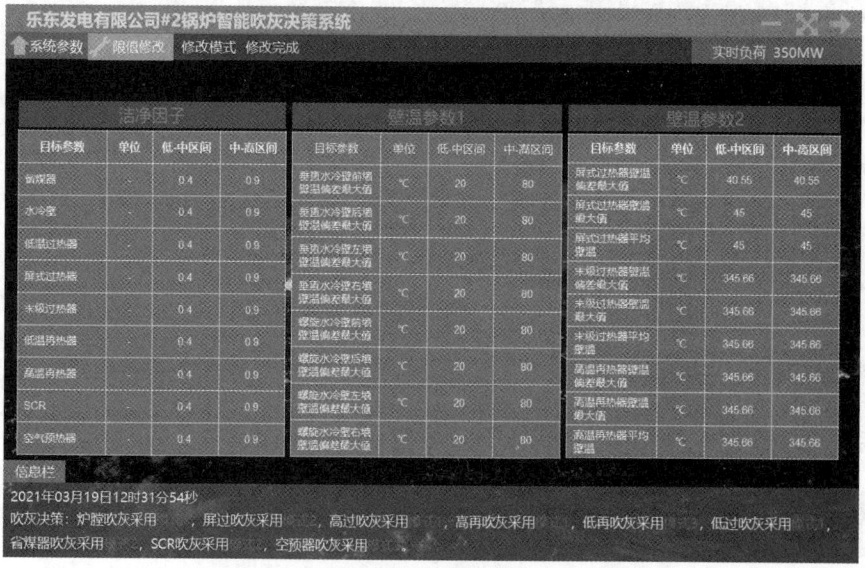

◆ 图 4　参数趋势页 1

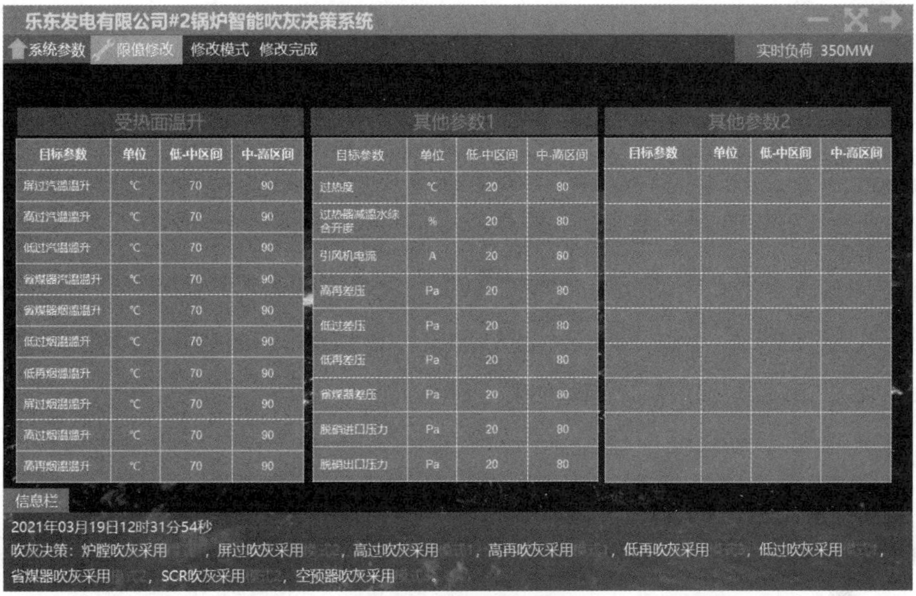

◆ 图5 限值修改页2

图6显示的是智能吹灰系统的吹灰查询页，在此页面上可以查询起止时间内所有受热面各吹灰器的吹灰情况。

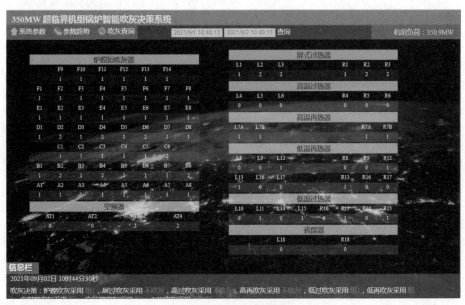

◆ 图6 吹灰查询页

三、项目收益

智能吹灰系统投运后，后吹灰蒸汽消耗降低至876~1208t/月，平均每月1063t，按原有吹灰策略，锅炉蒸汽消耗量约为 2014t/ 月，较原有吹灰策略节约蒸汽 47.3%。汽源设计压力为 28MPa，温度为 540℃，对应焓值为 3266kJ/kg，锅炉补水温度按 20℃ 计，对应焓值为 83.96kJ/kg，锅炉效率按 93.97% 计，由节约标煤公式可计算系统投运后由于减少吹灰蒸汽耗量可节约标煤约 1300t/a，减少二氧化碳排放 3444t/a。同时，系统投运期间，锅炉排烟温度没有上升，表明受热面积灰或结渣情况没有恶化。

系统投运后显著减少了由于"垮焦"带来的受热面管壁超温现象，月均超温时间由 47.3min 降低至 14min，降幅达 70%，有效延长了管壁使用寿命，有利于减少机组检修时的维修和费用，提高了锅炉生产运行的安全性。

四、项目亮点

（1）通过项目研究，建立了融合数据挖掘和机理模型的多维度约束智能吹灰控制系统，实现了吹灰器的按需控制。

（2）建立了基于传热理论、流体力学理论及数据挖掘的受热面灰污监测模型，对监视电站锅炉受热面的清洁程度提供了有力手段。

（3）提出了基于水冷壁壁温、受热面洁净因子变化的吹灰器敏感性分析方法，掌握了各吹灰器的敏感性，并以此对吹灰器进行了分组。

火电厂智能吹灰技术研究及应用

[国家能源聊城发电有限公司]

案例简介　针对当前锅炉吹灰器在运行过程中无法有效判定吹灰时机及效果的问题，制定多目标优化吹灰控制策略，采用基于热平衡的受热面污染在线监测算法，计算受热面的清洁因子；采用"多层模糊控制理论"，针对不同区域受热面的积灰特性和运行状况，考虑灰污状况、锅炉效率、管壁温度、减温水流量等与机组运行相关的吹灰影响因素，实现受热面"按需适量"吹灰，使锅炉受热面污染程度实现量化和"可视化"，有利于吹灰系统操作的规范化和运行管理的精细化。

一、项目背景

我国燃煤电站锅炉用煤的含灰量和含硫量均较高，容易形成受热面玷污和积灰。虽然在锅炉设计中均以污染系数或利用系数不同程度地考虑了正常的积灰与结渣问题，但是严重的积灰或结渣仍然会对锅炉的安全经济运行造成很大影响。目前，聊城电厂采用"定时定量"顺序吹灰方式，主要存在以下问题：

（1）传统伸缩式蒸汽吹灰器按照吹灰程控顺序吹灰，运行人员无法根据受热面污染状况进行针对性的吹灰动作。

（2）传统尾部烟道声波吹灰器一般设计为就地布置，按照固定频率进行，运行人员无法对声波吹灰器的污染堵塞程度进行监视，往往导致吹灰出力下降。

（3）空预器吹灰控制逻辑一般按照频次选择控制，如4小时一次或8小时一次，但是运行人员无法得知空预器的污染状况，无有效手段对运行人员调整空预器吹灰频次进行指导。

二、技术方案

（一）技术原理

智能吹灰控制系统基于软测量建模、在线监测诊断、动态补偿融合和模糊控制逻辑等先进技术，实现我国煤质变化、负荷波动频繁等特性下的受热面污染状态的动态监测和多目标吹灰优化判定，变"定时定量"手动为"按需适量"的智能闭环控制（见图1）。

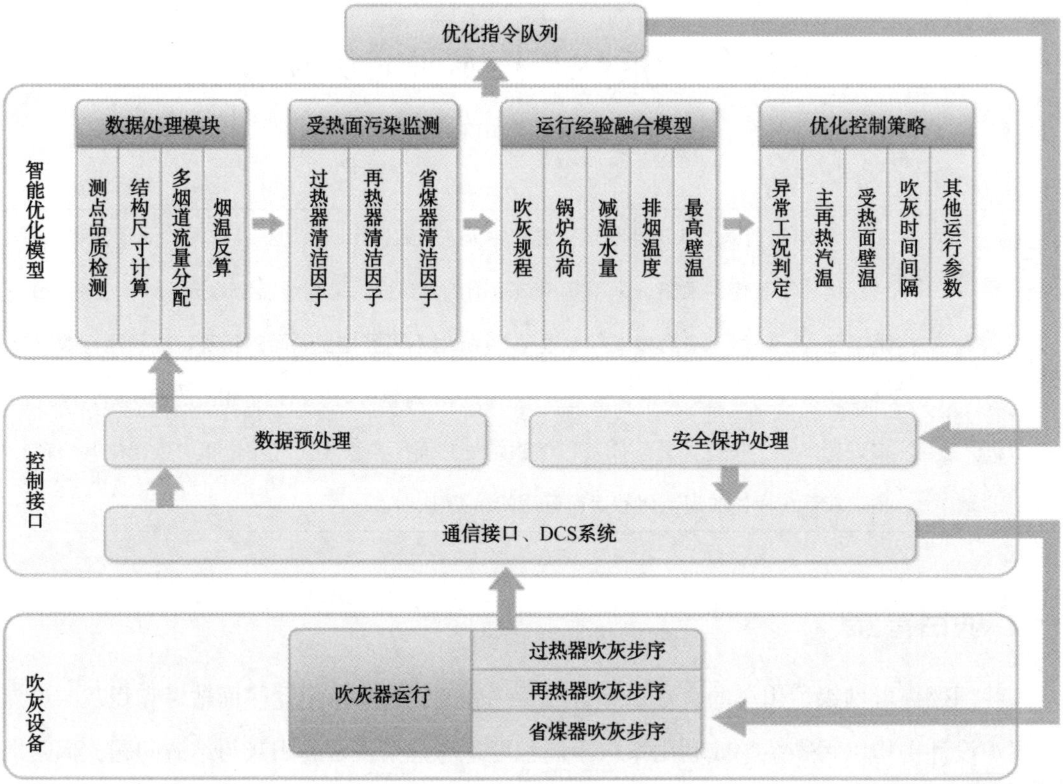

◆ 图1 智能吹灰控制系统技术原理

（二）工艺路线

（1）全工况实时监测受热面积灰状况，实现污染程度的"可视化"。智能吹灰系统在传统稳态传热理论基础上，采用"动态数据融合"补偿方法，建立了适用于变负荷工况的污染监测模型，提高了受热面污染监测的实时性和精确性，同时对锅炉受热面运行状态及污染程度进行全工况在线监测，实现了各受热面污染程度的量化和"可视化"。

（2）多目标优化吹灰控制策略，实现受热面"按需适量"吹灰。创新性地采用了具有权重倾向的"多层模糊控制理论"，针对不同区域受热面的积灰特性和锅炉运行状况，综合考虑灰污状况、锅炉效率、管壁温度、减温水流量等与机组安全、经济相关的吹灰影响因素，构建了合理完善的吹灰控制策略，真正实现受热面"按需适量"的吹灰需求。

（3）实时在线计算煤质成分，实现煤质变化时的动态吹灰优化。采用机理分析、回归分析与数据拟合相结合的软测量技术，建立了煤质工业成分实时在线计算模块，能够快速、准确地对入炉煤进行实时分析测量，保证煤种变化的影响得到有效控制，使得系统具有更广泛的适用性。

（4）针对锅炉运行特点和积灰特性，差异性优化吹灰器的投运方式。通过对各受热面进行有效的实时污染监测，综合考虑其燃用煤质的沾污特性、燃烧方式、换热器结构类型和所处烟气换热环境等因素，对不同区域受热面实现了差异化投运吹灰器，优化了吹灰频率，避免了仅仅给出一个固定吹灰频率，有利于降低吹灰能耗，提高机组的整体吹灰收益。

（5）空预器吹灰优化采用不同负荷基准值的折算压差法，以克服机组负荷对压差的影响。根据空预器颜色的变化进行吹灰频率的调整，当显示为绿色时，则设置吹灰频率为 3 次 / 天；当显示为黄色时，则设置吹灰频率为 6 次 / 天；当显示为红色时，则设置吹灰频率为 8 次 / 天。

◆ 图 2 智能吹灰系统

（三）应用情况

2021 年 12 月完成两台机组智能吹灰系统的调试，有效实现对受热面污染状况的监测。尾部烟道受热面采用声波吹灰，智能吹灰系统可以有效反映受热面的污染状况，空预器吹灰优化可实现自动控制，根据机组运行情况及污染状况实时调整吹灰频次。

三、项目收益

（1）降低吹灰器投运频率，节省吹灰蒸汽能耗。智能吹灰系统投入使用后，实时显示受热面的污染情况，有效减少了吹灰器投运频率 15% 以上，降低供电煤耗约 0.15g/kW·h，达到节能降耗目的。

（2）降低锅炉排烟温度，提高机组热效率。通过合理分配不同区域受热面的吹灰频率，可降低锅炉平均排烟温度 2℃左右。

（3）改善主再热汽温及减温水流量，最大限度地减少了传统顺烟气流程连续吹灰造成的主 / 再热蒸汽欠温情况，可有效维持汽温稳定性。

四、项目亮点

（1）在空预器吹灰优化方面，首次采用历史数据的归类分析方法，克服进出口烟气压差随负荷变化对清洁因子的影响，有效指导空预器吹灰，实现闭环控制。

（2）智能吹灰软件平台是基于实时 / 历史过程数据挖掘的基础平台，平台使用三层架构和面向对象的编程语言，采用 Java B/S 主流开源开发框架——Struts2+Spring+IBatis 的 MVC 框架，实现在数据访问层与任何厂家的数据库无缝对接，实现生产过程数据和系统配置数据的交互联通。

（3）在热平衡计算基础上实现吹灰控制系统的多目标模糊控制方案，融合运行人员吹灰经验，增强吹灰优化指导的机组适应性。

基于温度场监测的火电厂智能燃烧系统研究及应用

[国能铜陵发电有限公司]

案例简介

铜陵公司目前神华煤掺烧比例不断增加，神华煤在结焦特性与燃烧组织方式上与设计煤种都存在很大差异。燃烧系统调整运行的关键在于对炉内烟气温度进行有效组织，以维持炉内截面方向烟温均匀分布并保证炉膛屏底烟气温度以防止受热面结焦。为此，项目研究重点分为监测及控制两部分。在监测方面，利用多通道声波测温技术，实现炉内 1200℃ 以上关键区域烟气温度测量与炉膛截面等温线分布还原；在控制技术方面，研究方向是烟温"场"与燃烧二次配风系统，以及 NO_x、汽温、壁温分布的建模及控制技术，突破常规控制系统只能适用"点"状态参数闭环控制的问题，形成适应于燃烧系统的烟温温度"场"分布状态参数的闭环控制技术，提升变煤质、快速调峰等复杂工况下的燃烧系统自动化运行水平。

一、项目背景

在当前火电行业形势下，发电机组负荷调节范围大、燃料来源复杂，但包括燃煤发电机组锅炉配风在内的燃烧系统自动投入率较低，难以及时有效应对复杂工况下的燃烧问题。因此，在煤质改变、大范围调峰及设备特性改变情况下，燃烧调整滞后且不合理现象十分普遍，机组运行过程中出现煤耗、NO_x 排放不断升高，运行安全隐患增大等问题。

出现这种问题的主要原因在于，炉内燃烧状态信息尤其是炉内烟气温度分布情况难以实时监测并有效闭环控制。目前，国家能源集团正积极推进智能电厂建设，发电企业对智能化的燃烧控制技术也有着广泛的需求，而燃烧智能化的基础便是实现炉内燃烧状态的实时监测与燃烧系统闭环控制的深度结合。

火电机组燃烧与运行智能化是智能电厂建设的必经途径，本项目研究成果将进一步帮助企业从自身燃烧运行的控制角度来挖掘机组节能减排及安全运行潜力。同时，本项目也提供了一种具有普遍适用性和实用价值的燃烧智能化解决思路，将为智能电厂建设起到有力的技术支撑和引领作用。

二、技术方案

（一）技术路线

本项目技术路线分三阶段展开。

（1）声波实验测试及理论算法开发。此阶段主要对声波测温技术的基础装置开展研究，通过实验测试声波发生器和接收传感器的性能，确定最佳发声频段、发生周期长度、声波发生接受器结构等关键参数；开展温度场还原及特征值提取算法，研究温度场与燃烧系统参数的闭环测试及建模算法。

（2）系统整体仿真测试。采用数值模拟方法获得铜陵电厂炉内燃烧工况的理论分析样本，比较模拟炉膛界面温度分布和温度场还原算法所得的温度分布偏差，验证还原算法的精度。利用特征值算法，将烟气温度场数据进行降维处理，减少建模数据量。以预测控制算法构建二次配风、机炉协调、主再热汽温控制策略，参照同类型机组动态模型在Simulink中搭建仿真程序，同时增加温度场特征值的动态模型。使用OPC通信方式将控制程序与Simulink连接，给予模拟实际工况的原始数据，测试控制策略的闭环性能，验证策略的整体有效性。

（3）实炉冷热态调试。在炉膛上部安装一套声波测温装置，并完成发生接受装置的冷态调试。在热态工况下，进行声波测温结果的热态标定。进行仿真程序的下装，由稳态工况接入预测控制系统进行系统性能测试，在稳态工况下系统投入稳定后进行变负荷扰动实验，考察控制系统在动态过程中的参数控制品质。满足考核指标后，最终完成系统的整体验收。

（二）研究工作

（1）声波测温技术实验：在实验台测试声波发生器的性能，通过实验确定声波最佳发声频段及声波发生器的结构；测试声波接收传感器的性能，通过实验确定声波接收传感器的耐高温性及微音信号拾取能力的最佳结构；声波信号采样的运算控制系统实验，通过实验确定单个声波发射的最佳发声周期长度。

（2）温度场重构及特征值计算：基于高斯函数和正则化方法，开发复杂温度场重建算法；研究燃烧参数特征值算法，将大量烟温、壁温、风量控制指令等参数整合为若干能够表征其分布规律、均匀性等共同特性的参数，以降低数据建模的复杂度。

（3）针对铜陵公司的燃烧实际工况，进行数值模拟计算，获得额定工况下的燃烧温度场分布云图和结焦模拟，对燃烧调整进行方案设计。

（4）温度场闭环模型辨识测试：在不影响电厂正常生产的情况下，采用激励辨识法作为模型辨识手段，建立主燃区磨煤机一次风量、送风量、二次风小风门开度变化与温度场特征参数、SCR 入口 NO_x 之间的动态模型，以及配风与温度场等温线偏移程度的模型关系。

（5）预测控制技术搭建策略：采用多变量解耦预测控制技术搭建二次配风、氧量控制策略。

（6）控制策略的仿真研究：利用 Simulink 软件搭建机组二次配风及氧量过程模拟仿真程序，测试并验证预测控制策略的有效性，并估计实际运行后的参数性能指标。

（三）项目实施方式

（1）在铜陵公司某锅炉最上层 SOFA 与折焰角之间的标高处同一水平面的四壁上，均匀安装一层共 8 个声波导管。

（2）在声波导管上方 1m 处炉墙四周安装 $\phi 80$ 的压缩空气管路，在每个声波导管上方分出支路，通过电磁阀、金属软管、文丘里管连接至声波导管上。在每个声波导管上安装压电微音传感组件。

（3）在 40m 平台上安装 1 台 PCU 组件柜、8 台前置处理组件柜。

（4）敷设镀锌电缆管，连接每个压电微音传感组件到相应的前置处理组件柜的导线；连接每个前置处理组件柜到 PCU 组件柜的导线；通过电缆桥架连接 PCU 组件柜到主控室内 DCS 卡件的通信电缆。

（5）对二次配风组态逻辑进行修改，增加优化指令接口逻辑，优化指令与原逻辑控制指令形成互相跟踪的无扰切换。增加通信接口逻辑、心跳波监测逻辑。

（6）在工程师站安装一台工控机并连接至前台辅助大屏幕上。在 PCU 组件柜内安装数据处理和控制组件；在工控机内安装温度场重建软件、成像软件、建模和多目标智能燃烧控制软件。

（四）项目调试

（1）完成送风氧量及二次风系统调试报告。

（2）完成锅炉温度场监测系统调试报告。

（3）完成第三方性能试验方案。

三、项目收益

该项目投运后，经性能试验验证：炉膛温度场偏差符合机组负荷和汽温分布情况；提高锅炉燃烧效率 0.38%，降低排烟温度 3.6℃；实现机组二次风风门投入自动，水冷壁及过热器壁温不均匀度降幅均超过 20%；SCR 入口 NO_x 波动幅度降低约 29%；脱硝系统喷氨量降低 5% 以上。

综合经济各方面项目收益，对于一台 630MW 等级的超临界机组，按年发电量 35 亿 kW·h 计算，可年节约标煤 1750t，按每吨煤 700 元计算，直接经济效益为 122.5 万元；管壁安全性方面，按每次爆管停机损失 100 万元计算，预计每年减少 0.5 次，减少损失 50 万元；初步估算，年节约液氨耗量 50t 左右，每吨液氨按 2000 元计算，年节约液氨费用 10 万元。预计项目年经济收益 182.5 万元。

四、项目亮点

（1）开发温度场高效重建算法，使炉内温度场得到快速、准确重建。

（2）开发基于炉膛二维截面温度反馈的旋流炉 SOFA、主燃区风门闭环控制系统，实现燃烧系统对炉膛截面方向上的热负荷、受热面壁温偏差的自动闭环调节。

（3）建立基于多变量预测控制技术的二次风配风控制系统，实现炉内 NO_x、CO、炉膛出口烟温分布指标的协同控制。

火电厂一键启动及自动控制优化研究与应用

[国能太仓发电有限公司]

> **案例简介**　本案例从机组的启动、运行、事故处理等方面不断提高机组自动化水平。机组一键启动方面，实现锅炉一键启动，汽机及电气系统重要操作实现一键执行；机组运行方面，运行人员的大部分操作被自动控制取代，机组运行的经济性和安全性显著提升；事故处理方面，实现事故自动处理优化，提高事故处置成功率。

一、项目背景

国能太仓发电有限公司两台机组已投产超过 16 年，机组运行面临的突出问题较多：（1）机组自动化程度较低，仅设计有设备级顺控，未设计系统级顺控，较多的自动控制回路效果不好，机组启动过程中大量操作需要值班员手动执行，导致部分启动参数控制不稳，且容易产生误操作、漏操作;（2）运行值班人员数量逐渐减少且人员逐步老龄化。随着新能源比重越来越大、机组调峰调频任务频繁、设备可靠性下降等因素，在机组启动、运行及事故处理过程中，操作需求和现实人力资源配置的矛盾越来越凸显。

为解决上述问题，太仓公司成立"自动控制提升"工作组，以 DCS 系统为平台，坚持自主研发，取得了丰硕的成果，机组自动控制水平显著提高。

二、技术方案

以"操作自动化、控制集约化"为理念，成立自动控制提升专项攻关小组，围绕机组的启动、运行、事故处理等方面设定工作目标，细化分解工作任务，以常规 DCS 系统为平台，组织专业人员进行自主研发，对工作任务进行各个击破，不断提升机组自动化水平。

（一）机组启动方面

将机组启动过程按系统进行分解，根据设备情况确定系统自启动可行性评估，如具备自启动可行性则列入攻关计划，开展自启动控制模块研发。

锅炉侧自启动分解为风烟系统一键启动、一次风系统一键启动、制粉系统一键启动、锅炉自动升温升压四个模块。汽机及电气侧自启动分解为小汽轮机一键冲转、给水泵一键并泵、汽轮机一键冲转、发电机一键并网、厂用电一键切换模块。目前，机组整体启动时间较以往缩短 3h，举例如图 1~ 图 8 所示。

◆ 图 1　风烟系统启动顺控

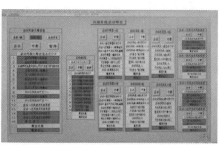

◆ 图 2　制粉系统一键启停

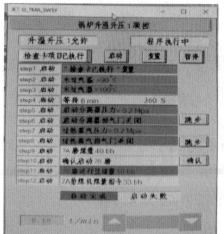

◆ 图 3　一次风系统一键启动

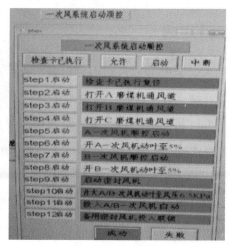

◆ 图 4　锅炉自动升温升压

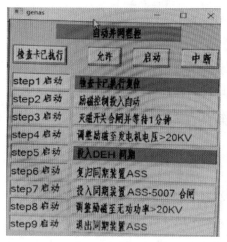

◆ 图 5　汽泵自动并泵

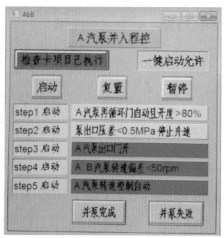

◆ 图 6　发电机一键并网

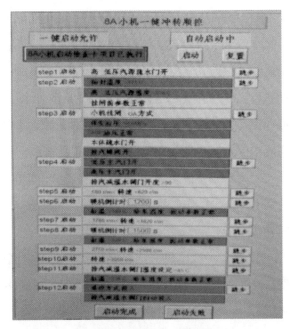

◆ 图7 厂用电一键切换

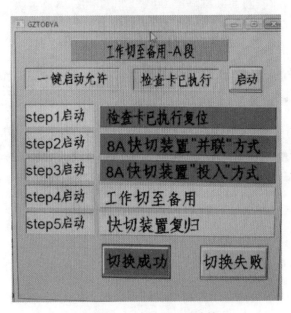

◆ 图8 小汽轮机一键冲转

（二）机组运行方面

（1）运行参数自动优化。根据运行人员调整建议和反馈，不断优化自动控制策略和参数，提升运行参数稳定性。对燃烧控制、负荷控制回路进行策略及参数优化，优化机组协调控制；利用辅助风门调节再热汽温，效果明显。

（2）节能降耗自动控制。设计控制回路实现电除尘二次电流自动控制，根据负荷进行实时动态调整；根据凝结水流量进行除灰空压机自动控制，自动调整空压机运行方式；脱硫除雾器冲洗水泵自动控制，运行方式由三台运行变为两台运行。

（3）定期工作自动执行。开发湿式除尘器冲洗顺控，阴阳极板及均布板定期冲洗实现一键控制；开发闭冷器一键切换冲洗顺控，闭冷器切换冲洗一键完成，切换冲洗过程更加安全；开发锅炉一键除渣顺控，减少运行人员操作量；开发脱水仓一键反冲洗顺控，实现脱水仓一键反冲洗；开发公用变压器自动环并倒模块，实现灰库变、检修变、渣仓变、照明变等公用变压器自动倒闸，减少操作量，降低安全风险。

（三）事故处理方面

研发给煤机断煤自动处置、一次风机失速自动处置模块。根据事故工况下的典型参数，建立事故工况模型，设计事故处理逻辑，将标准的处理方式固化到逻辑中，提高事故处理的成功率，如图9所示。

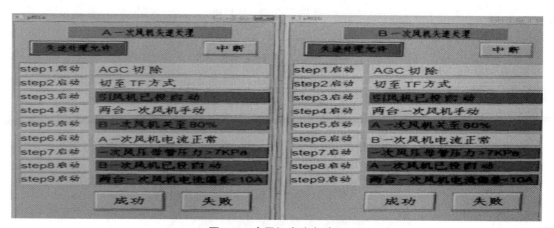

◆ 图9　一次风机失速自动处理

三、项目收益

人员操作方面：由于大量自动控制模块投入运行，机组启动、运行调整、事故处理等方面操作量大幅度减少，误操作风险也随之降低，机组整体运行安全性提高。

节能降耗方面：机组启动时长相较于之前缩短3h，启动过程中耗用的煤、电、水、油等材料成本降低；机组变负荷速率提高，主要运行参数更稳定，电网"两个细则"奖励金额增加，机组煤耗降低；实时调整辅助系统运行参数，节约厂电用电。经济效益明显，每年可产生经济效益约450万元。

通过不断进行专项开发，机组自动化水平显著提升。运行人员的大部分操作被自动控制取代，机组运行的经济性和安全性显著提升，公司面临的人员减少和自动化水平较低的问题基本解决。

四、项目亮点

（1）将机组启动过程按系统进行分解，锅炉侧自启动分解为风烟系统一键启动、一次风系统一键启动、制粉系统一键启动、锅炉自动升温升压四个模块。汽机及电气侧自启动分解为小汽轮机一键冲转、给水泵一键并泵、汽轮机一键冲转、发电机一键并网、厂用电一键切换模块。

（2）机组运行方面，进行了运行参数自动优化，节能降耗自动控制，定期工作自动执行。

（3）事故处理方面，研发给煤机断煤自动处置、一次风机失速自动处置模块，根据事故工况下的典型参数，建立事故工况模型，设计事故处理逻辑，将标准的处理方式固化到逻辑中，提高事故处理的成功率。

五、荣誉

2022 年荣获国能江苏公司科技创新成果三等奖。

1000MW 超超临界机组深度调峰多模型智能预测控制系统

[国家能源集团江苏电力有限公司]

针对国能泰州电厂二期 1000MW 超超临界二次再热机组（#4 机组），采用多模型智能预测控制技术，提出了适合于火电机组灵活性和深度调峰的多模型智能预测控制系统，实现了 20%Pe 超低负荷深度调峰的平稳控制，并完成了机组自动并切泵和干、湿态转换的一键自动控制。

一、项目背景

一直以来，传统煤电始终承担着主力能源和电力压舱石的作用，随着"碳达峰、碳中和"国家战略的持续推进与实施，传统煤电也将由主力电源向调节性电源转型。根据相关规划，我国 2030 年风能、太阳能总装机容量预计将达到 12 亿千瓦以上，新能源装机占比将接近 50%。2020 年我国风、光发电量占全国总发电量 9.5% 的情况下，风电和光电就已经普遍面临并网难、消纳难、调度难等问题，亟需突破超（超）临界机组宽负荷快速灵活调峰关键技术，"1000MW 超超临界机组深度调峰多模型智能预测控制系统"对提升煤电机组对风 / 光等间歇式可再生能源的消纳、提高可再生能源介入比例、保障电网安全运行具有十分重要的意义。

二、技术方案

在机组的整个运行负荷范围内（100%~20%）Pe，可分为三个典型的负荷段，机组正常负荷调节段（100%~50%）Pe（Pe 为机组的额定出力）；机组干态运行工况下深度调峰负荷段（50%~30%）Pe；机组湿态运行工况下深度调峰负荷段（30%~20%）Pe。

在机组的整个运行负荷范围（100%~20%）Pe 内，各典型负荷段存在的控制难题及可采用的控制策略如图 1 所示。

（1）锅炉干态深度调峰工况下，机组 AGC 协调多模型预测控制技术

当机组负荷从 50%Pe 深调至 30%Pe 时，尽管机组可以在干态工况下运行，但机组被控过程的滞后和惯性显著增加，机组特性的变化也十分明显（特别是接近 30%Pe 转态负

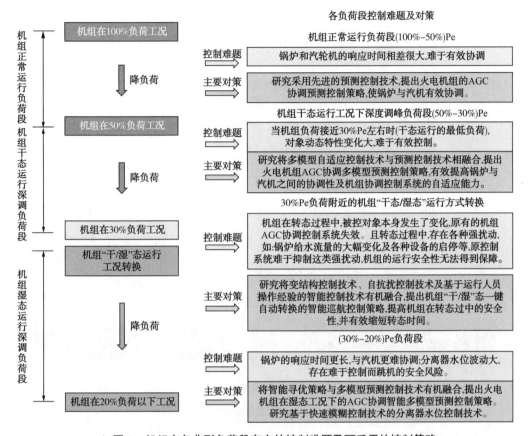

◆ 图1　机组在各典型负荷段存在的控制难题及可采用的控制策略

荷点时），常规的基于 PID 的控制策略难于取得理想的控制效果。因此，本方案拟将多模型自适应控制技术与预测控制相融合，提出适合于大滞后被控过程又具有较强自适应能力的多模型预测控制技术，研究并提出该负荷段深度调峰的 AGC 协调多模型预测控制策略，并开发相关的机组多模型协调预测控制系统。

（2）机组"干 / 湿"态自动转换巡航控制技术

机组负荷在 30%Pe 左右时，可以进行"干态 / 湿态"的自动转换。超（超）临界机组"干 / 湿"态转换过程中被控对象发生变化，原有的机组 AGC 协调控制系统失效。且转态过程中，存在各种强扰动，如：转态过程中锅炉给水流量的大幅波动及各种设备的启停等，原控制系统难于抑制这类强扰动，主要运行参数如汽温、汽压、负荷、分离器水位等大幅波动，机组的运行安全性无法得到保障。

针对机组"干 / 湿"态转换过程中存在的问题，本项目研究将变结构控制技术、自抗扰控制技术及基于运行人员操作经验的智能控制技术有机融合，提出机组"干 / 湿"态一键自动转换的智能巡航控制策略，应用后有效缩短机组的转态时间，并有效抑制机组转态过程中的参数波动，提高机组在转态过中的安全性。

机组转态过程、控制难点及拟研究的控制策略如图 2 所示。

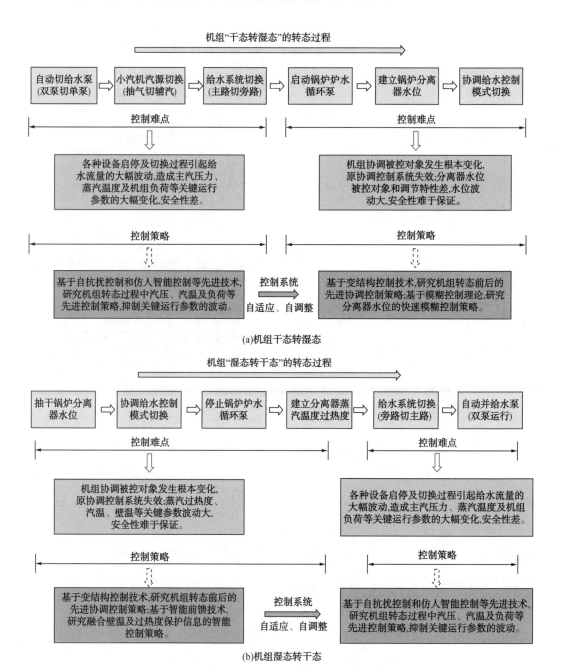

机组"干态转湿态"的转态过程

| 自动切给水泵
(双泵切单泵) | → | 小汽机汽源切换
(抽气切辅汽) | → | 给水系统切换
(主路切旁路) | → | 启动锅炉炉水
循环泵 | → | 建立锅炉分离
器水位 | → | 协调给水控制
模式切换 |

控制难点

各种设备启停及切换过程引起给水流量的大幅波动,造成主汽压力、蒸汽温度及机组负荷等关键运行参数的大幅变化,安全性差。

机组协调被控对象发生根本变化,原协调控制系统失效;分离器水位被控对象和调节特性差,水位波动大,安全性难于保证。

控制策略

基于自抗扰控制和仿人智能控制等先进技术,研究机组转态过程中汽压、汽温及负荷等先进控制策略,抑制关键运行参数的波动。

控制系统
自适应、自调整

基于变结构控制技术,研究机组转态前后的先进协调控制策略;基于模糊控制理论,研究分离器水位的快速模糊控制策略。

(a)机组干态转湿态

机组"湿态转干态"的转态过程

| 抽干锅炉分离
器水位 | → | 协调给水控制
模式切换 | → | 停止锅炉炉水
循环泵 | → | 建立分离器蒸
汽温度过热度 | → | 给水系统切换
(旁路切主路) | → | 自动并给水泵
(双泵运行) |

控制难点

机组协调被控对象发生根本变化,原协调控制系统失效;蒸汽过热度、汽温、壁温等关键参数波动大,安全性难于保证。

各种设备启停及切换过程引起给水流量的大幅波动,造成主汽压力、蒸汽温度及机组负荷等关键运行参数的大幅变化,安全性差。

控制策略

基于变结构控制技术,研究机组转态前后的先进协调控制策略;基于智能前馈技术,研究融合壁温及过热度保护信息的智能控制策略。

控制系统
自适应、自调整

基于自抗扰控制和仿人智能控制等先进技术,研究机组转态过程中汽压、汽温及负荷等先进控制策略,抑制关键运行参数的波动。

(b)机组湿态转干态

◆ 图 2 机组转态过程、控制难点及拟研究的控制策略

（3）锅炉湿态深度调峰工况下，机组 AGC 协调智能预测控制技术

当机组完成"干→湿"态转换后，机组处于湿态运行方式，该方式下的负荷调节范

围为（20%~30%）Pe。在湿态运行工况下，锅炉的响应时间更长、滞后更大，且其动态特性随负荷的变化更加显著，与汽机更难协调。本项目拟研究将智能寻优策略与多模型预测控制策略相融合，提出具有智能寻优功能的多模型预测控制策略，并设计机组在湿态工况下的 AGC 协调智能自寻优预测控制系统，由锅炉燃料量、汽机调门共同调节主汽压力和机组负荷等。机组在湿态运行工况下还存在分离器水位波动大及影响机组安全运行等问题，针对此问题，本项目基于模糊控制理论，研究给水系统的快速模糊控制策略，通过对小汽机转速、给水旁路门、放水阀的综合快速调节，维持分离器水位的稳定，确保机组在湿态运行工况下的安全性。

　　本项目也包括了在机组快速变负荷过程中，过热汽温、再热汽温、主汽压力等关键运行参数的优化控制，可以有效减小这些参数在变负荷过程中的波动。如图3~图8所示。

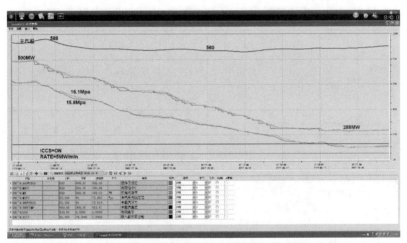

◆ 图 3　#4 机组 30% 干态深调变负荷试验

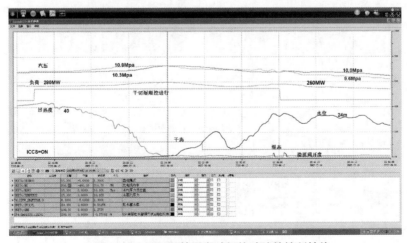

◆ 图 4　#4 机组干转湿自动切换试验的控制性能

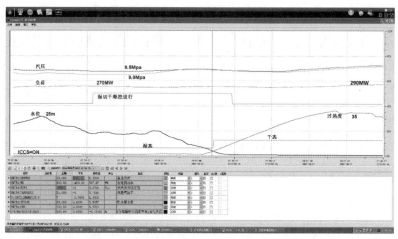

◆ 图5　#4 机组湿转干自动切换试验的控制性能

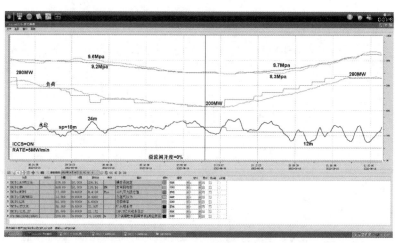

◆ 图6　#4 机组投入湿态 CCS 方式深度调峰时的控制性能

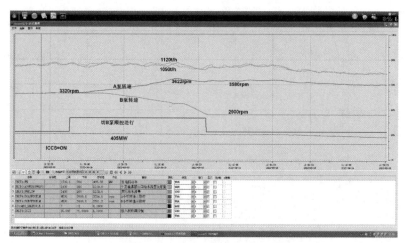

◆ 图7　#4 机组自动切泵控制曲线

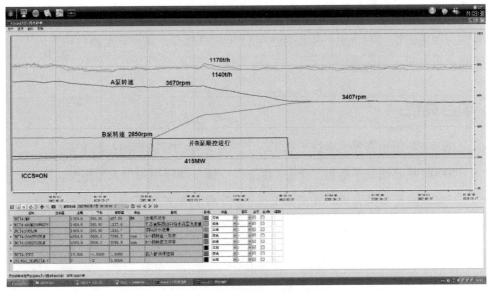

◆ 图8　#4机组自动并泵控制曲线

三、项目收益

（一）经济效益

（1）通过应用本项研究成果，可使机组的负荷调节下限从目前的50%额定负荷降低到20%Pe。在江苏，当负荷调节下限降低到40%Pe以下时，按深度可获得最高1.0元的电价补贴，每年可获得数千万元的深度调峰补贴款；

（2）本项目实施后，可明显提升机组的变负荷速率、负荷调节精度及一次调频的性能，有效改善机组的调峰、调频能力，不仅有利于电网的安全稳定运行，而且使电厂在电网二个考核细侧方面获益较多；

（3）实施了本项目的智能预测控制后，主汽压力、主汽温度及再热汽温等关键参数控制性能明显提高，参数的动态偏差大幅减小，且不再振荡。控制系统的稳定，使得机组的燃料、给水、送风等各控制量的变化平稳，有利于减小锅炉水冷壁和过热器管材的热应力，对防止氧化皮脱落和锅炉爆管有明显的作用，在提高机组安全运行方面，可取得十分明显的间接经济效益。

（二）社会效益

（1）本项目的成功实施将有效推动火电机组深度调峰能力的进一步提升，对消纳新能源、推动双碳目标的实现及促进能源转型具有十分重要的现实意义。本项目可以消纳300MW容量的新能源，每年最多可减排300多万吨的CO_2；

（2）本项目预期取得的"超超临界机组 20%Pe 深度调峰关键控制技术"成果有明显的创新性与示范价值，对于进一步提升火电行业调峰能力，促进火电角色转变适应新时期电力系统需求具有重要的意义。

四、项目亮点

（1）1000MW 超超临界机组在干态工况下深度调峰的智能预测控制策略；

（2）1000MW 超超临界机组"干态／湿态"一键自动转换的仿人智能控制策略；

（3）1000MW 超超临界机组在湿态工况下的智能协调控制策略。

水电部分

流域智慧调度技术研究及应用

[国家能源集团新疆吉林台水电开发有限公司]

案例简介 本案例针对吉林台公司流域梯级水库间的水文、水力和电力等联系，开展了梯级联合优化调度研究、流域水情预报与综合效益优化研究、流域 EDC 调度研究，通过库容补偿、水文补偿、电力补偿等调节作用，对洪水削峰、错峰以提高流域梯级整体的防洪能力，以"蓄丰补枯"来保障生产、生活用水之需，提高电源质量和发电效益。

一、项目背景

　　吉林台公司在运水电站 5 座，调节能力和调度方式各有不同。其中，三座电站为省调调管，两座水电站为地调调管，通过 10 条不同的出线送出，流域送出潮流非常复杂。受流域来水、新疆电力市场严峻形势以及灌溉等综合因素影响，在梯级联合优化调度过程中存在一定的制约性，加之新疆区域以及伊犁地区电网消纳能力有限，造成无调节能力电站产生除泄洪弃水外的调度弃水，大大降低了综合水能利用率。径流式电站运行方式在设计阶段均为承担电网基荷，应按照"以水定电"的模式进行。实际受引水渠道的长度及引水能力限制，电站的水量和电量均会出现不同程度的损失。塔、萨水电站前池水位受渠道进水量的影响很大。因进水量的不稳定引起前池水位（机组水头）的频繁变化，要求运行值班人员必须时刻监视前池水位情况，对当前负荷加以调整，确保塔、萨水电站的前池水位维持在稳定范围内。在人员无法实时了解前池水量的情况下，可能会造成渠道脱流无法带负荷的情况，也可能发生渠道漫堤的灾害性事故。

　　随着梯级电站水库群的建成，吉林台公司已实现集中控制的运行管理模式。基于梯级电站控制集约化需求，如何在流域梯级复杂水力、电力联系约束下，以梯级水库群为整体，考虑联合调度问题，把握梯级各电站的调度运行特点，实现协同发电调度和梯级水库群的综合效益最大化问题更加突出。

同时，水电站运行环境极为复杂，运行调度除了要满足下游社会经济、生产生活用水、生态环境用水外，同时受到上下游梯级水库的运行限制，其根本约束在于每个水电站来流量的提前预知。只有准确地对来流量的把握，才能在兼顾发电、水资源供应、防控等诸多目标的情况下，充分发挥水电站的运行调度能力，达到外部约束条件下的发电量最大效益。

二、技术方案

（一）流域梯级联合优化调度

（1）分析吉林台一级、尼勒克、温泉水电站的负荷、流量匹配关系。

（2）以电网的安全运行为边界约束条件，充分利用吉林台一级水库调节库容，协调吉林台二级水电站反调节为尼勒克一级水电站供水。

（3）运用水量最优化理论与方法，进行水库最优调度和电力负荷的优化分配，使梯级电站的经济效益最大化。

正常情况下省调下发负荷后（$24 \times 10^4 \text{kW} \cdot \text{h} <$ 总负荷 $< 63^4 \text{kW} \cdot \text{h}$），三站总负荷等于省调下发总负荷。判定第一条件为尼勒克一级渠道内水量，尼勒克可参与 AGC 调节，也可采用手动输入有功。

1. 尼勒克一级调节方式

尼勒克通过渠首 4h 前（$\pm 30\text{min}$）平均值或出现水位出现值占总量 75% 频率以上水深流量关系水量判定目前尼勒克分配负荷分别量。尼勒克一级根据初始负荷分配，按照 1 万负荷梯度 15min 加减进行，前池设定上、下水位限制与最低水位下负荷限制，根据前池水位 15min 变化情况（较给定负荷时前池水位），变为正值时，继续增加负荷，反之减负荷。

2. 温泉水电站

温泉水电站作为第二判定条件。

（1）灌溉期，温泉以保证下游灌溉为边界条件。

温泉水电设定水位限定条件与相对应有功分配：

$955\text{m} \leqslant H$ $P_{温泉} = 0.85 P_{吉林台}$

$952\text{m} < H < 955\text{m}$ $P_{温泉} = 0.8 P_{吉林台}$

$949\text{m} < H \leqslant 952\text{m}$ $P_{温泉} = 0.7 P_{吉林台}$

$H \leqslant 949\text{m}$ $P_{温泉} = 0.6 P_{吉林台}$

灌溉流量 $P_{min}=Q_{发电流量}/q_{耗水率均值}$。

（2）非灌溉期，温泉以下游不结冰流量作为边界条件，负荷分配仍以灌溉期为主。

3. 吉林台一级电站

为确保尼勒克一级水电站在灌溉期内可以发电，吉林台一级最小发电出力设定为 $10 \times 10^4 kW$。为确保尼勒克一级枢纽不弃水，吉林台一级电站设定上限为 $22 \times 10^4 kW$。其余按照温泉分配方式进行变化。

4. 尼勒克采用人工输入方式

尼勒克根据上游枢纽进水情况进行手动输入，其他温泉与吉林台按照负荷分配情况进行分配。

正常情况下省调下发负荷后（总负荷 $\leqslant 24 \times 10^4 kW$），电站的运行情况如下：

（1）尼勒克一级水电站目前负荷情况作为判定，根据目前水情况及 4h 前来水，根据 4h 水量设置最低负荷区间与前池最低水位，尼勒克水量至渠道目前水位负荷，尼勒克稳定负荷。

（2）待尼勒克负荷稳定后，温泉水电站以下游供水与防冰凌要求带稳定负荷。

（3）吉林台一级带 $24 \times 10^4 kW$ 剩余负荷，下限为全站停机。

待吉林台二级水位下降至 1277m，温泉减小出力，吉林台一级发电补充水量，温泉下游灌溉保证最小（与拓海联系，由拓海支撑几小时）。

正常情况下省调下发负荷后（总负荷 $\geqslant 63 \times 10^4 kW$），尼勒克一级、温泉已全部满负荷运行，吉林台一级参与调峰任务。

极端情况下的电站运行：

（1）枯水期。在吉林台一级水位，吉林台一级水位低于 1400m（可能出现 2014 年全年来水 $24 \times 10^8 m^3$），总负荷需要向省调申请上限，根据全年来水与月度拟订总负荷计划设定总负荷上限，参照（总负荷 $\leqslant 24 \times 10^4 kW$）与（$24 \times 10^4 kW<$ 总负荷 $<63 \times 10^4 kW$）方案执行。

（2）丰水期。丰水期控制吉林台一级水库水位，吉林台一级水位到达 1419.5m 时，判定条件吉林台一级增加负荷至 $40 \times 10^4 kW \sim 50 \times 10^4 kW$。其余尼勒克与温泉站根据总负荷下达情况，尼勒克下限 1 台机组（$2 \times 10^4 kW \sim 6 \times 10^4 kW$）运行，其余负荷由温泉参与调节。7~8 月，吉林台一级水位为 1418m 时，增加至温泉根据负荷情况加大下泄，温泉水位降低至 952m。

通过反复审查、推演、测试、修改与完善，顺利实现了省调总负荷在三座水电站通过梯调 AGC 实现自动分配的功能。

（二）流域水情预报与综合效益优化研究

（1）数字流域信息提取，依据 DEM 数据提取流域信息，并将预报流域划分为若干自然流域单元。

（2）数值天气预报与水文预报单元耦合，包括数值天气预报技术、数值天气预报与水文预报耦合技术等。

（3）遥感反演积雪信息获取处理，包括遥感产品的选择、遥感产品反演雪深技术和遥感反演积雪产品与水文预报单元的耦合。

（4）融雪径流预报，包括基于雪深的融雪径流预报、雪深逐日计算、河道洪水演进和融雪径流预报方案制订等。

（5）建立喀什河流域水电站群联合优化调度模型（见图1），并以 2017~2019 年实际运行报表中的水位过程代入模型计算发电量，验证所建模型的精度。

（6）建立多元线性逐步回归模型，选取面临时段初水位、面临时段入库流量、叠加水位、入能与蓄能的乘积项作为输入因子，面临时段末水位（温泉为时段末水位与时段出库流量相结合）为决策变量。基于长系列联合优化调度方案，分别提炼吉林台一级和温泉的调度规则。

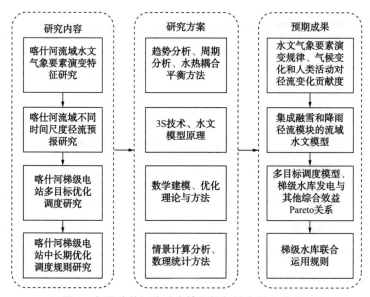

◆ 图1　新疆喀什河流域水情预报与综合效益优化研究

（三）流域 EDC 调度研究

水电流域 EDC 系统在传统水电厂"调度—执行—反馈—修正"理念的基础上，进一步完善业务支撑模块体系，实现调度运行各环节的有效衔接，并通过强化模块相互之间的协同性，降低传统滚动调度方式的修正频次和修正幅度，提高经济运行系统的整体性，提升水电厂运行过程的平稳性。

从数学模型来分析，水电 EDC 控制是一个复杂系统优化问题，采用大量数学模型来实现相关业务支撑。根据所支撑业务的不同方向，可分为预报、调度、控制三个大类。其中，预报大类包括短期水文预报、中长期水文预报、河道汇流和实时校正四类模型，调度大类包括中长期发电调度、短期发电调度、洪水调度三类模型，控制大类包括自动发电控制（AGC）、自动电压控制（AVC）和流域经济调度控制（EDC）三类模型。上述每类模型均由若干个具有不同目标的具体模型组成。

从运行过程来分析，传统流域水电厂水库调度仅关注计划编制、执行情况检查、计划修正环节，而电力运行仅关注计划执行环节。由于水库调度和电力运行采用了不一致的优化策略、数学模型和参数定值，因此会引发执行环节和计划环节的周期性偏差。在短期入流量变化不大的情况下，这种内生的周期性偏差表现得尤为明显，而计划修正环节的频繁调整导致了发电过程的不稳定性。在水电厂实际运行过程中，应由一体化调控值班员统一进行计划编制、计划执行、执行情况检查和计划修正，各环节均采用一致性的优化策略、数学模型和参数定值。

根据上述分析，应由水文预报、电力负荷预测、发电能力预测、发电调度、洪水调度、风险分析、自动发电控制（AGC）、自动电压控制（AVC）、流域经济调度控制（EDC）、计划执行跟踪、运行趋势预测、预报精度评定、节水增发电考核、预报滚动修正、调度滚动修正、人工交互修正、运行策略调整等业务支撑模块共同构成水电厂经济运行系统。经济运行系统整体业务流程见图 2。

三、项目收益

（1）梯级联合 AGC 调度投运后，吉林台公司应对电网调峰调频能力进一步提高，因梯级联合调度运行稳定，调峰幅度大、范围广，已成为电网优先调用的流域机组，为公司抢占新疆电力市场份额奠定了坚实基础。通过流域梯级联合调度，水资源利用率大幅提升，连续 5 年实现零弃水目标，2017 年以来累计增发电量 $22.9 \times 10^8 kW \cdot h$。

（2）降低发电成本，提高人员自主分配、分析能力，实现管理提升。通过 AGC 自主分配负荷，实现全流域各电站负荷均匀分配，降低省调下达负荷的时间，提高省调自动化与调度的便捷化；减少了重复、单一的监屏工作量，运行人员从 75 人精简至 30 人，节余人员全部投入现场维护及机组检修等工作中，有效提高了设备可靠性，集控平台自动化程

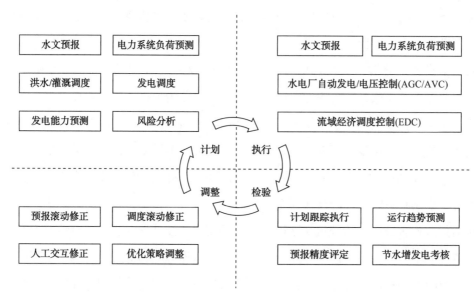

◆ 图2　水电厂经济运行系统整体业务流程

度更高；使运行人员对集控运行边界条件有充足时间进行整理、分析；为后期逐步实现智能负荷趋势预测，电站间负荷根据区间用水及上下游边界需求，为全自动 AGC 调节、分析奠定基础，实现了流域集控模式。

（3）通过梯级联合调度，吉林台公司水能利用更加合理，实现流域各电站经济运行效果最佳，在电量增加的同时，提高了地方财政税收，支持通过水电站节能减排，提供优质电源；通过合理拦蓄洪水，优化水资源分配，为当地水利部门提供了预警，为下游防洪、灌溉、冬季河道灌区防冰凌等做出了突出贡献；温泉水电站保持高水位运行，确保当地水产产业安全运行，为当地经济建设间接做出了贡献。

（4）项目构建了基于雪深的融雪径流模型，解决了融雪径流预报难的问题，实现了吉林台水电公司统调的5座水电站来水实时精准预测和长中短期来水预报的融合；采用多目标决策和多情景模拟技术，量化多目标之间的置换率，剖析多目标之间的效益置换机理和水电站群联合优化调度增益机制，辅助调度运行人员开展各种工况下的水电经济运行管理，达到了一水多用、度电必争的效果。

（5）建成喀什河流域梯级水电站经济调度控制系统，达到负荷在不同边界条件下全自动实时在线优化分配及梯级水位动态控制的目的，最终实现综合效益最大化，梯级电站经济调度，上下游电站水量关系匹配，有效避免弃水，流域水资源重复利用最大化，联合躲避机组振动区，最优开停机顺序，调度自动化程度提高，减少负荷调整时间，提高机组利用小时数，实现机组运行数据自动统计分析，为机组智慧检修提供数据支撑。

四、项目亮点

（1）通过实现站内 AGC 运行，对没有调节能力的径流式电站，可实现无调度弃水及站内经济运行；对调节性水库，充分发挥其调节性能，提高各电站水量利用率；根据三站间负荷合理分配，实现了尼勒克水电站根据当前渠道引水量情况带负荷，不再受限于调度下发固定负荷模式，有效避免"有水无负荷，有负荷缺水"现象产生。

（2）研制了基于格点雪深数据的积雪深度–雪盖面积–积雪量–融雪量间的转换计算方法，将空间分布的雪深信息作为 SRM 模型的输入，构建了基于遥感反演积雪深度信息的改进型融雪径流预报模型；在模型中增加了逐日雪深和雪盖率计算模块，实现了实测径流和雪深数据对融雪径流模拟的双向校核，定量描述了喀什河流域雪深、积雪覆盖和径流随时间变化过程，提高了融雪径流预报精度。

（3）建立了喀什河流域梯级水电站群年度联合优化调度模型，模型以梯级电站总发电效益最大化为目标，将其余目标作为约束条件处理；采用长系列计算统计与典型年份分析结合的方法，得到长系列调度方案。历史计算结果表明，梯级电站总发电量较实际发电量系统性偏大 1.32%，平均增发电量 2.38%，可满足喀什河流域梯级水电站群的短期联合优化调度需要。

（4）综合考虑灌溉、防洪、生态、发电目标建立了喀什河流域梯级水电站群多目标联合优化调度模型，以发电效益最大化为优化目标，将农业灌溉、生态流量、防洪目标转化为硬性约束条件，采用改进的差分进化算法求解模型。引入灌溉用水计划倍比系数，通过多情景模拟，定量分析了灌溉、发电目标之间的竞争关系和置换率，揭示了多目标之间的效益置换机理和水电站群联合优化调度增益机制。

（5）研制了 EDC 模型自适应方法，根据不同的边界条件进行自适应选择模型，自动适应汛期、非汛期、限电期、灌溉期等各种情况，实现不同运行期经济调度控制的无缝衔接。

（6）研究混合式电站机组出力与水位控制反馈协调机制，采用不定带宽均值漂移跟踪算法，对实测来水和预报来水进行跟踪对比，差值超过一定限度时，及时反馈调整，使出力和水位相协调，避免负荷分配方案超出电站能力。

（7）提出一种基于实际运行数据的水轮机运行特性曲面构建方法，根据运行数据分布特点设计并优化数据点采样流程和曲面拟合计算流程，得到水轮机运行范围内较全面的运行特性数据；根据梯级水电站机组运行实验数据以及在线状态监测数据，实时对机组相应水头和出力下的部分特性曲线进行合理化修正，通过长期实时在线修正，确保机组特性曲线最接近于真实值，用于站内经济调度。

五、荣誉

（1）2017 年"开都河水情水调系统自主研发与应用"获中国电力企业联合会的 2017 年（第九届）电力职工技术成新疆开都河流域水情水调系统的自主研发与应用果二等奖；

（2）2018 年"新疆开都河流域水情水调系统的自主研发与应用"荣获国电电力发展股份有限公司的"2015—2017 年度国电电力科技进步一等奖"；

（3）2022 年"开都河流域径流预测关键技术研究与拓展应用"荣获国电电力发展股份有限公司的"2022 年度国电电力科技进步二等奖"。

开都河流域水情水调系统的自主研究与应用

[国家能源集团新疆开都河流域水电开发有限公司]

案例简介

为了提高开都河中上游径流预报精度，充分发挥察汗乌苏及柳树沟两梯级电站水库协同调度功能，提高流域梯级电站防洪与发电综合效益，公司自主开展了开都河流域径流预测技术研发与应用，利用物联网技术，在开都河中上游高寒高海拔地区新建遥测站点 30 余处，并依据实测气象水情、电站发电、开源气象数值预报、流域地理位置等数据，应用国外成熟的径流预报模型 SRM 融雪径流模型与 SWAT 水文模型，结合开都河流域产流特征，自主创新搭建适合在开都河流域进行径流预报的水文模型，以提高来水预报周期及精度，并对洪水过程做出快速反应，提前预测预警；同时预测同期全疆风、光出力，实现水电与新能源错峰调度。此项目研究可有效提高流域径流预报准确率，为流域梯级电站防洪与经济调度提供技术数据支撑，可有效提高流域梯级电站综合发电效益及防洪与灌溉社会效益。

一、项目背景

开都河流域全长 560km，公司所属柳树沟电站坝址以上流域面积 $1.8828 \times 10^4 \text{km}^2$，年径流量 $34.69 \times 10^8 \text{m}^3$，洪水特性受季节影响较为复杂，春季以融雪型产流为主，初夏以混合型（融雪、降雨、冻土）为主，盛夏和秋季以降雨型为主。2012 年，公司着手建设开都河流域水情测报系统，2014 年基本实现流域水情监测自动化，但受流域兼具冰川、融雪、降水复合产流因子以及复杂的地理环境影响，原建的流域水情测报自动化系统难以满足梯级电站防洪度汛安全和经济调度要求。2016 年开始，公司着手自主开发符合流域特性的径流预测模型。随着遥测站网数据的积累以及对多种水文模型研究的深入，大数据、智慧预报等技术逐步具备研究基础。开展流域径流预测关键技术研究与扩展应用对于提高径流预报精度、优化梯级电站水库联合调度，对提高梯级电站防洪与经济调度水平具有重要意义。

二、技术方案

（一）水情监测系统

2014 年，公司建成了开都河流域水情监测系统，可对开都河上中游遥测站点进行数据实时接收、存储、统计和展示，并对察汗乌苏和柳树沟水电站两站生产信息进行实时监控。

目前，公司已建遥测站点 16 个，其中水文站点 3 个、气象站点 13 个，覆盖开都河上中游流域。目前，所有站点运行良好，数据接收正常。

2021 年在开都河中上游地区利用物联网技术，新建气象站点 30 余处。

（二）气象信息整编处理研究

1. 实测数据采集研究

公司遥测站点数据传输采用北斗和 4GLora 两种通信方式，通过察汗乌苏营地中心站北斗终端采集接收后，将实时数据存入 SQL server 数据库，然后将实时储存的数据进一步过滤修正后整编为五分钟、一小时、一日数据，并将数据存入数据库，以便查询和运用。

2. 气象预报处理

气象预报数据产品使用的气候要素包括降水、气温、积雪水当量、高低云量、风速等，数据源于欧洲中心 EC 原始数据与 Windy 网站 EC 原始数据，每日两期自动滚动更新历史数据和预报数据。

3. 气象关系数据转 GIS 与克里金同化研究

为适应开都河流域地势起伏多变情况，基础地理信息采用国家基础地理信息中心的地理信息数据，利用 ArcGIS 进行处理，形成开都河上中游区域划分。将降水、气温、积雪水当量、高低云量、风速等数据进行空间栅格化。数值预报栅格数据存储为 mat 数据文件，GPM 卫星数据处理转存 mat 数据文件，结合 GIS 信息二次处理后将流域遥测数据转存为 shp 矢量格式，对 GPM 卫星数据与实测数据做克里金插值并存储为 mat 数据文件。存储的 mat 文件处理为 Excel 图表及 SRM、SWAT 模型所需输入数据集。

（三）SRM 融雪径流模型研究

1. SWAT 水文模型在开都河流域研究与应用

模拟及预报以融雪为主要河流补给源的山区流域逐日径流。随着遥感技术的应用，SRM 的应用范围也扩大到 $120000km^2$ 的大范围流域。开都河流域上中游多是高山峡谷、冰川，全程海拔较高，冬季积雪丰富，开都河春汛及主汛期前期河流流量受积雪补给为主。因此，SRM 模型在开都河流域具有很强的适用性。

2. 模型计算和实现

使用 Matlab 编程，根据 SRM 融雪径流原理，实现了该模型的全部功能，并配套实现了数值预报耦合数据更新、实测数据更新、粒子群算法率定。

SRM 融雪径流模型核心公式：

$$Q_{n+1} = \sum_{i=1}^{m} \left[T_n + \Delta T_n \right] S_i + c_{Rn} p_n \right] \frac{A_i 1000}{86400} \cdot \left(1 - k_{n+1} \right) + Q_n k_{n+1} \qquad (1)$$

式中，Q 为日平均流量；c_{Sn} 和 c_{Rn} 分别为融雪和降雨径流系数；a_{An} 为度日因子，表示单位度日温度融雪深度；$T_n + \Delta T_n$ 为气象测点日均气温与参考高程处温差值之和；S_i 为对应高程带的积雪覆盖率；P_n 为降雨；A_i 对应高程带的实际面积；k 为退水系数。其中 T、S、P 为输入数据，其他为模型参数。

对于积雪覆盖率的计算，此处用数值预报的积雪水当量转换值替代。模拟年内或年际融雪季节的逐日流量，模拟结果通过实测值进行实时修正以调整模型参数。研究短期和季节性径流预报以及气候变化对雪盖和融雪径流的潜在影响。

（四）SWAT 模拟的流域水文过程分为两大部分

1. 水循环的陆面（产流和坡面汇流）部分

水循环的陆面（产流和坡面汇流）部分控制着每个子流域内主河道的水、沙、营养物质和化学物质等输入量。

受气候、水文和植被影响，其中，气候所需要输入的气候因素变量主要包括日降水量、最大最小气温、太阳辐射、风速、相对湿度。本次研究采用直接输入实测气象数据来实现。

水文因素为：大气降水经过冠层截留（或直接）降落到地面；降到地面的水一部分下渗到土壤，一部分形成地表径流。地表径流快速汇入河道，对短期河流响应起到很大贡献。下渗到土壤的水可保持在土壤中被后期蒸发掉，或者经由地下路径较缓慢地流入地表水系统中。

植被影响：在水文模型研究应用中，利用一个通用的植物生长模型模拟所有类型的植被覆盖情况。

2. 水循环的水面部分

水循环的水面部分决定水、沙等物质从河网向流域出口的输移过程。

水循环的水面部分即河道汇流部分，主要考虑水、泥沙、营养物质和杀虫剂（本次径流研究中不包括对营养物质和杀虫剂的研究）在河网中的输移，包括主河道以及水库的汇流计算。

主河道演算：在演算研究中，有一部分水分在输移过程中损失，包括河道蒸发和河床渗漏；另一部分被人类取用（开都河上游无大型取水设施，因此未考虑此损失）。河道补充水分的来源为直接降雨或点源输入（支流）等。

水库汇流演算：主要以察汗乌苏水库为研究对象，水库水量平衡包括入流、出流、蒸发和渗漏。计算出流时输入的是实测数据。

产汇流水量平衡公式：

$$SW_t = SW_0 + \sum^{t}(R_{day} - Q_{swf} - E_a - W_{seep} - Q_{gw}) \tag{2}$$

式中，SW_t 为土壤最终含水量，mm；SW_0 为土壤前期含水量，mm；t 为时间步长，d；R_{day} 为第 i 天降水量，mm；Q_{swf} 为第 i 天的地表径流，mm；E_a 为第 i 天的蒸发量，mm；W_{seep} 为第 i 天存于土壤剖面底层的渗透量和侧透量，mm；Q_{gw} 为第 i 天的地下含水量。

（五）物联网建设方案

1. 点位布设

察汗乌苏中心站选在察汗乌苏办公楼顶平台，通过数据线接入一楼机房服务器，实现数据终端采集。在带有高程的地图上选取中继站点与遥测站点 30 个，在地图上进行遥测站点和中继站点，中继站点与中继站点之间通透性，确保站点与站点之间无山体或建筑物阻挡。对有阻挡的点位重新定点，山区各个点位进行实际信号通畅率测试，测试结果良好，信号强度满足实际要求。最终确定整体采用 Lora 无线物联网方案，布设远距离 Lora 中继形成多级组网模式。察汗乌苏营地中心站通过轮询采集所有站点数据，另设一路互备通道，以北斗、4G 轮询区域数据回传中心站，黄色标记为远距离中继站（兼遥测站功能），蓝色标记为遥测站，红色站点为区域集中器。根据通信条件配备北斗或 4G 透传，最远点距离营地的直线距离为 50km 左右，车程为 100km 左右，整体沿路布设。部分站点车辆无法到达，需要租赁马匹。物联网站点被分为 5 个区域，每个区域包括一个中继站点和若干遥测站点，数据传输方式分为两种：（1）通过遥测站传到中继站点，中继站点数据传到上一级中继站点，最终传至中心站，实现数据采集；（2）通过遥测站传到中继站点，中继站通过北斗终端直接传入中心站北斗，实现数据传输。

2. 遥测站及中继站设备设施

遥测站点涉及雨量、土壤温湿度数据的采集，由遥测传感器（雨量计、土壤温湿度计、气温计等组成）、模拟量采集模块、Lora 数传电台、太阳能电池板、蓄电池、太阳能充电控制器、箱体、支架等设备组成。

中心站只具备数据接收功能，天线安装在察汗乌苏办公楼顶（两层），设备安装在一楼机房，天线延伸线长度 25m 左右，中心站通过 Lora 远距离设备轮询所有子节点数据，在采集失败时，使用备用北斗或 4G 采集，由 Lora 远距离数传电台、北斗透传 DTU，箱体、支架等组成。

远距离中继点功能除雨量、土壤温湿度数据的采集之外，还包括远距离中继节点配置 Lora 中继模块，用于信号的转发传递及信道的区域切分。

站点整体由遥测传感器（雨量计、土壤温湿度计、气温计等组成）、模拟量采集模块、Lora 数传电台、远距离 Lora 中继模块，太阳能电池板、蓄电池、太阳能充电控制器、箱体、支架等组成。

三、项目收益

开都河流域径流预测关键技术研究与扩展应用大幅提高来水预报跨度及精度，对洪水过程做出快速反应，预知同期全疆风、光负荷趋势，实现超前营销，优化水库调度，提高水量利用率，加强水库运行安全；以自主开发为主，不涉及产权问题，完成后可在类似流域公司进行推广。

（一）经济效益

参考市面水情预报专业公司同类项目价格，自主开发可节省公司投入约 300 万元。公司实现高精度数值预报、分布式水文模型、新能源负荷预测、报表全自动实现等，相关应用收益（研究普遍认为，水电综合经济运行可提高 2%~5% 发电量，此处取多年平均发电量的 3%）计算，每年可增发电量约 $5550 \times 10^4 kW \cdot h$，即每年可增加利润约 1260 万元。

（二）社会效益

察汗乌苏水电站作为开都河流域目前在运库容最大的水电站，承担了下游防洪、灌溉等职责。径流预测水文模型的构建有利于汛期防洪安全调度，有效防范下游洪涝灾害损失，以及枯水期水库降水位向下游补水、提高下游农业灌溉保证率，为开都河下游居民粮食生产保供提供有力保障。

四、项目亮点

本系统包含气象实测数据采集模块、数值预报采集解析模块、数值预报处理模块（降水、气温、积雪水当量、高低云量、风速等）、气象关系数据转 GIS 模块、气象与卫星数据克里金同化模块、水文模型输入处理模块、SRM 融雪径流模型模块、LSTM 分期模块、巴州光伏负荷预测模块等，全面实现开都河流域气象、水文预测，为经济调度提供依据。

五、荣誉

（1）2017 年"开都河水情水调系统自主研发与应用"获中国电力企业联合会的 2017 年（第九届）电力职工技术成新疆开都河流域水情水调系统的自主研发与应用果二等奖；

（2）2018 年"新疆开都河流域水情水调系统的自主研发与应用"荣获国电电力发展股份有限公司的"2015—2017 年度国电电力科技进步一等奖"；

（3）2022 年"开都河流域径流预测关键技术研究与拓展应用"荣获国电电力发展股份有限公司的"2022 年度国电电力科技进步二等奖"。

多布水电站机组局部放电监测分析系统

[国家能源集团西藏尼洋河流域水电开发有限公司]

<table>
<tr>
<td>案例简介</td>
<td>本项目是基于工业设备预知性维护的大趋势，通过配备安全、稳定、有效的状态监测手段——定子局放在线监测预警，运用先进的数据分析技术（大数据分析、智能判断），识别水轮发电机定子绕组绝缘故障的早期征兆，对故障部位、严重程度、发展趋势做出分析判断，主动制订具有针对性的检维护计划。</td>
</tr>
</table>

一、项目背景

国家经济建设的高速发展对电力生产提出了高标准要求。发电企业迫切需要通过优化的生产计划，结合科学高效的管理手段满足电力生产安全稳定的要求；由此实现杜绝非计划停运、延长设备检修周期、减少检修费用、提高生产经营效益的目标。因此，利用一系列可靠的设备状态监测手段，提高对设备运行状态的准确把控，加强设备维护的计划性与针对性的设备预知性维护的管理模式已势在必行。

电力安全是社会公共安全的重要组成部分，随着电网的互联和范围扩大，设备一旦发生事故，而且不能迅速消除，很可能导致不可控的连锁反应，造成时间的停电和人员、设备伤害。对水力发电站生产设备来说，发电机、变压器是主要一次设备，经过实践证明，对电站来说，发电机组绝缘监测是永恒的课题。即使发电机技术发展迅速，然而发电机意外事故依然频繁。根据电力行业协会统计，发电机故障有 40% 来自定子绕组电气绝缘故障。发电机组定子绝缘监测是目前公认的技术难点，主要原因在于绝缘故障产生机理的多样化，受外界干扰造成绝缘监测数据的非准确性、绝缘数据判读的经验性，这些因素都严重制约了发电机组绝缘监测技术的发展。

主要背景：一是《特殊环境条件 高原电工电子产品 第 1 部分：通用技术要求》（GB/T 20626.1—2017）明确指出，高海拔地区空气介电强度、空气冷却效应以及弧隙空气介质恢复强度低，因而引起产品空气绝缘强度降低。二是灯泡贯流式机组的安装及检修难度大。由于贯流式机组的主轴为卧式水平布置，定子、转子和导水机构等大件需翻身吊装才能就位，再加上本体尺寸过大、吊装过程中易变形等问题的出现，大大增加了安装和检修难度。因此，一般仅大修才会选择吊出定子、转子进行检查，平时无法及时监视定子积灰、破损、老化等引起的绝缘下降。在详细了解、横向比较了全球领先技术，多方论证局放技术的可行性后，公司管理层同意了开展发电机组定子局放在线监测平台搭建工作，帮助多布水电站对机组定子绝缘状况进行客观判断，在此基础上进行提炼、优化。

二、技术方案

多布水电站单台机组局部放电监测装置由耦合器、专用信号电缆、终端接线箱、局放监测主机、局放上位机组成。1号、2号发电机组三相每相各安装一颗16kV耦合器，用专用信号电缆连接到终端接线箱与局放监测主机上，再通过交换机、光纤连接到局放数据采集分析工作站，实现局放数据在线监测。

（一）问题研究

首先，必须结合高原型灯泡贯流式机组特性，解决系统中探测器原件的安全性、监测结果的有效性，这是整个系统良好运行的基石。这个基础如果不打好，整个项目将会面临巨大的安全隐患或者不可靠的运行结果，势必会严重影响电站的生产稳定，适得其反的可能性会非常大。其次，为了使局放监测数据能够行之有效，需要一个大量、长期积累的、经过时间考验的数据库作为参考，同时需要用人工智能手段，通过与数据库中数据幅值、特征参数的对比，达到自动判断的效果，从而在机组状态检修中发挥主动作用。

（二）业务调研

项目前期，公司组织专人定期与相关技术厂家开展联络，紧密围绕高标准的硬件选型、采集系统自动分离噪声，取得高信噪比数据，构建智能分析系统，预判绝缘隐患，最终确保系统安全稳定运行，设备选用方案兼顾有效性与经济性。

选型结果：采用80pF环氧云母耦合器，可保证高压出线端的安装安全，同时同轴电缆输出低压局放信号，安全有效采集高信噪比的高频局放信号。

（三）制订方案

尼洋河公司第一时间汇集各部门相关人员以及部分专家咨询制订出施工方案。方案立足于设备预知性维护管理的大环境，在打造优质发电机组在线状态监测的原则下，考虑局放智能在线监测系统在高海拔地区的应用，解决局放系统在高海拔地区空气稀薄情况下的灵敏性和准确性。一是根据局放发生原理、测量手段、发电机组工作原理等与发电机组绝缘故障相关的技术标准，选择最安全、最可靠的工作硬件，在最有效的监测部位提取信号，在最安全的系统终端取得高质量的信号，为系统监测提供最佳基础。二是高频信号包含来自系统端的噪声信号，如果无法有效分离，会影响局放监测的有效性，系统的功能无法体现。有效的噪声分离技术是在线局放监测系统成功实施的重要保证。三是在数据分析方面的考虑，引入大数据对比、人工智能识别等先进 IT 技术，结合局放组绝缘数据库，构建了局放数据智能监测预警系统。

（四）过程管理

多布水电站局放过程施工包括耦合器、检测主机、工作站、服务器数据库及线路敷设等安装工作。一是组织学习，贯彻实施提出的新规范、新技术、新工艺、新标准。做好对施工技术和相关资料的积累保存，做到准确、及时、完整，与施工进度同步。二是严把过程关，尼洋河多布水电站局放在线监测系统安装项目包含软件及硬件设备的安装调试，施工难度大、技术含量高，公司派专人全过程监督施工，必须严格按照国家规范、标准施工，切实提高施工质量，确保预期目标实现。

（五）设备安装、调试

根据工程实际情况做好统一部署计划，按施工作业面编制具体流水施工计划和施工技术措施，对施工质量进行跟踪监督，按部就班地做好设备的进场、安装、调试等工作，如工作站检查、设备绝缘以及安装完成后的交流耐压实验等。严格执行工程技术标准，对不同部位不同的技术要求制订调试方案，公司技术人员认真组织实施，保质保量完成系统开通工作，并做好系统竣工资料的整理、归档。

三、项目收益

（一）经济效益

当发电机在正常运行时，定子绕组绝缘出现隐患，如不能及时发现，极易造成设备故障，而后出现发电机非停事故。查找并处理故障点并处理事故的时间保守估计为 30 天，多布水电站单机容量 $3 \times 10^4 \mathrm{kW}$，电价按 0.341 元计算，预估单机发电收入损失为 $0.341 \times 30000 \times 24 \times 30 = 736.56$ 万元。通过定子局放智能监测预警，可以最大限度地预防定子局放恶化导致严重的发电机故障，降低查找并处理故障使用的人力、物力投入。从同类机组的案例来看，机组的检修时间至少节约了 10 天，由此带来的经济效益是 246 万元 / 机组·检修周期。此经济指标核算仅对节约的生产效益做初步核算，尚未考虑其他包括非停损失、设备更换、验证试验、人员投入等相关因素。由此看见，该技术的推广使电站提高发电主设备生产及检修维护的效率，对完善电站经济运行、智能管理具有深远意义。

（二）社会效益

状态检修是目前电力工业生产公认的发展方向，是以设备的实际工作状况为依据，通过运用综合性的设备状态监测技术，能够准确识别故障的早期征兆，对具体故障部位、严重程度以及故障的发展趋势做出专业、准确分析判断，制订针对性维修方案。状态检修的实质基础是一个可靠的监测和预警系统。在定子局放智能监测预警系统的实施过程中，电站不仅可以积累极为宝贵的实践经验，同时收获了状态检修给企业带来的巨大经济效益，更重要的是为国家能源集团在藏后续电站开发向智能化、数字化发展打下了坚实的技术基础。

四、项目亮点

（1）最高标准的硬件选型，确保系统安全有效合理。提出用环氧树脂模铸，内含 80mm 厚度纯云母材料制成的 80pF 环氧云母耦合器，安装在发电机高压出线端，通过同轴电缆输出低压局放信号，安全有效采集高信噪比的高频局放信号，精准监测运行机组的局放高发部位。

（2）局放采集系统自动分离噪声，取得高信噪比数据。首创定时噪声分离技术，即将两两配对的耦合器侦测到的高频信号按照来源区分，以分离发电机外部的高频噪声干扰，确保监测结果的准确性。

（3）结合局放数据库，构建智能分析系统预判绝缘隐患。结合局放数据库，首创分类算法，构建局放数据智能分析系统，该系统可智能判断绝缘隐患的严重程度、发生位置，做出风险提示及建议处理措施，并具有机器自学习功能。

（4）模块化系统设计，预留全面状态监测的扩展性。提出了模块化系统设计方案，即系统从软件到硬件都采用模块化设计，预留后期可增加的模块，包括绕组端部振动监测、气隙监测、转子匝间短路监测等功能。

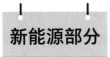

新能源部分

智能集控运行建设及深度应用

[国电电力新疆新能源开发有限公司]

案例简介

借助云计算、大数据、物联网、移动互联、智能控制、能源管理等技术，构建集规划、设计、建设、生产、维护于一体的智慧新能源平台。以通过计算机功能代替监盘人员工作为创新出发点，针对提升监控质量的情况下缩减从事运行监盘人员的数量、提升数据统计效率、开展设备挖潜及人才充分利用等问题开展创新思考，从集中监控、数据统计、运行分析、设备管理、人才整合五个方面入手提出了集控运行管理向智能化提升的理念，并将一些概念化的想法通过技术手段付诸实践应用，并取得了预期的效果，对集控运行智能化及公司智能电场建设工作有切实指导意义。

一、项目背景

随着国家"十四五"大发展规划和"碳达峰碳中和"目标的宣布，"绿色低碳发展，重构能源结构"的能源发展新战略提上新高度，新疆迎来了经济高质量发展重要战略机遇，国家能源集团也加大了在疆产业布局力度，"绿色转型，提升存量，开拓增量"成为未来一段时间国家能源集团发展的总基调。新疆新能源公司准确把握新发展大势，乘势而上，集中力量"做优存量，扩大增量"。截至 2022 年 12 月，公司总装机已达到 1057.5MW，已完成建设风电场 9 座、光伏电站 2 座、水电站 1 座、在运风机 624 台、逆变器 80 台、水轮机组 12 台，5 个新建光伏项目投运在即，各地州光伏、风电项目开发也在有序推进，多个项目已完成框架协议的签订，今后一个时期必将是新能源公司大发展的黄金期。

2019 年 6 月 25 日，国家能源集团国电电力正式发布了《新能源区域公司智慧企业建设标准》，该标准填补了国内新能源发电领域智慧企业建设标准的空白。国电新疆新能源积极响应，根据该标准内关于区域远程集控中心建设的要求，开启"远程集中监控、区域巡检维护、现场无人值班、统一规范管理"的新能源管理模式的建设，采用华风数据能源"互联网+"的智慧新能源的技术架构，快速实现远程集中监控系统实施并顺利上线。

二、技术方案

（一）智能集中监控

当前风机、逆变器设备的自动化程度都较高，主控PLC通过现场总线可以协调各个部件系统完成启动、偏航、并网、故障停机等操作。只需通过完善集中监控系统的数据采集量、不可复位故障列表、不同机型控制策略、运行值班专业知识库等信息，就可以实现通过计算机系统来替代监盘人员完成对风机SCADA监控系统进行的一些高频操作，实现运行监盘"无人驾驶"。对一些确需技术人员关注的异常信息，例如能管系统异常、两细则相关考核预判、风机不可复位或重复多次故障等，直接通过语音告警和信息、邮件推送的方式，在告知集控值班人员的同时，将相关信息以短信方式推送至现场检修人员和对应职能管理人员，进行故障确认或开展消缺工作。通过计算机功能代替监盘人员工作，在提升监控质量的情况下缩减了从事运行监盘人员的数量，使这些人员有更多时间投入风机性能提升、生产管理及经营管控工作中，进而达到提升企业效益的目标。

智能集中监控系统结构如图1所示。

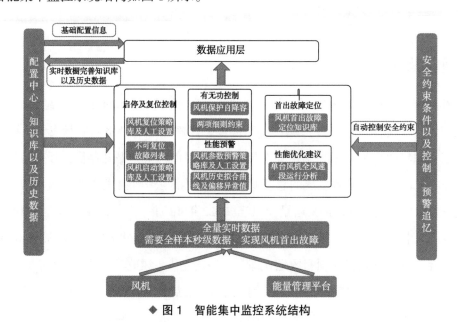

◆ 图1　智能集中监控系统结构

（二）智能数据统计

完善风机运行状态辅助判断，实现风机亚健康运行判断、故障发生后首出故障的定位、风机自降容状态、风机限电状态等，将理论电量平衡分析法中涉及损失电量所需要的状态细分，同时对各项状态对应损失电量统计区分优先级，实现精准区分、细致统计。其次是定制开发"报表填报助手"和报表上报任务脚本，实现报表"一键填报"及自动推送。目前，新能源公司已完成国电电力日报填报助手（见图2）、OMS报表填报任务脚本（见图3）、ERP系统报表工具的开发并投入使用，报表填报时间在原有基础上再次缩减，大幅提升了数据填报效率。通过使用自开发的报表填报助手，新能源公司按照原有填报方式，完成8个风电场、2个光伏站报表报送需要耗时约30h的报表填报工作，现在仅需点击几次鼠标，在半小时内即可完成相关报表报送，大大缩减了报表填报的时间。同时，通过软件填写报表，数据能保证100%正确，有效提升了数据归口统计质量，在较大程度上减轻了运行人员填表工作负担，也使得运行人员在进行报表工作时能够兼顾监盘工作。

◆ 图2　国电电力 MIS 日报填报助手

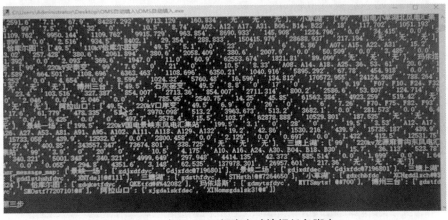

◆ 图3　省调 OMS 报表自动填报任务脚本

一是使用 .NET Framework 开发客户端应用程序，使用 .NET Framework 的 webBrowser 控件操作网页，使用程序自动打开报表网站，自动填写账号及用户名并登录网站，将算好的 Excel 报表中的各项数据按照事先设定好的对应关系，利用程序自动填写至网站报表中，实现了数据填报动作的自动化。

二是使用 Python 编程语言进行程序开发，使用 Openpyxl 组件打开数据分析系统中导出的包含需填写至网页报表系统中数据的 Excel 报表，读取所有报表文件的信息，按照读取数据中记录的场站信息，使用 Selenium 组件，调用通过 IE 内核驱动启动浏览器，程序读取填报数据。两种填报助手的应用都实现了网站登录、页面切换、账号密码输入、数据填报等一系列流程的自动操作，大大缩减了填写报表所需耗费的人力与时间。同时，通过软件填写报表，能保证数据填报 100% 正确，有效提升了数据归口统计质量。

（三）智能运行分析

通过大数据系统实现生产经营指标横纵向对比分析及单机运行指标对标分析、场际对标分析、项目对标分析等，并实现初步运行分析报告自动生成功能。专业技术人员可依据系统分析报告有针对性地开展深度挖潜，做优经济运行。

（1）智能运行分析，助力设备挖潜，加深经济运行分析数字化应用（见图4），通过海量数据统计，深入开展生产经营指标横纵向对比分析及单机运行指标对标分析、场际对标分析、项目对标分析，运行分析报告自动生成，技术人员依据系统分析报告有针对性地开展深度挖潜。应用实际设备运行工况与标准运行工况对标，实现设备深度挖潜，及时发现并解决设备性能损失，提升设备利用率。

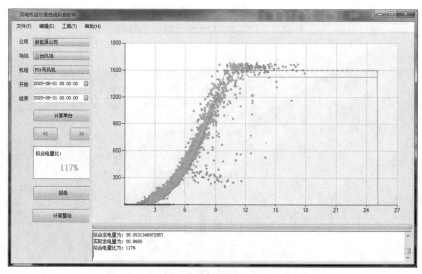

◆ 图4 风电机组功率曲线拟合软件应用

（2）KKS编码体系建立，助力绩效管理，借助KKS编码建立设备电子台账，并与日常运维工作信息联动，推行设备生命周期台账管理，做到设备检修合理、科学安排，提升设备及场站的利用率。结合系统分析结果，实现初步做优经济运行。将经济运行分析结果应用至公司、部门、场站、班组绩效考核管理工作中，实行部门、支部、场站积分量化管理、专项工作"夺旗"行动及指标竞赛等活动，实现绩效量化积分与生产经营管理、设备健康指标（见图5）、场站利润贡献度动态联动。

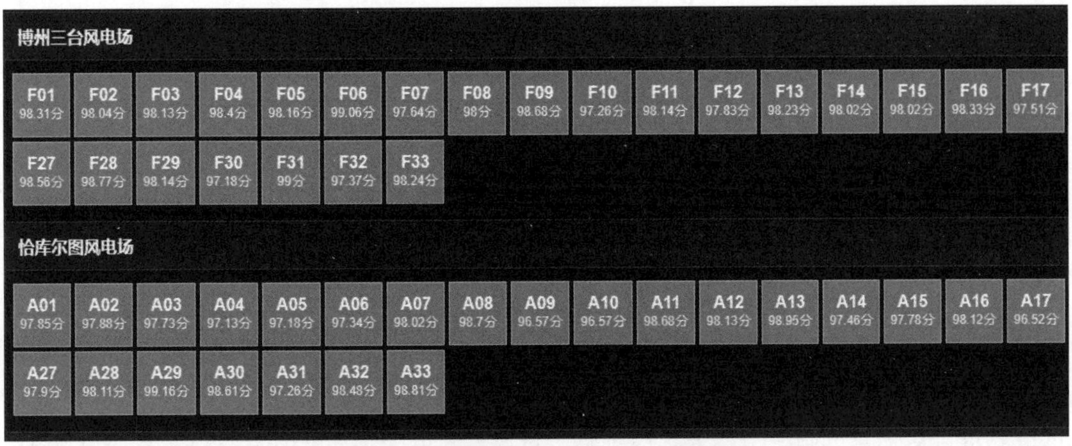

◆ 图5　设备管理数字化应用——健康矩阵

（四）智能设备管理

（1）智能预警管理，协同高质量设备管理，获取设备运行周期全量数据样本开展建模分析，部署设备健康矩阵及健康分析，通过对机组运行历史数据分析，借助"风机叶片远程听诊噪声分析"（见图6）、"风机功率曲线拟合分析"、"风机大部件AI预警管理"（见图7）等手段，实现设备运行状态在线监测及故障预警分析。

◆ 图6　风机叶片远程听诊系统应用

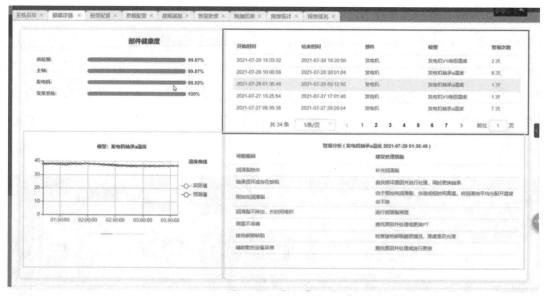

◆ 图7 风机大部件 AI 预警管理应用

（2）动态健康诊断，保驾高质量设备管理，结合数据分析系统中的设备故障统计实行设备故障分类、分级管理，集中开展频发、多发、阶段性故障隐患专项治理，搭配设备异常参数报警及预警机制应用，实现设备状态检修代替故障检修，有效降低了设备故障率，提升设备运行稳定性、可靠性。

（3）"一机一册"电子档，加持高质量设备管理，建立集中监控系统与数据分析系统间的动态联动，实现设备生命周期内故障、维护信息随机组运行状态切换自动获取统计，建立集中监控系统与数据分析系统间的动态联动，实现设备生命周期内故障、维护信息随机组运行状态切换自动获取统计，建立"一机一册"的设备电子档案，完善检修维护周期规定，形成维护倒计时提醒机制，实现状态检修替代故障检修。

（4）风机叶片覆冰预警，护航冬季运行，结合冬季环境湿度大的地区易出现叶片覆冰情况，轻微覆冰时机组仍可持续运行，严重覆冰则需对机组进行停机，避免机组因叶片载荷过大而导致设备转动部件磨损或载荷不均导致倒塔等不安全事件。针对叶片覆冰运行，新疆新能源公司运行人员依据工作经验总结出风机叶片覆冰运行判定逻辑，并将风机覆冰运行判定依据写入集中监控系统智能预警模块内，通过编程逻辑转化为设备运行判定依据，对风机是否处于覆冰运行状态、处于何种覆冰运行状态及逆行判定，并对判定出有覆冰运行可能的机组增加图标提示及语音弹窗告警（见图8），并赋予不同程度的覆冰状态不同颜色的覆冰图标和告警条目显示，直观形象地给予运行指导，极大地减少运行人员监盘工作量。

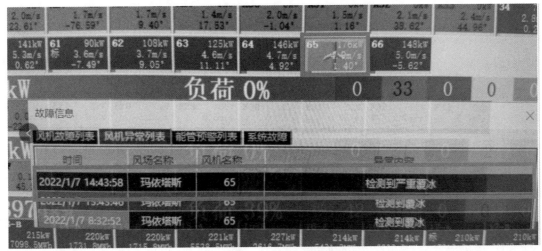

◆ 图8　叶片覆冰告警应用

（五）智能人才整合

优化人员结构，整合人才资源，将原本被束缚在运行监盘、报表填报、数据分析等工作上的人员依据个人优势进行重新分配。知人善用、人尽其才，把人才放到适合的岗位上，充分发挥人才作用，建立生产技术专家人才库，重点开展重点、难点问题专项分析及技术指导工作。充分发挥网络通信功能作用，推广场区工业互联网（LTE）/5G网络全覆盖，检修工作实现专家库人员远程安全监护及技术指导，提升检修质量。日常故障处理及设备检修维护工作时，专家库人员通过视频可视化管理进行远程安全监护及技术指导。

在梳理总结新能源发电厂集控运行管理的优势和经验的基础上，从集中监控、数据统计、运行分析、设备管理、人才整合五个方面入手，初步提出了集控运行管理向智能化提升的理念，同时与相关集中监控及数据分析系统研发人员沟通，《监控中心智能值班的研究与探索》的创新理念中所提出的功能及设想均能通过系统功能完善及专用模块开发定制便可实现，对集控运行智能化及公司智能电场建设工作有切实指导意义。

三、项目收益

（一）直接经济效益

（1）智能集中监控节支。原监控系统下，生产监控中心4个运行班组开展运行监视工作，共计12人。使用智能集中监控系统，利用计算机功能代替监盘人员工作，在提升监控质量的情况下缩减了从事运行监盘人员的数量，每个班组减少1人，共减少4名运行人员，按照人均工资400元/天计算，单日节省运行人工成本1600元，每年可节支54.4万元。

（2）智能数据统计节支。一个场站每日两名值班人员开展报表工作，值班人员日均工资为 400 元，人工填报国电电力 MIS 日报、省调 OMS 报表、ERP 电力数据报表及集团日报填报所需时间为 3h，新能源公司 10 个场站完成报表用时需 30h，采用报表填报助手及报表填报任务脚本完成 10 个场站报表报送仅需 0.5h，每天节约 29.5h，折算人工工资491.67 元 / 人，每日节支 983.33 元，每年可节支 35.89 万元。

（二）社会效益和间接经济效益

国电电力新疆新能源开发有限公司提出的生产监控中心智能值班的研究探索，尤其是针对将 9 个风电场、2 个光伏电站、1 个水电站，共计 11 种机型的 624 台风机和 3 种机型的 80 台逆变器纳入统一集中管控的智能值班探索研究，在行业内是较为前端和具有优势的，可应用推广至更多的新能源企业。

同时，该理念在国电电力新疆新能源公司的应用，对于监控中心人员结构优化、减少人员工作量、提升日常工作质量等方面有了较大程度的改善和提升。随着一些软硬件系统的完善，生产监控中心智能化建设将有更为显著的提升。

通过智能集中监控、智能数据统计两个模块应用情况分析，切实有效地节省了从事运行工作的人员数量，同时开展报表工作需花费的时间也显著降低，按照人均 400 元 / 天的成本折算，公司年均节支约 90 万元。同时，将原本从事运行工作的人员投入设备健康管理及经济运行工作中，深挖设备潜能，实现设备利用率最大化，加持管理提升的效果，实现公司效益提升的目标。

四、项目亮点

以通过计算机功能代替监盘人员工作为创新出发点，针对提升监控质量的情况下缩减从事运行监盘人员的数量、提升数据统计效率、开展设备挖潜及人才充分利用等问题开展创新思考，从集中监控、数据统计、运行分析、设备管理、人才整合五个方面入手提出了集控运行管理向智能化提升的理念，并将一些概念化的想法通过技术手段付诸实践应用，并取得了预期的效果，对集控运行智能化及公司智能电厂建设工作有切实指导意义。

生产监控中心智能值班在研究探索过程中提出的智能集中监控、智能数据统计、智能运行分析、智能设备管理及智能人才整合的理念已在公司生产监控中心投入应用，对于监控中心人员结构优化、减少人员工作量、提升日常工作质量等方面有了一定程度的提升和优化。随着一些软硬件系统的完善，生产监控中心智能化建设将有更为显著的提升。

五、荣誉

（1）2021年"监控中心智能值班的研究与探索"荣获国电电力发展股份有限公司2021年科技进步二等奖；

（2）2021年"监控中心智能值班的研究与探索"荣获新疆维吾尔自治区总工会劳模引领性优秀创新成果奖；

（3）2021年"监控中心智能值班的研究与探索"荣获全国电力行业设备管理创新成果二等奖；

（4）2022年"新能源电场智能集控体系的应用和再提升管理"荣获新疆维吾尔自治区企业联合会、企业家协会、工业经济联合会第十一届新疆企业现代化创新成果二等奖；

（5）2022年"新能源电场智能集控体系的应用和再提升管理"荣获新疆维吾尔自治区新疆维吾尔自治区总工会劳模引领性优秀创新成果奖；

（6）2019年"风电机组功率曲线拟合软件V1.0"取得计算机软件著作权登记证书，并荣获中国电力技术市场协会会2019—2020年度电力行业创新应用成果银奖成果。

新能源智能集中控制平台

[国华投资蒙西公司]

案例简介

蒙西公司以智慧企业建设为依托，打造了新型"集控生产模式"，实现企业经营管理全覆盖和"六统一"，即数据统一存储、设备统一监控、状态统一分析、安全统一管理、人员统一指挥、物资统一调配。通过集中监控、无人值守、区域化管理等模式创新实现人员效率大幅提升；通过数据智能分析、健康诊断、故障预警推动预防性检修，减少机组故障及维护成本；通过智能安防、智慧管理系统、智能穿戴设备等，有效覆盖基建、生产的全过程管理，提升安全水平。在新能源智能集中控制平台集约化管理下，公司生产运营开启了新篇章。

一、项目背景

党的十八大以来，习近平主席高度重视智能化在基层社会治理中的作用，提出要全面贯彻网络强国战略，把数字技术广泛应用于各个领域，推动数字化、智能化运行。

为贯彻党中央的指示精神，蒙西公司以前瞻性的目光实施战略部署，积极适应新能源大发展需求。面对人力资源减少、场站环境恶劣、人员设备较为分散的现实，启动智慧企业建设，从战略、文化、组织、业务、技术等方面规划了一条符合新能源发展的智慧管理体系；通过加强智慧企业建设解决生产管理、安全风险、资源调配等方面存在的问题，进而建设新能源智能集中控制平台，增进生产管理和运营水平。

二、技术方案

通过建设智慧运营集控中心先进管控平台，在场站部署智能传感设备，结合管理模式的改变，最终实现公司所辖电站的智慧运营管理。具体技术思路如下：

（1）实现公司范围内电场生产数据按需采集、统一管理，实现数据的"采存管通"。

进行通信链路改造、生产控制大区服务器国产化改造、系统优化，通过集成化、数字化、可视化等技术实现设备的远程监视控制。

（2）提供便捷、高效的数据分析及服务开发工具，满足横向专业融合、数据孤岛打破业务壁垒，纵向贯穿各个管理层级、沉淀的管理经验和数据资产。

（3）实现新能源数据标准化、规范化管理，实现数据汇集、分析、发布，变数据为企业资产，支撑公司数字化转型、智能化转型。

（4）生产管理应用系统、故障预警系统、基于可视化展示等应用融合先进信息技术，助力场站"无人值班、少人值守、集中调度"智能、高效化运维模式的有效开展，降低运维成本，提升设备、电站运行效率。

（5）基于大数据平台的应用创新，以区域 KPI 指标为指引，统一管理区域新能源场站，同时挖掘新能源数据价值，扩展数据业务范围，与场站、集团形成三级架构。

（6）打通数据业务的纵向流通，实现业务统一展示、统一告警、协同指挥，提升整个区域电场管理效率。

（7）建设智慧风电 / 光伏电站系统，依托目前已经建成运营的集中监控系统、大数据平台等，完善、部署生产管理系统、集中功率预测系统、设备健康管理等高级应用软件及所需的硬件、支撑软件等。

（一）业务模式技术架构

数据驱动，线上线下融合，区域化运营，无人化值守。通过线上和线下相结合的业务模式，实现电站"远程集中监控、区域共享服务、场站无人值守"，实现全面的计划管理，提高运营效率，降低运营成本（见图1）。

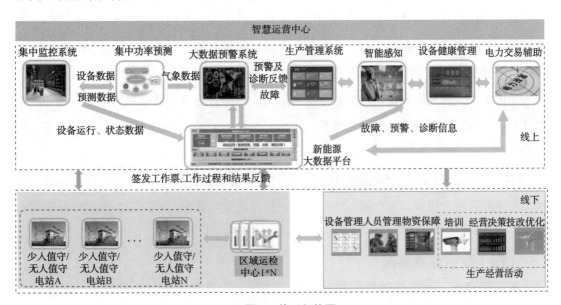

◆ 图 1　体系架构图

新能源智能集中控制平台（集控＋高级应用），对所辖新能源场站进行集中监控、设备健康状态监测（设备故障预警、智能感知分析）、集中功率预测、电量辅助交易以及全面生产过程管控、统一调度指挥。

（二）网络技术架构

根据国家能源局 36 号文《电力监控系统安全防护方案》，满足"安全分区、专网专用、横向隔离、纵向认证、综合防护"的整体要求。

新能源智能集中控制平台的硬件配置按照常规配置，配置服务器、工作站、交换机、路由器、防火墙、纵向加密、正反向隔离、磁盘阵列、GPS 时钟、打印机等硬件设备。

每个场站至集控中心部署 3 条专线，其中生产控制大区部署 2 条电力专线，用于生产控制大区传输数据。信息管理大区部署 1 条运营商专线，用于视频监控、消防监控等数据传输需求。新能源网关（部署在场站数据采集服务器）与大数据平台将采集与汇集风机、光伏、升压站、储能设备、光资源环境监测、测风塔、工单、物资、流程、生产管理、视频监控、智能感知等风电场全维度可采集数据。实时数据采集功能由前置采集系统完成，前置采集系统根据协议和配置，连接数据源设备，进行实时采集数据。系统采集到设备数据之后，进行数据预处理，把原始采集数据、计算后的统计数据按照定义的信息模型，通过数据转发模块传输到中心端。同时，采集系统接受从中心端下发的控制命令，转发给场站端的各个设备。

（三）软件技术架构

整个新能源智能集中控制平台采用服务化的设计，将各个应用整合到一个系统中。系统的设计从功能分区的角度来看，分为公共支撑组件服务和业务支撑组件服务两大部分。

（1）分层设计。业务支撑组件服务就是通俗意义上的支撑业务功能的核心部分。从分层的角度来说，新能源智能软件分成三个大层，应用层、业务领域层和数据层。公共支撑组件是除了核心的业务支撑组件之外的，供系统的各个层使用的公用组件，这部分不做分层设计。

（2）服务化设计。各个功能采用根据高内聚、低耦合的设计原则设计，设计成功能内聚、可单独部署的服务。各个服务之间通过消息总线交互数据，通过服务总线做服务间的调用交互。

（四）数据技术架构

基于跨业务、跨系统的数据融合方案，建设企业级数据中台，将数据标准体系建立、数据治理、数据聚合、数据共享、数据管理相结合，利用现代信息和先进通信技术等手段提升数据质量，全量接入场站数据，实现场站全息感知、信息高效处理；同时对数据接入、传输、存储、转发等环节进行标准化，对上层应用"统一设备"；基于"数据+业务"中台的构建方式，建立数据中心，对数据进行运营，将可复用的数据、服务快速共享；通过标准化的数据打通各系统之间的数据流，优化网络结构，为后续系统功能扩展以及新系统开发提供统一的平台和数据源，使智慧运营系统建设的综合效果最大化。

为减少各系统数据存储冗余问题、数据获取效率低的问题，有必要基于数据中台贯通各系统之间的数据流，将各系统的数据需求、数据源端和数据交换统筹规划及存储，并通过数据提供服务引擎向各应用系统提供数据获取及交换服务。基于集控系统建设经验，梳理各业务系统对外部的数据需求、数据源端和数据交换需求，打通数据中台与集控及报表、集中功率预测、电量辅助交易、智能感知等系统的数据接口。

为统一数据入口、减少各系统数据重复计算问题和提升部分实时计算任务性能，引入大数据中台，将聚合的全域业务数据进行数据分域预处理和数据分层预处理（见图2）。

生产运行		生产运维		运营管理	
资产	运行	运维	物资	安全	管理
气象	状态	缺陷	备件	隐患	KPI
地理	故障	工单	物料	风险	计划
设备	出力	任务	工器具	事故	日志
电场	电量	服务请求	车辆	举措	文档
组织	损耗		人员	检查	
模型	效能				

资产运行数据
生产管理数据
综合运营数据

◆ 图2　数据分域及数据分层

以数据为视角，数据要发挥实际价值，数据主题域的规划非常重要。通过业务域和数据域的匹配，形成具体数据主题。数据主题是数据治理的基础元素。将数据按照数据的业务属性进行分类及打标签，形成资产运行数据、生产管理数据和综合运营数据三大类一级主题域，资产、运行、运维、物资、安全和管理六类二级主题域，支持基于业务类别，高效完成数据查询和计算任务（见图3）。

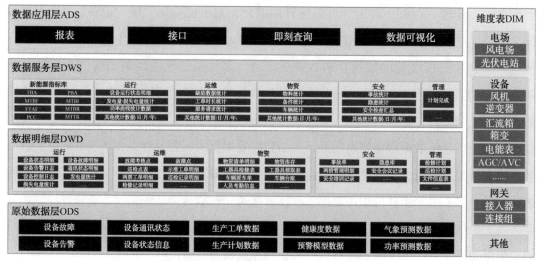

◆ 图3 数据主体域分层情况

同时，将数据按照数据的应用属性进行分类存储，数据的应用属性可以分为原始数据、中间数据、应用数据三类，支持为各业务系统的各类应用提供不同应用层次的数据，提升应用的实时性能。

三、项目收益

通过集控运维的先进模式，压降成本 1.78%，人均创收达到 632 万元，人均创效达到 341 万元，各项经济指标达到行业一流水平。

四、项目亮点

通过集中监控、无人值守电站的建设，公司减员增效水平突出，生产一线人员实现定额减员 54%，每万千瓦装机用工人数降为 0.95 人。

通过集控运维的先进模式，提升了设备可靠性，公司连续两年（2019 年、2020 年）荣获中电联年度全国风电场生产运行指标对标"AAAAA 级"风电场称号。

五、荣誉

2022 年"新能源智能集中控制平台"荣获内蒙古自治区电力行业协会的 2022 年度职工技术创新成果三等奖。

基于云边融合架构的新能源智能应用平台

[龙源（北京）风电工程技术有限公司]

案例简介

按照龙源电力生产数字化转型建设规划，根据新能源场站及省公司点多面广、网络脆弱和生产运营需求，改革以往"烟囱式""孤岛式""粗放型"系统建设模式，将云原生、人工智能、物联网与行业融合，建设龙源电力智能应用平台。"应用多样、配置极简、动态伸缩、高效运维"是智能应用平台的建设目标，平台既包括底层的服务器云管平台，也包括上层的算法应用平台。其中，服务器云管平台采用国产开源 OpenYurt 容器化和分布式集群调度编排技术，以及利用 KubeVirt 提供容器化和虚拟机，实现边缘侧基础设施资源的统一管控和调度；上层算法应用采用国产开源 PaddlePaddle 自研深度学习框架，利用多算子融合技术加速图像分析，通过"中心训练，场站应用"系统架构，提升安全监管效率。

一、项目背景

龙源电力实施生产数字化转型，数字化平台已覆盖新能源场站 200 余个，风电、光伏新能源设备超过 1.4 万台，视频信号超 5 万路，IoT 设备超 10 万台，超过 4000 名作业人员和 540 台车辆、船舶实现实时定位，数据总量超过 4500 万点。

该数字化平台目前是全球新能源领域已知最大的数字化平台。一是健全监管方式，实现设备数据、人员行为数据、视频音频数据等远程全面感知。二是利用全域摄像头、无线网络构建多业态、多层级、多灾种的综合在线监控"天眼"系统，实时监控人员作业情况，远程检查人员"三违"行为。

二、技术方案

（一）技术原理

智能应用平台的建设目标是"应用多样、配置极简、动态伸缩、高效运维"，平台既包括底层的服务器云管平台，也包括上层的算法应用平台。

服务器云管平台采用 OpenYurt 国产开源容器化和分布式集群调度编排技术，基于云原生技术体系的智能边缘计算平台。一是具备强大的边缘自治能力、保障场站节点在弱网情况/总部节点异常状态下，业务仍按照既定设置正常运行；二是跨地域网络通信能力、解决龙源全国30个省份200余个场站不同网络体系的通信能力；三是多地域资源与应用管理，实现龙源现有的视频监控/记录仪管理/无人机管理/视频分析/振动监测/叶片监测等多类型的应用部署和资源划分；四是设备管理能力，实现场站服务器/边缘设备/机器人/记录仪/无线AP等多种IoT设备的管理和升级。

算法应用平台采用PaddlePaddle国产开源深度学习框架，PaddlePaddle以多年的深度学习技术研究和业务应用为基础，集深度学习核心框架、基础模型库、端到端开发套件、工具组件和服务平台于一体，通过"模型部署—预警分析—告警汇聚—模型训练—模型下发—模型部署"方式实现模型闭环管理，实现算法模型不断优化和自学习能力，提升算法模型准确率。

（二）实施方案

智能应用平台项目整体实施贴合龙源电力的生产运营模式、组织管理模式。采用云原生的分布式架构，实现总部管理节点、省公司中转节点、场站分析节点的三级架构的融合应用。

总部平台是管理节点，实现集中纳管、资源分配、应用下发等管理职能，并且提供模型训练、模型部署、数据标注、第三方应用迁移验证等后台升级和验证；也是平台整体运维节点，实现全国范围的硬件设备、软件应用、算法分析的集中监控、统一运维。

省公司节点是中转节点，实现视频监控、记录仪、无人机等大带宽业务的省级部署，降低视频图像音频对带宽占用；实现IoT升级转发、分析数据转发、模型转发等中转业务。

场站节点是分析节点，实现视频分析、音频分析、无人机分析、振动数据分析等多类型算法分析，动态提供IoT管理、IoT升级、模型升级等业务应用。

（三）核心技术应用

云原生的边缘计算架构，可以实现边缘自治、跨域网络通信、多类应用分配、设备管理；相比较传统的虚拟机，容器化应用的资源占用更少，操作步骤更简洁，启动速度更快，体积更小。

IPv6网络应用和架构优化，场站侧全域的IPv6单栈大规模应用，总部侧的IPv6/IPv4双栈大规模应用，促进网络简化，降低成本，风险暴露面少；并且实现固定端、移动端的统一应用。基于龙源电力的树型拓扑结构，设计和优化网络流量分发监控，从网状拓扑结构升级为树形拓扑结构。

算法应用实现"边缘计算、总部训练"的闭环应用，结合计算机感知对人员生产作业、设备运行状态和环境不安全因素进行全方位监督管理，提升龙源电力安全生产、运行和管理的智能监控手段。

三、项目收益

（一）经济效益

共计实施项目 180 余个，合同总额 5300 万元，实现新增利润约为 485 万元。其中，2022 年合同总额 3300 万元，实现新增利润 301 万元；2023 年合同总额 2000 万元，实现新增利润 184 万元。

（二）社会效益

（1）首次将云原生、人工智能、物联网大规模应用于新能源生产建设，促进先进电力技术与新一代数字信息技术融合应用，进而为我国实现"双碳"目标提供助力。

（2）深度结合新能源电力行业特点，为智能化技术的应用提供统一的基础能力和孵化建设服务，为智慧新能源体系的建设与完善提供重要的能力支持和技术保障，突破不同系统之间的技术壁垒，打破软硬件绑定惯性思维，推动新能源行业的智能化升级。

（三）降本增效

技术升级降低场站硬件投入成本，其中，硬件服务器减少 240 台，节省采购成本 1200 万元；计算卡减少 900 张，减少采购成本 900 余万元，累计节省 2100 余万元；基于云原生的容器应用提升场站应用运维效率 75%，以龙源场站 26000 台无线 AP 的 IoT 升级计算，工期从 6 个月缩短至 1 个月，全国专线网络带宽占用降低 98%，研发人力成本节省 50 万元 / 年；基于人工智能的视频算法分析增加单人效率，全国 30 个省级监控中心和总部监控中心的人力从 100 人降至 30 余人，单人效率提升 300%，有效减少中高风险的人力投入。目前，智能巡检分析模型准确率达 95% 以上，系统响应效率从小时级提升到分钟级，巡检整体效率提升 6~10 倍。

四、项目亮点

本项目融合云原生、人工智能和物联网等先进技术引入新能源场站，开发新能源智能应用平台，平台既包括底层的服务器云管平台，也包括上层的算法应用平台。实现"应用多样、配置极简、动态伸缩、高效运维"，与龙源电力已有数字化平台进行融合互补，通过智能化手段支撑场站侧的安全生产管理效率，降本增效。主要技术创新点：

（1）首次将云原生容器技术、KubeVirt 技术、国产开源技术框架融合应用新能源领域，构建全局统一、边缘自治的硬件资源池化，实现业务任务运行环境容器化 / 虚机化并存，按需调度和计算，为场站智能应用奠定云网底座，实现云边多级应用全生命周期管理。

（2）设计了基于工单两票的算法启停调度机制，提出并实现视频、图像、时序等多类型算法的协同应用，提升场站智能应用的效率，通过主动学习、半监督和增量学习简化模型迭代难度，一站式完成 AI 模型训练优化。

（3）首次实现 IPv6 单栈技术在新能源领域的大规模软硬一体化应用，实现 IoT 物联应用、视音频图像应用、视频监控应用等多类型应用共存。

智能应用平台是目前新能源行业最大的基于云原生、人工智能、物联网技术的智能化应用，覆盖龙源全国 187 个场站 12869 台风机，服务器节点超过 440 个，分布在 180 余个场站和 30 个省公司，接入摄像头超过 3 万路，支持应用系统包括视频监控 / 记录仪管理 / 无人机分析 / 视频分析 / 振动监测 / 叶片监测等多类型。

五、荣誉

（1）2022 年"基于云边融合架构的新能源智能应用平台"荣获人民日报的 2022 产业智能化先锋案例；

（2）2022 年"基于云边融合架构的新能源智能应用平台"荣获国家工程研究中心的飞桨产业应用创新奖；

（3）2022 年"基于云边融合架构的新能源智能应用平台"荣获云原生技术实践联盟的"2022 最佳云原生行业实践奖"；

（4）2022 年"基于云边融合架构的新能源智能应用平台"荣获央视新闻的《正直播》重点报道、《人民日报》的重点报道。

基于人工智能深度学习的风电功率预测技术研究和应用

[龙源（北京）风电工程技术有限公司]

案例简介 　该项目利用深度学习方案，主要研究内容包括适用于风电功率预测建模数据异常点智能判别与还原技术，以提高风电功率预测建模数据质量及完整性。利用时序大数据进行模型训练和融合优化，以得到增强模型，获取更为精准的预测结果。将训练系统进行可视化展示，提高训练过程的可追踪性及可视化程度。

一、项目背景

由于新能源发电固有的强随机性、波动性和间歇性，大规模风电并网给电力系统安全稳定运行带来重大挑战。

各地电网公司对风电功率预测考核日趋严格，且随着电力交易规模逐步扩大，对风功率预测精度提出了更高要求，市场上服务厂家的竞争日趋激烈。

对风电场进行功率预测，使电力调度部门能够提前调整调度计划，保证电能质量，降低电力系统运行成本，这是减轻风电对电网造成不利影响、提高电网中风电装机比例的一种有效途径。

风电功率预测的难点在于如何对时序大数据进行高精度建模，而深度学习恰恰是解决该问题的一种极好的工具。国外服务厂家利用人工智能深度学习进行风电场功率预测的方法取得了较好的效果。为与国际最新技术接轨，提高企业竞争力，做好大规模电力市场交易的准备，该项目利用深度学习模型对风电功率预测技术进行了研究与应用。

二、技术方案

（一）技术原理

风电功率预测的难点在于如何对时序大数据，在既定设备性能同等或类似前提下，进行高精度建模，而深度学习恰恰是解决该问题的一种极好的工具。首先，深度学习本身正是一种基于大数据的建模与分析技术，在数据不足或不能实时组合之时，深度学习反而难以发挥其优势。它的基本模式不需要许多预处理工作，在经过大量数据的训练之后便可自动调优网络参数。另外，利用其特有的 GPU 加速计算等运算优化方式可以快捷地提取数据内在特征，满足设备异常检测的时效性要求。因此系统自主自动，是机器深度学习，能够最大限度地保留数据内在信息，很好地消化系统数据量庞大的问题，累积涓涓细流营造人工智能。

（二）实施方案

为了平稳可靠地提高风电功率预测的准确度，本项目将在综合现有预测技术的基础上，优化现有预测系统，并基于深度学习技术研究新的基于深度神经网络的预测方法，以及研究多模型融合优化技术，实现模型融合器，实现对现有预测模型及新开发的深度神经网络模型进行融合，优化提高预测的准确度。另外，该融合器具有一定的普适性，未来可加入更多的预测模型，也可以通过该模型融合器进行融合优化，从而实现更精准的预测效果。上述系统将架构在大数据在线计算平台之上，并实现系统计算模型的自动演进。

本项目的技术架构将自底向上形成四层分层架构，依次为大数据基础设施层、历史及实时数据层、模型层和模型融合层。

底层为承载海量风电时序数据的大数据软硬件基础设施层，该层为本项目提供风电大数据存储和计算基础技术支持，实现系统在线计算，每日自动修正预测偏差，实现计算模型的自动演进。

中下层为数据层，本项目将综合利用多种数据源研究风电功率预测及优化技术，包括气象数据、风机数据、地形地貌数据、实际功率数据、历史预测数据等。

中上层为算法模型层。本项目将自主设计开发适合于多步短期风电功率预测的深度神经网络，为现有预测系统的优化研究动态折减数据挖掘算法，最后为多模型融合研究多模型融合优化算法。

最上层为模型融合层，本项目将通过对多种模型的预测结果进行融合优化，通过挖掘各个模型的优势，实现优势互补，从而提高预测的精准度。

（三）核心技术应用

（1）风电功率预测建模数据异常点的智能识别和还原。利用 3σ 准则、随机森林、k-means 算法以及经验模型进行异常数据识别和还原，将风机数据、气象数据、风电场信息作为模型输入数据，通过多模型迭代计算，获得实际风速下对应的理论功率模型，识别历史数据中阈值百分比的异常点，将异常点反代入理论功率模型中，得到异常点的理论功率。该自主研发的风电功率预测建模数据异常点智能判别与还原方法，提高了风电功率预测建模数据质量及完整性，为后续模型精准预测奠定高质量数据基础。

（2）适用于风电功率预测的深度学习模型。搭建了适用于功率预测的多输入单输出 MISO、单输入单输出 SISO、单输入多输出 SIMO、多输入多输出 MIMO 四种模型。模型输入变量包含数值天气预报数据（包括湿度、温度，短期风速、短期风向、气压）、历史风速以及历史功率。经过卷积层、全连接层以及拼接层的处理之后，输出预测功率等变量结果，网络训练使用深度神经网络优化算法 Adam，包含了 LSTM 网络层、CNN 网络层、MLP 网络层。利用岭回归模型 RR，将 MISO、SISO、SIMO、MIMO 四种深度学习风速预测模型进行融合，反复迭代，当迭代训练结果优于四种模型的最优结果时，进行调参后继续迭代优化，直至融合结果达到最优。将最优模型应用在三个风电场进行在线实测，持续时间 3 个月，结果表明，最优模型较现有算法准确率可提高 2%~5%。

（3）可视化模型训练预测系统。为使各类深度学习方法过程结果快速实现，本项目设计完成一种可视化功率预测训练系统，该系统可快速实现数据输入、测试，查看结果全过程，能够展示多时间尺度、多要素折线图和数据标准化后的折线对比图。模型训练系统包括四个模块，分别为数据可视化模块、模型训练模块、功率预测模块、模型恢复模块。开发完成一套可视化深度学习功率预测系统，利用其可快速选择输入数据，并选择不同深度学习网络进行训练，并将预测结果可视化展示。

三、项目收益

（一）经济效益

（1）减少运维导致电量损失，以 10×10^4kW 装机容量的风电场为例（年可利用 1900h），将风机检修维护时间调整到小风无风时段，假设可提高 0.5% 年发电量，单个风电场可产生经济效益约 9.5 万元 / 年，300 个风电场（装机容量约 3000×10^4kW）每年产生约 2850 万元经济效益。

（2）减少采购费用，龙源电力风电场使用自有产品，不仅降低了建设费用和运维成本，并且提高了工作效益和质量，每年产生超过 4500 万元经济效益。

（二）社会效益

（1）电网调度部门依据风电场上报的风电功率预测数据及时发布调度指令，能够保证电力系统安全、稳定运行。

（2）随着全国风电装机容量的不断增加，各省电网调度开始对风电功率预测工作实施更为严格的考核制度，比如逐点考核预测绝对误差或者参考考核结果对风电场排序限电。

（3）稳定可靠的风电功率预测可以明显提高风电场在区域电网考核中的排名，显著减少风电场因风电功率预测考核产生的费用，或者因考核导致的发电量损失。

此外，风电场可参考风电功率预测结果，在无风和小风时段安排风机检修和维护计划，及时消缺，能够有效提升风机可利用率。

（三）降本增效

稳定可靠的风电功率预测可以明显提高风电场在区域电网考核中的排名，使风电场优先上网发电，显著减少因电网调度弃风限电甚至罚停导致的发电量损失。此项保守估算，以 $10 \times 10^4 kW$ 装机容量的风电场为例（年可利用 1900h），该项可提高约 1% 的年发电量，150 个风电场（装机容量约 $1500 \times 10^4 kW$，按一半在限电地区考量）每年产生 15000 万元经济效益。

四、项目亮点

该项目利用深度学习若干算法和模型对风电功率预测技术进行了研究和应用，项目提出了基于 3σ 准则、随机森林、K-mean 算法的风电功率预测建模数据异常点智能判别与还原方法，提高了风电功率预测建模数据质量及完整性。建立了基于多模型融合的岭回归风电功率预测模型，提高了模型对实际风电功率变化的适应性，改进了模型预测水平；研制了适用于风电功率预测的可视化模型训练预测系统，可选择不同的历史数据和深度学习网络进行训练，并且将功率预测结果可视化展示。项目成果经中国电力企业联合会评审，达到国际先进水平。

该功率预测系统为国内新能源运营商中唯一一家自有产品，应用在龙源电力、国电电力 300 余个场站，准确率达 90%。项目组积极联系国内外同行业厂家进行对标，准确率整体领先同行 2.2%。国外对标方面，与德国、丹麦功率预测厂商进行了 17 个场次对标，工程技术公司领先 1.5%；国内对标方面，与国内主流功率预测厂商进行了 99 个场次对标，工程技术公司平均领先 2.9%。

五、荣誉

（1）2022 年"基于人工智能深度学习的风电功率预测技术研究和应用"荣获中国电力企业联合会的 2022 年度电力创新奖技术类二等奖；

（2）2022 年"基于人工智能深度学习的风电功率预测技术研究和应用"荣获龙源电力的 2022 年度科技进步一等奖。

光伏电站电网主动支撑控制系统

[国能宁东新能源有限公司]

案例简介

新能源场站主动支撑控制系统，是在具有完全自主知识产权的全国产化分散控制系统 EDPF-NT+ 基础上二次开发而来的。利用了分散控制系统成熟度高、可靠性好、拓展能力强的特点，解决了超大型单体新能源场站场区面积大、发电单元数量多带来的电网调度有功频率 / 无功电压指令多级分解，多级下发导致的控制系统响应慢、控制精度不够等诸多问题。该系统通过建设独立的快速控制系统网络，利用分散控制系统内部快速通信协议，配合智能分配策略，采用自学习、自诊断等技术，实现提高一次分配成功率，降低有功偏差修正时间，从而提高整体系统响应速度。该系统采用国能智深全国产化分散控制系统、就地控制器、高精度电量采集卡等硬件均为完全自主知识产权产品。

一、项目背景

目前，国内大力开展光伏基地建设，采用"集中开发、高压送出"模式开发的大规模光伏电站多集中在西北、华北等日照资源丰富的荒漠 / 半荒漠地区。这些地区一般地域范围广，但是本地负荷小，光伏电站的电力需要进行远距离输送。随着光伏电站数量和规模的不断加大，光照强度短期波动和周期性变化引起的线路电压超限现象将逐步出现，这将成为制约大规模光伏电站建设开发的主要因素。

光伏发电的运行控制特性完全由电力电子逆变器决定，没有转动惯量和阻尼特性，与常规发电机组有较大的区别。光伏发电的大规模接入对电网的安全稳定分析与控制提出了新的挑战。光伏电源出力波动性和随机性特点明显，且光伏电站自身无惯性环节，呈现有功功率阶跃性变化特点，需要增加电网的旋转备用容量进行调节；供电可靠性指标分析、电压无功控制、电能计量计费以及与电网自动化系统的信息交互等各种运行控制措施也存在技术问题。

二、技术方案

（一）系统控制策略

电网主动支撑系统控制策略如图 1 所示。

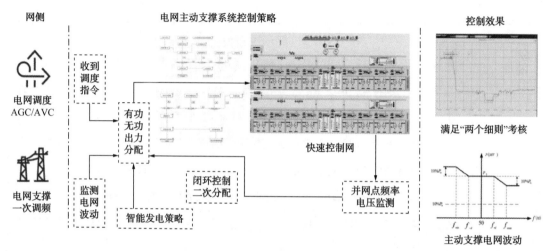

◆ 图 1　电网主动支撑系统控制策略

（二）系统特点及架构

基于统一软件平台采用模块化方式开发，具备良好的通用性和可扩展性，主要特点如下。

（1）灵活性：可根据光伏场站规模、光伏发电单元控制性能、能量管理系统 / 监控系统情况，选用不同控制结构、不同配置方式，灵活选择协调控制算法，保证了控制的可靠性和灵活性的有效统一。

（2）通用性：可实现光伏场站无功、功率因数、电压、有功、一次调频等多功能的一体化控制，以最低成本满足电网对光伏场站日益增加的并网技术要求。

（3）安全性：采用多重闭锁条件，保障光伏发电设备安全。闭锁条件包括母线电压、机端电压、功率因数、频率、谐波等电气量限制，闭锁条件既可独立设置，又可组合生效。

（4）模块化：采用统一软件平台，各应用系统软件采用模块化、可配置化方法设计。

（5）可追溯：可记录长达一年的各种调控曲线、运行曲线等信息；应用实时数据库及历史数据库保证了数据存取的完整性及快速性。

主动支撑控制系统结构如图 2 所示。

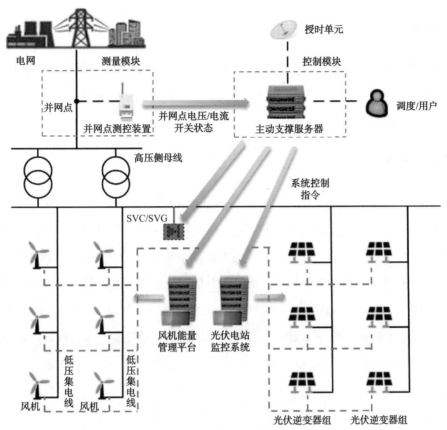

◆ 图 2　主动支撑控制系统结构

三、系统关键参数

（一）系统规模

最高可达 10 万点；接入发电单元数量不少于 1000 个。

（二）控制性能

（1）精度参数：有功出力控制误差 ≤ ±1% 额定容量；无功出力控制误差 ≤ ±1% 额定容量。

（2）速度参数：有功控制调节时间 10~120s；无功控制调节时间不大于 10s；发电单元数据采集控制通信时间 20~1000ms。

（3）可靠性：网络多重冗余、DPU 冗余、电源冗余、I/O 通道冗余；MTBF ＞ 200000h；可利用率＞ 99.95%。

目前，系统完成开发，并已经完成安装和初步调试，待全容量装机完成后，开展并网试验。

三、项目收益

通过适应电网频率／电压响应需求的 GW 级光伏电站快速控制网络的关键技术研究，提升光伏电站频率快速响应和电压主动支撑能力，提高光伏基地电网友好性，满足电网两个细则考核，预计可节约费用 600 万元。

四、项目亮点

光伏场站主动支撑控制系统（Active Support Control System），可为光伏电站提供电压控制（AVC）和有功功率控制（AGC）功能，以及一次调频、惯量等高级控制功能。所有控制功能均集成于同一控制平台，便于运行维护及系统功能升级。该系统旨在充分挖掘光伏发电单元（光伏逆变器）自身有功和无功控制能力，通过对各光伏发电单元及附加装置（如 SVC/SVG、储能等）的快速协调控制，实现光伏场站并网点的有功和无功精确控制，以满足电网不断升级的并网技术要求，具有调节速度快、精度高、紧急性好等特点。

新能源场站少人无人值守建设探索

[河南龙源新能源发展有限公司]

> **案例简介**　2021~2022 年河南公司共开展了 3 个无人值守风电场试点建设，维保中心在无人值守各场站已经配备了生产数字化监控系统和智能辅助控制系统，还配置了图像监视及电子围栏报警子系统、环境监测子系统、门禁子系统、远程喊话器、消防远传系统等。目前正在开展无人巡检系统建设，计划在无人值守场站建设一台无人机蜂巢配置热成像和智能识别系统，用于升压站厂区及线路巡检；建设一台悬挂式巡检机器人，用于继保室等户内设备巡检，配置抄表记录、核验状态、事故快查等。

一、项目背景

当前，为满足新能源技术利用需求，场站分布点多面广、分散式项目占比逐渐变大，设备型号多样，传统风电场管理模式已无法满足要求；平价上网后最重要的问题就是减员、提质、增效，届时人员利用率和单位产值急需提高。河南公司积极响应龙源电力运检模式改革的号召，打破传统生产管理模式壁垒，依靠集团生产数字化平台对所属 5 个项目风电场实时在线监视，实现风电机组、输变电设备、测风塔、功率预测、视频、音频等数据的全量采集，为安全生产数字化建设奠定了基础。目前，河南公司两个分散式风电项目已实现无人值守接近两年，一个集中式风电项目已实现无人值守接近一年，其他项目均为少人值守。

二、技术方案

（一）方案纲领

公司通过"一部门、两中心"实现"省级远程监控、区域集中检修、场站无人少人值守"的生产管理模式。"一部门"即安全生产部，"两中心"即运行监控中心和检修中心。运行监控中心设在公司本部，负责监视控制、生产指挥、数据分析等工作，检修中心设在维保中心现场，负责大修技改、检修维护、巡视消缺等工作，后期根据项目投产情况，拟组建检修中心周口、商丘、濮阳分部。

实现目标：运行监控中心对无人值守场站风电机组、升压站电气设备实现远程可控操

241

作、指标调整；对站内消防设施实现实时监控预警、消防报警和消防动作；对站内一次、二次设备实施自动巡检、记录。维保检修中心生产人员集中在维保中心办公，每月定期由运维班组牵头，联合技术班组、电气标准班组一同到各无人值守巡查，对风电机组、电气设备、测风塔等进行巡视，开展定期工作。出现故障等突发情况时，由维保检修中心抽调各班组人员进行故障处理和事故抢修。

（二）运行中心部署

运行监控中心主要负责五个方面：设备监控、生产管控、调度控制、统计分析、信息报送。

1.设备监控

对接入场站（开关站）运行数据、风电机组运行数据、风功率预测数据、AGC/AVC运行情况进行监视；实时监视火灾告警信号，并结合视频监控对火灾进行确认；利用视频系统对设备运行状态进行轮巡；通过视频系统自动告警功能对场区安防情况进行监视，发现不明身份人员的异常行为，通过喊话器及时制止；监视过程中发现设备异常情况，联系日常运维班组人员处理。

2.生产管控

对现场技术监督、巡回检查、倒闸操作、定期切换试验、定期维护、故障处理、年度预试、设备技改、设备大修等工作计划进行审核、备案，并对现场作业的"三措两案""两票"等执行情况进行汇总、统计、抽查和监督；利用视频监控作业室对作业现场人员、车辆进行监督检查。

利用管控系统执行以下工作：

（1）根据管控系统推送的"设备预警通知""设备故障通知"，发起处理工单，提交至日常运维班组，在故障处理完毕后，与日常运维班组进行确认，结束工单。

（2）接收风电场计划性检修工作申请单，检修工作结束后，与日常运维班组确认、登记、归档。

（3）根据日常运维班组在管控系统所记录的缺陷异常情况，跟踪缺陷处理情况，每月汇总缺陷条数、处理进度、消缺率等情况。

（4）根据日常运维班组在管控系统内录入的月度工作计划，记录风电场巡检、定期维护工作的执行情况，月底汇总后做到闭环管理。

3.调度控制

对公司所属风电机组、输变电等设备进行24小时运行监视，根据规定权限进行必要的远程控制；发生设备运行异常时，及时通知现场值守人员和检修中心进行消缺，并根据规定及时汇报上级相关部门；负责变电运行控制，监督、指导现场正常倒闸操作、事故处理倒闸操作、继电保护软压板、控制字、定值投退等工作；关注国家气象、水文等信息平台，向各现场发布防汛、冰冻、大风等自燃灾害预警信息；运行中心办公电话作为应急调度电话，发生事故时，运行人员用调度电话配合各部门开展事故应急调度工作。

接受调度指令操作步骤：

（1）接受电网公司首个调度操作指令，包括计划性操作指令和非计划性操作指令，并将调度指令下达、授权给日常运维班组执行。运行中心仅接受电网公司首个调度电话，后续操作、接令、回令等工作均由日常运维班组完成；未经授权、下达操作指令，现场不得擅自接听电网公司调度电话。

（2）接听电网公司调度电话时，首先在调度台确认调度所致电风电场，接听后答复："这里是××风电场。"

（3）将指令正确、准时下达至维保中心并及时进行回令。

4.统计分析

对现场发电量、差异率、场用电率、风资源、功率曲线、设备集中性故障、重复发生的故障、"两个细则"考核等进行汇总统计、分析、对标，发现存在的问题，提出解决方案，将分析结果及时推送给现场进行改进，并对现场改进结果进行跟踪、总结。

统计指标包括：

（1）统计风电场各类不安全事件、发电量、可用率、厂用电率等生产指标。

（2）统计风电场对标分析数据，包括"五大发电集团"、周边风电场运行数据，统计风电机组故障处理信息。

（3）统计风电场日常工作（月检、维护）、专项工作（技改工作），月度安全、检修、运行指标情况。

（4）统计各风电场上网、下网、备用电源电费结算情况，"两个细则"考核情况。

（5）统计监控系统差异率指标情况；统计、分析风电机组功率曲线，开展机组效能分析、功率曲线优化工作。

（6）统计现货交易电量，短期、中长期现货电量分配情况，开展现货交易申报工作。

5.信息报送

根据政府部门、当地电网、公司规定，完成日报、月报等日常生产报表统计和报送；按照公司规定，及时上报生产异常情况。

报表内容计划：

（1）上报集团运行中心日报、月报，月报；上报调度 OMS 电量日报、月报；上报市场营销报告。

（2）在管控系统中根据设备运行情况填报运行日志。

（3）根据风功率预测及运行数据配合公司其他部门做好发电量预测上报工作。

（4）根据当地政府部门要求上报各类周期性、临时性报表。

（5）场站发生故障或者通信中断时，运行值班人员电话通知现场运维班组后，同时在"生产调度企业微信群"汇报故障情况。

（6）发生电气设备故障导致全场设备大面积停运时，运行值班人员 2h 内按照模板编写事件快报，对于隔夜故障，在 09：00 之前发至"安全生产微信群"。

（三）检修中心部署

维保检修中心主要负责 5 个方面：巡检及定期工作、设备故障、倒闸操作、计划性工作、外委作业。

1.巡检及定期工作

开展设备的巡回检查、定期切换和试验、倒闸操作、设备缺陷和故障处理、设备事故应急处置、技术监督工作等设备治理工作，结合运行监控中心意见，采取措施降低差异率，提高发电量，优化运行指标。

无人值守：每月由维保中心日常运维班组牵头，联合技术班组到无人值守场站巡检，对风电机组、电气设备、测风塔等进行巡视，开展定期工作。

少人值守：日常运维班组每两周对电气设备、风机塔底进行巡查一次，每两个月风机塔上巡查，开展定期工作。

巡检、定期工作按照工作标准卡进行，必须全面、细致，发现问题能处理的立即进行处理，无法处理的，采取临时防范措施。每次巡视后，由巡视人员将发现的缺陷登入管控系统，并制订消缺计划，闭环处理。

2.设备故障

风电机组设备故障和电气设备故障由运行监控中心值班人员通知维保中心人员，通知内容包含时间、故障名称、故障初步原因、故障天气、设备情况等；维保中心接到通知后，人员应立即就位，确保物料、工具到位，及时办理工作流程。

风电机组设备故障处理流程：

（1）风机故障后，由运行中心将故障报文、故障现象等通知日常运维班组。

（2）日常运维班组接到通知后，首先判断是否需要到现场查看风机情况：对于风机报出震动超限、叶轮超速、机舱火灾报警、三只桨叶未收桨故障后，确定非误报，且无法判断风机实际状态时，应立即到现场查看。

（3）无须到现场查看的故障，日常运维班组确定是否可以复位，如可以复位，立即进行复位；如不可复位，应确保检修人员在规定时间内到达现场。

（4）应按规定办理风机工作票，工作票使用生产管控系统的电子工作票。

电气设备故障处理流程：

（1）升压站监控后台告警后，运行中心通知运维班组后，应立刻到现场主控室查看后台报文、故障录波等情况，判断故障情况，进行事故处置。若是无人值守场站，应由郸城日常运维班组组织人员立刻赶往现场进行处置，事故处置需履行事故应急抢修单手续。故障排查人员在 1h 内将初步排查结果，保护动作情况汇报至运行中心。

（2）事故处置时，联系调度需执行运行中心调度控制的相关规定，并安排人员在主控室值班以备调度主动联系。

（3）故障处理结束后，日常运维班组应向运行中心报告，并出具故障分析报告。

3. 倒闸操作

以下升压站电气设备遇有计划、非计划停电时，由日常运维班组提交停电申请单，经检修专责、运行中心、部门主任、分管副总分级批准后，方可执行：风电场全厂停电，主变停电，35kV 母线停电，35kV 单元汇流线停电，集中式停运 10 台以上，分散式停运 4 台以上的检修工作。

（1）非计划操作：事故处置过程中需倒闸操作，现场应向运行中心简要汇报操作情况，运行中心做好记录。

（2）计划操作：日常运维班组填写停送电申请单并经公司批准后，进行开票及倒闸操作。

（3）如需联系调度，执行运行中心调度控制的相关规定。

4. 计划性作业

按计划完成各现场设备的周期性维护、大修、技改、集中性缺陷整治等工作。给予各现场人力、物资、技术等方面的支持，确保各项检修工作保质保量地完成。

（1）计划制订：维保中心电气检修班、风机检修班根据实际情况，统筹安排各个现场、各项工作的实施计划，报运行中心备案。

（2）工作准备：按照职责由维保中心各班组做好招标采购、入场手续、"三措两案"、人员培训、人力物力统筹、标准制定等准备工作。

（3）工作实施：按照标准开展工作，做好过程监督和验收工作，确保计划工作按期、高质量开展。

（4）工作结束：维保中心各专业班组在完成工作后做好工作总结、效果评价，为后续工作开展积累经验。

5.外委作业

组织开展外委人员安全活动、安全分析等生产例会，开展反违章、两票、安全风险分析预控、外委工作监管等安全管理工作，编制"三措两案"、技改方案等外委工作计划并落实执行。

（1）开展外委作业全过程监督，由维保中心现场人员及运行监控中心作业视频监控室配合共同开展作业监护。

（2）充分利用数字化手段进行过程管理，高风险作业采用移动式布控球、执法仪及固定式摄像头监护，低风险作业采用全程佩戴执法仪及监护人监护。

（3）由维保中心在签订劳务合同和作业入场时，对拟用工人员进行审核，确保其具备必要的安全生产知识和能力，涉及特种作业、特种设备作业等特殊岗位的，还应当审核技能职业资格证书等信息。

（4）作业上岗前应由班组、场、公司级对劳务派遣人员进行岗位安全操作规程和安全操作技能的教育及培训。

三、项目收益

（1）实现管理规范化、作业标准化。严把外委安全管理，利用视频作业监控室，在线开展外委人员作业管理、现场打卡、进场离场审批等工作，将风险预控、安全措施、维护质量、检修工艺融入生产作业管控全过程。

（2）优化运检模式，提升管控效率。优化全员提质增效，以提升人员利用率和劳动率为基础，建立"一部门，两中心，无人值守"工作方案，减少一线值班人员10余人，人员在岗率提高30%，机组月均维护台数提高20%，计划工作效率提升40%，人均产值效率较之前提升20%。

（3）设备长周期治理取得实效。2022年，河南公司连续无故障运行超过300天、200天、100天的机组分别达69.23%、87.69%、100%，公司风能利用小时数达到2566h，可用系数99.23%，在龙源集团排名第四。

四、项目亮点

（1）成立作业视频监控室：作业视屏监控室设在运行监控中心，作业期间值班人员对高、中、低风险作业的人、物、环、管进行全方位、无死角、全过程管控，发生违章、异常时通过远程喊话及时制止，有效遏制了不安全事件的发生。作业空档期，值班人员利用摄像头开展设备线上巡视及历次"高风险作业远程检查情况通报"学习、分析，通过不断汲取教训，提高自身作业安全管理水平。

（2）借助无人值守智能化建设：风电场建设图像监视及电子围栏报警子系统、环境监测子系统、门禁子系统、远程喊话器、消防远传系统、自动室内外巡检系统等，可提升缺陷检出率20%，提升工作效率流程30%，设备可靠性同步提升。

2022年，河南公司通过无人值守场站智能建设工作，人员登塔作业和劳动强度明显降低，全年无故障运行占比超过68%，电气设备无故障运行占比超过90%，各项指标名列集团第五，云龙风电场被中电联授予"2021年百日无故障风电场"称号。

五、荣誉

2021年云龙风电场荣获中电联"2021年百日无故障风电场"称号。

小　结

　　智能发电平台通过智能技术与控制技术的深度融合，将人与生产过程设备紧密结合起来，实现发电生产过程中数据–信息–知识的快速转化和循环交互，将人从重复、简单劳动中解放出来的同时，有效提升生产过程安全性和经济性，推动发电生产过程运行控制模式、效果发生深刻变化，从而促进行业转型发展。智能发电是对发电全过程的智能化监控、操作和管理，是智慧电厂的基础，也是将来实现智慧能源所必不可少的。

　　国家能源集团所属电站在火电、水电、新能源智能发电方面做了大量实质和开创性的工作，包括火电机组智能优化协调控制、水电智能优化控制、新能源（风／光）发电智能优化控制、火电机组节能减排运行优化、火电机组自启停优化控制、电站负荷优化分配、流域梯级电站群智慧调度、智能安全预警及报警、高级值班员决策系统以及燃料智能管控等方向。

CHAPTER 第四章 FOUR

智慧管理平台

　　智慧管理平台是智能电站建设管理区业务建设的基础平台，以"云网底座、平台底座、数据底座"为基础支撑，建设覆盖电厂基建、安全、运行、设备、应急、经营、营销、燃料、物资、风险、行政管理等业务的业务体系，实现对企业生产经营各环节信息化、数字化、智能化的监控与运营，实现智能预测、智能分析、智能诊断、智能决策，打造高效协同、灵活高效、本质安全、智能经营的智慧企业。

　　智慧管理平台以电力企业生产过程与经营管理信息为基础，利用云、大、物、移、智、边、芯、链等先进技术，融合电力生产工艺过程，打通企业运营的不同环节，以数据为核心，以安全生产、经济运行、故障预警、智能售电、高效管理、综合能源利用为目标，实现企业生产经营全过程的数字化运营，提升企业智能化水平。

火电部分

基于厂级大数据中心和智能算法平台的火电智慧管理系统研发与应用

[国电内蒙古东胜热电有限公司]

案例简介

建设基于 Hadoop 大数据平台的大数据中心，采集、整理、汇聚数据。在 Hadoop 大数据平台的基础上，建设涵盖智慧型生产、经营、发展、党建等全领域的信息管控一体化平台和智慧管控中心，实现各业务板块的生产监视、智能设备状态监测、智能故障诊断、智能运行保障、生产数据分析等功能。本研究的成果有助于了解 Hadoop 大数据架构和平台在火电厂数据中心和管控中心的应用方式及效果，通过基于大数据的数据集中、挖掘，实现集团本部与分子公司数据和业务的互联互通、智能处理及智能协调。

一、项目背景

国电内蒙古东胜热电有限公司为了充分利用和挖掘数据的价值，消除信息孤岛，采用不同信息子系统开放数据接口的形式进行数据共享和调用，目前已建造的单一业务信息系统超过 10 个，其中，系统类型各不相同，数据类型各不相通。然而，事实证明，仅仅开放数据接口，以期望打通不同信息系统、不同数据库之间的联系，实现数据的深度挖掘和利用，是一条失败的道路。因为来自不同信息系统数据的类型、标准、格式、定义、单位、更新频率均有较大的差别，很容易发生数据的错误调用。

二、技术方案

智慧管理应用平台集大数据的应用、管控、展示为一体，提供标准的服务和数据接口及报表展现方式。平台数据采用高效、可靠的存储架构；针对企业业务数据制订迁移方案，将 SIS、EIM 等系统中存储的核心数据整体迁移至大数据平台，非弹性资源实行本地化部署；对于弹性计算功能，需与算法平台进行协同计算，以实现核心数据可控，消除安全问题和潜在未知风险；支持可视化建模，支持鼠标拖拽方式进行人工智能算法建模，包括数据预处理、特征工程、算法模型、模型评估和部署等功能；支持电力能源业务领域的预测预警等多种类型的算法应用，包括逻辑回归、K 近邻、随机森林、朴素贝叶斯、K 均值聚类、线性回归、GBDT 二分类、GBDT 回归等算法模型；也支持深度学习等人工智能训练模型。展示层通过统一的商业 BI 报表组件，多维度、动态展示各业务系统的运行状况、资源使用情况等，并支撑周期性或临时性生成各业务状况、决策数据展示、故障分析挖掘等业务场景。

大数据平台层通过对各业务板块各种数据的采集、整理、汇聚，建立一个基于"互联网 +"、云计算技术和人工智能技术的大数据平台，实现各业务板块的生产监视、智能设备状态监测、智能故障诊断、智能运行保障、生产数据分析等功能，打造涵盖智慧型生产、经营、发展、党建等全领域的综合平台。

大数据业务层东胜热电大数据平台融合实时数据库、关系数据库，实现数据资产管理，提供大数据应用和数据分析计算模型。其中，实时数据是主要的数据形式，实时数据库集群在承担高通量数据接入任务的同时，为东胜热电实时业务应用系统提供高时效性的数据查询、计算、组态数据源服务，完成数据的标准化、格式化、清洗和整理，将整齐的数据通过 Kafka 或其他适配器等方式输出到 Hadoop 大数据平台，并负责提供从 Hadoop 平台到实时库等其他所需数据应用的输入输出组件。数据集中、挖掘，旨在实现与下属单位互联互通、智能处理、智能协同的目标；使用标准化、自动化、数字化、信息化、智能化等手段，打造涵盖智慧型生产、经营、发展、党建等全领域的综合平台，形成具有"自分析、自诊断、自管理、自趋优、自恢复、自学习、自提升"为特征的智慧企业生态系统。

大数据展示层随着大数据平台数据存储、分析、挖掘的深入应用，将极大地激发东胜热电各部门、各层级对于业务数据的分析和探索，在此之上的数据报表展示需求也将呈现复杂性、综合性、多终端性、个性化等特点。本平台主要目标是建立一个快速的可视化报表平台，无缝化对接大数据平台，提供丰富的报表展示功能，面对各层次人员提供对应的数据报表及分析服务。

基于此平台，我们不仅可以在建设智慧管理应用平台中加快开发速度，提高数据应用的及时性，还可以在业务需求变更、调整后，大大的降低维护难度，实现可视化，做到随需应变，最终完善复杂业务、打印导出、图形化分析、移动决策、大屏监控、自助分析等多个可视化分析领域的应用。

三、项目收益

节能降耗减排政策的不断推广，对我国火电机组运行状态在线监测及优化运行提出了更高要求。电厂存储的大量历史数据、运行中产生的实时数据是机组运行优化的有效资源，但目前这些数据仅限于日常的报表、查询，大部分闲置而无人问津，数据缺乏深度利用。因此，开展基于大数据技术的机组建模方法研究，充分挖掘数据本身包含的大量有用信息，开发利用隐藏在数据背后的潜在价值，可以指导机组优化运行，完善机组状态监测，对形成数字化的机组运行优化及管理监控系统有着重要价值，同时对提高燃煤发电机组经济性、降低能耗、减少污染物排放，进而实现国家节能降耗减排目标，也具有十分重要的意义。

本项目建设充分利用公司大数据平台计算、按需使用、动态扩展的特性，为公司和集团各部门提供计算、存储和信息资源服务，实现软硬件集中部署、统建共用、信息共享，避免软硬件的重复投资和数据的重复采集录入，实现了多个层面的资源集中；通过对核心业务系统和业务数据的集中式、高标准的管理维护及安全机制管理监控，有效保障了信息化系统的安全可控。

项目通过数据整合和数据管理，有效促进热点企业资源的纵横贯通，将物理分散的业务数据资源进行物理和逻辑集中，形成互相服务的大共享格局，有力提高业务与数据资源的复用率和共享度；同时采用云计算、大数据处理模式，实现海量数据的集中存储，完成以前难以完成的深度挖掘任务，从而更易提供有价值的分析、预估和优化结果，提升数据挖掘分析、预测分析水平，进而提升企业生产指挥能力。

公司大数据平台将提供应用接入和应用开发能力，有效规范各类本地化、特色的开发和应用，并实现底层基础框架和信息资源的共享；改变传统业务系统信息化应用模式，通过提供灵活、自助服务环境，调动员工积极性，激发创新能力，方便员工使用，改变条块结合难、业务系统开发难、创新难的局面，促使智慧企业信息化应用更加繁荣。

四、项目亮点

亮点1：数据驱动创新

明确以大数据作为公司智慧企业建设核心底层架构，如图1所示。以数据驱动智慧企业建设是东胜热电的创新发展方向，对于国家能源集团的首批智慧企业建设试点，具有重要的先行探索价值和借鉴学习意义。

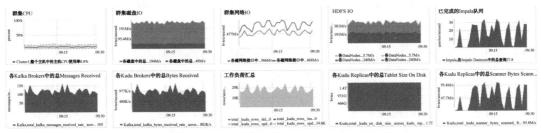

◆ 图1　东胜热电智慧企业建设的底层架构

亮点2：全面提升数据服务能力

采用 CDH 大数据平台为底层存储平台，实现多维系统的数据统一存储管理，从而达到数据存储中台的目的。基于数据中台统一提供数据服务，实现对"网上电网"、数字化审计、财务多维精益、基建全过程、智慧经营等项目的平台化支撑及嵌入式服务（见图2）。

◆ 图2　东胜热电智慧企业建设的 CDH 大数据平台

亮点3：可管理性

建立的相关平台需要具有良好的可管理性，允许管理人员、业务人员以及开发人员通过软件管理平台实现系统的全面监控、管理和配置，同时为系统故障的判断、排错和分析提供支撑，将平台的使用门槛降到最低（见图3）。

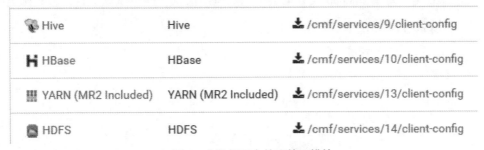

◆ 图3　大数据平台的可管理模块

亮点4：可扩展性

在满足现有应用的需求情况下，必须具有非常高的可扩展性，为应用未来的升级扩展提供有力保障（见图4）。

主机 ID	2500f928-94a7-4f0a-9179-56a2b85290c0		
IP	10.110.32.3	机架	/default
内核	16 (32 采用超线程技术)	上次更新	8.00秒 之前
CDH 版本	CDH 5	物理内存	59.3 吉字节/125.5 吉字节
分配	centos 7.4.1708	交换空间	0 字节/4.0 吉字节

◆ 图 4　大数据平台的可扩展模块

亮点 5：以公司数据分析入手

围绕公司（包括高层和各运营部门）数据分析需求，在满足公司高层和各运营部门数据分析需求的基础上，覆盖范围向成员单位扩展，从而形成支撑各级单位的分析需求的数据治理平台。在项目建设策略方面，以业务数据驱动为核心，从公司数据分析入手，以数据智能应用为驱动，逐步建立数据治理标准规范体系。

亮点 6：以数据智能应用为驱动

借鉴行业数据智能应用的成熟经验，与各部门自身业务痛点及需求进行结合，筛选出切实有效的满足业务需求、解决业务痛点的智能应用场景，在大数据平台之上构建统一开发应用平台，实现应用开发的统一化；同时，结合人工智能、知识图谱等智能化应用手段实现数据应用的智能化。

五、荣誉

（1）2020 年"基于 Hadoop 大数据架构的火电厂生产经营一体化信息管控平台的智能应用"荣获电力科技通讯编辑委员会第七届电力科技管理创新成果三星级（三等奖）；

（2）2020 年"基于 Hadoop 大数据架构的火电厂信息管控一体化平台"荣获国电电力发展股份有限公司管理创新三等奖。

基于数据驱动与深度学习的重要辅机
使用寿命预测研究及应用

[国家能源集团宿迁发电有限公司]

案例简介　智慧运维是智慧电厂的核心建设内容之一，剩余使用寿命分析是智慧运维的重要研究内容，也是设备全生命周期管理的重要组成部分，不仅可以有效防止设备发生突发性故障，而且可以最大限度地利用关键零部件的工作能力，降低维护成本和减少不必要的资源浪费，并为预测性维修提供决策依据。传统的采用动力学建模的疲劳寿命计算一直难以取得突破，而基于多源信息融合的数据驱动和深度学习新方法为剩余使用寿命评估提供了有效途径。本项目针对智慧电厂建设内容和当前电厂辅机运行中存在的实际问题，以三大风机、给水泵组等重要辅机为研究对象，提出基于数据驱动与深度学习的辅机使用寿命预测研究及应用课题。本项目研究成果有望形成电厂设备全周期管理和预防性维护的新方法，通过项目的实施，对于电厂构建完善的智慧运维体系、保障设备安全稳定运行、提升电厂管理水平、提高发电效率具有重要的现实意义和广阔的应用前景，对于智慧电厂建设也能起到有益的推动作用。

一、项目背景

三大风机、大型水泵等火电厂关键辅助动力机械直接影响着锅炉和主机的正常运行。随着设计、制造和运行管理的水平不断提高，主机运行的可靠性已经大幅提升，而辅机故障已成为当前机组非计划停机的主要原因之一。据统计，国内送风机故障率为 0.45 次 / 年，非计划停运率为 0.06%；引风机故障率为 1.11 次 / 年，非计划停运率为 0.1%，给水泵故障率达到 6.04 次 / 年，非计划停运率为 0.66%。造成这种现状的原因有多种，从设备端来说，目前辅机的设计制造水平和可靠性低于主机；从工作环境来说，辅机运行工况较复杂，负荷调节频繁，容易造成故障高发；从设备管理来说，电厂对辅机重视不够，很多还停留在定期巡检、停机检修及事后故障分析的低层次阶段。

二、技术方案

本项目以电厂三大风机、给水泵组等重要辅机为研究对象，以大数据、人工智能、转子动力学和现代信号处理为理论基础，深入研究基于数据驱动的重要辅机剩余使用寿命预测方法，采用的技术路线如下。

（一）建立重要辅机健康状态数据库

振动信号的时域、频域、非量纲波形参数、非线性特征参数等均能不同程度地反映辅机的故障情况，轴承温度、挡板开度、电机电流、转速等参数也可以从另外的视角对辅机的运行状态进行描述，与辅机的健康状态有着直接的关联。这些多源信息具有很强的互补性，由其产生的融合信息能更全面准确地反映机组的健康状态。本项目将从 SIS 平台采集与辅机相关的所有状态参数，建立辅机健康状态长期历史数据库，为监测、分析、评估及预测提供数据准备。

（二）原始大数据预处理及数据库重构

数据质量的好坏决定了模型的有效性。数据预处理通过对原始数据进行清洗、汇聚、规约、标准化和标注，形成统一规整格式，重构辅机健康状态数据库，为大数据建模提供高质量的数据准备。主要内容包括：①检测并消除数据异常；②检测并清洗近似重复记录，采用 Smith-Waterman 算法和相似度函数算法，判断两条记录的近似性并予以清洗；③数据的规约，在尽可能保持数据原貌的前提下，最大限度地精简数据量，且仍保持原数据的完整性；④数据标准化，将数据按比例缩放，使之落入一个小的特定区间，为大数据分析提供更高效的运算能力；⑤数据标注，对设备不同运行状态的数据进行标注，将数据和状态相映射，获得尽可能多的标注样本，是提高模型训练精度的重要条件。

（三）表征辅机健康状态的特征参数提取及构建方法

辅机性能退化是由自身老化和复杂工况共同引起的，将振动、温度、开度、电流等不同类型数据构建异类混合域特征集，能够更全面地描述机组的运行状态特征。

振动信号时域统计特征中的有量纲幅域参数和无量纲幅域参数，频域统计特征中的功率谱能量、质心频率、谱方差、谱峭度，非线性时频域中的分形维数、信息熵、经验模态分解（EMD）参数等，均能从不同方面、不同程度地反映辅机的运行状态。时域特征提取根据数据时序样本计算峰值、均值、方差、峭度、偏斜度等指标；频域特征提取通过傅立叶变换（FFT）将时域信号转换到频域，然后提取平均频率、中心频率、谱方差等特征参数。

非线性时频域特征中，采用先进的现代信号处理技术，包括经验模态分解（EMD）、信息熵理论、分形维数等前沿方法，对复杂非线性特征进行提取。EMD参数是将分解后得到的本征模态分量和残余分量的能量作为原始振动信号特征；信息熵则可计算时域信息熵、频域信息熵和Hilbert信息熵作为特征量；分形维数则选择关联维作为特征。

对于温度、电流等非振动参数，则都采用时域统计量作为特征参数，和提取的各种振动特征参数组合在一起构成异类混合域特征集，构成描述辅机不同运行状态、不同故障类型及变化趋势的特征空间。

（四）寿命趋势特征参数的筛选

判断所有特征是否能有效表征设备全生命周期的退化状态，去除非敏感、非相关特征是实现RUL准确预测的关键。通过以下指标来判断趋势变化的特征并予以筛选。（1）单调性。任何设备都存在不可逆的退化过程，合适准确的特征随时间应该具有单调递减或者递增的趋势。（2）鲁棒性。受噪声、采样过程的随机性以及运行条件变化等的影响，会产生一定的随机波动，从而造成特征序列具有较差的平滑度。合理的特征指标应具有较强的抗干扰能力，呈现相对平稳的退化趋势。（3）趋势性。随着运行时间的增加，设备逐渐退化，趋势性反映的是特征指标和运行时间的相关性。（4）可辨识性。设备在全生命周期中会经历几种不同的生命阶段，合适的特征应该能够将这一特性描述出来，反映出不同阶段之间的区别。不同的生命阶段可通过特征和生命阶段的相关性来衡量。

（五）多视角特征自适应加权的多源信息融合算法

对采集的振动、温度、开度等运行参数分别提取特征，获得各单视角特征集。将特征集映射到再生核Hilbert空间，缩小源域和目标域之间的分布差异，得到高维空间各单视角特征集。采用半监督学习正则化和工况匹配方法，实现区分辅机不同运行状态和故障状态的各视角数据自动标注。通过这种多视角学习的异类信息融合方法，能够增强原始故障信息特征，提高抗干扰能力以获得好的状态识别效果。融合方法示意图如图1所示。

（1）基于关联规则的大数据挖掘算法进行辅机劣化，分析关联规则是大数据挖掘的一种重要算法，是一种无监督学习方法。其原理为：辅机各种运行参数彼此之间存在关系，而这种关系没有在数据中直接表示出来，关联规则目的即在于揭示数据之间的相互关系，分析参数之间的相关程度。关联规则挖掘任务分解为两个任务，即产生频繁项集和产生规则。频繁项集产生的目标是发现满足最小支持度阈值的所有项集；规则产生的目标是从上一步发现的频繁项集中提取所有高置信度的规则。通过频繁项集和关联规则产生规则库，最后应用规则库进行机组健康状态识别，模型如图2所示。

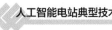

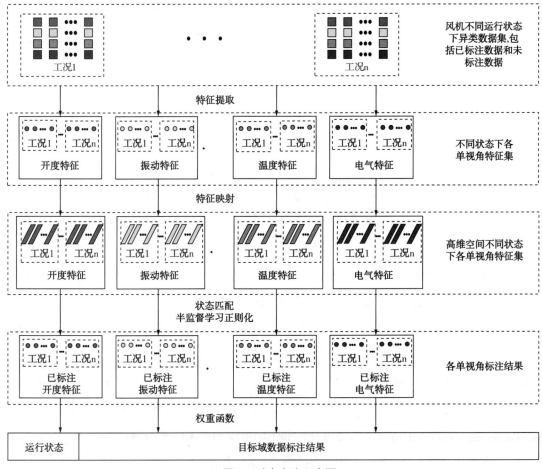

◆ 图1 融合方法示意图

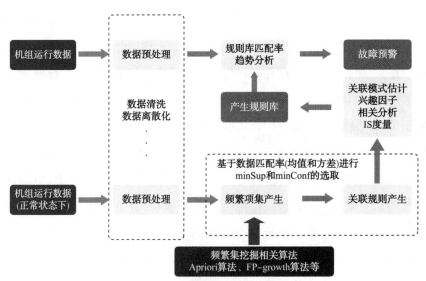

◆ 图2 机组健康状态识别模型

（2）建立 LSTM 联合 Attention 的辅机剩余寿命预测模型循环神经网络（RNN）是深度学习中的一种重要模型，在空间的基础上进行了时间维度的扩展，能够有效利用序列数据的前后关联信息做出正确预测。其原理见图3。

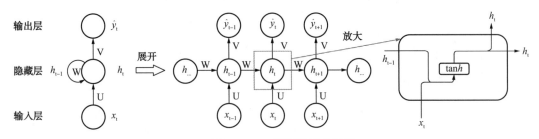

◆ 图3　RNN 模型的运行原理

随着时间间隔的增加，RNN 反向传递参数的梯度范数呈指数式减小，易导致梯度消失和模型失效。长短时记忆神经网络（LSTM）是一种优化的 RNN 模型，它将 RNN 优化为一系列重复的时序模块，通过记忆固定时间步长的时序模块，引入"门"结构将短期记忆与长期记忆结合起来，避免长时依赖引起的梯度消失问题，在人工智能应用场景中获得了巨大成功，如图4所示。

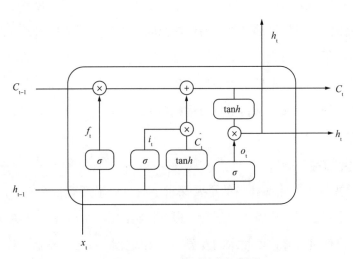

◆ 图4　LSTM 模型的运行原理

本项目首先获得辅机从开始运行到故障停机的完整运行周期数据，对运行数据进行数据清洗与重构，提取有效表征运行趋势的高维特征集，根据筛选原则进行降维，并进行多视角特征融合，然后以 LSTM 为基础从多视角特征集出发，建立基于 Attention 机制（注意力机制）的深度注意力模型用于辅机的使用寿命预测计算。利用 LSTM 对辅机长期时间序列运行数据的记忆能力调节 Attention 焦点，将不同视角的特征通过强化学习进行深度融合，客观构建不同工况下的健康指标，分析失效过程的相似性度量，实现不同工况下辅机剩余使用寿命的可靠预测（见图5）。

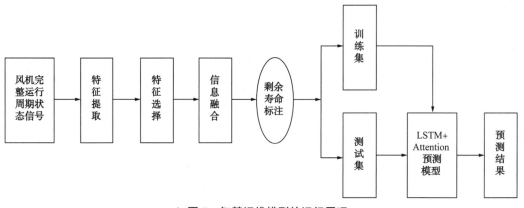

◆ 图5　智慧运维模型的运行原理

三、项目收益

（一）经济效益

智慧电厂是我国电力行业发展的必然趋势，设备的智慧运维是智慧电厂建设的核心内容之一，将迎来重大的发展机遇和巨大的市场空间。本项目研究成果是智慧运维体系中的重要内容，项目成果能够最大限度地利用关键零部件的工作能力，降低维护成本和减少不必要的资源浪费，对于保障电厂重大关键设备安全稳定运行、提高发电效率、增加电厂经济效益具有重要的现实意义。项目示范应用成功后，将具有广阔的应用前景和巨大的推广价值。

（二）社会效益

本项目是对智慧运维体系建设的重要探索，项目成果拥有自主知识产权，对于提高发电企业的管理水平、保障设备安全运行、提升机组的运维能力和发电效率都具有重要意义。项目成果还可促进故障诊断技术的发展，推动大数据和人工智能技术在能源工业中的深度融合及应用，为智慧电厂的发展提供技术支撑并产生积极的推动作用。

四、项目亮点

（1）基于数据驱动与深度学习的设备状态智能评估系统通过融合转子动力学、现代信号处理、大数据和人工智能等多个学科技术，在多源信息融合基础上构建智能化辅机设备状态评估与劣化趋势预测系统，对重要辅机运行状态进行实时监测和评估，为设备的高效运行与预测维修提供依据。

（2）在大数据分析技术与机器学习算法的基础上，构建设备运行状态智能评估模型。首先获取设备历史运行数据，对数据进行清洗、标注、转换等预处理，为建立模型提供数据准备。针对辅机的运行特点、数据特征与项目任务要求，采用自编码分析模型、多变量时序分析模型、关联规则分析模型以及 W2V 预测分析模型对辅机进行多维度评估及趋势预测。模型进行充分训练及性能评估后上线运行，对实时数据进行运算分析，实现智能化的辅机状态监控与评估。

五、荣誉

2022 年度江苏公司科技成果二等奖。

基于数据融合的设备状态监测与智慧检修平台开发与应用

[国家能源集团乐东发电有限公司]

案例简介　项目主要研究内容是在乐东公司现有硬件和信息系统的基础上，开发基于大数据融合的电厂设备智慧化运行管控系统。系统以 SIS 数据为基础，融合点检数据，并以相关试验和测试数据作为补充，以数据挖掘模型为工具；针对具体设备建立物理模型和运行知识库，进而开展状态监测、健康评估、经济运行分析等；以实现设备异常发现、故障原因预判、检修计划建议的安全分析功能，以及设备运行寻优、运行优化方式建议、影响经济运行因素分析等经济分析和优化功能；确保设备状态全面受控，挖掘设备安全性和经济性的最佳平衡点，为实现电厂设备的全程监控和运行管理水平提供有效及便利的技术途径。

一、项目背景

设备可靠性是机组安全生产的重要保障，因此，在设备的全生命周期中，通过对设备的管理优化来实现机组可靠性和经济性的优化平衡，对电厂的生产经营具有重要意义。近年来，随着智慧电厂建设越来越广泛，以状态监测、状态检修为核心的设备智慧化管理在我国发电行业得到了积极推广。简单来说，状态检修是指：在设备状态评价的基础上，根据设备状态和分析诊断结果安排检修时间和项目，并主动实施的检修方式。

从设备安全性角度来考虑，状态检修方式以设备当前的实际工况为依据，通过先进的状态监测手段、可靠性评价手段以及寿命预测手段，判断设备的状态，识别故障的早期征兆，对故障部位及其严重程度、故障发展趋势做出判断，并根据分析诊断结果在设备性能下降到一定程度和故障将要发生之前进行维修。由于科学地提高了设备的可用率和明确了检修目标，这种检修体制耗费最低，它为设备安全、稳定、长周期、全性能、优质运行提供了可靠的技术和管理保障。

实践证明，状态检修的初步应用给企业带来了显著的效益，设备可靠性和经济性都得到了有效提高。应当指出的是，我国状态检修的实施依然存在明显的问题。目前，我国电力行业状态检修的实施普遍不完善，主要集中在设备监控方面，而对状态检修的核心内容，即设备可靠性分析、数据挖掘和检修决策方面则很少涉及，没有形成完整的状态检修体系。

另外，电厂 SIS 系统实现了对全厂生产过程实时数据的采集与处理，包含大量的设备实时性能数据，主要用于反映设备的经济性状况。而点检系统通过离线的外观检查、参数检测、无损检测、理化分析等方式，获得了设备的状态数据，主要体现设备的可靠性程度。无论是 SIS 数据还是点检数据，都在一些方面描述了设备状态。因此，可以通过对 SIS 数据和点检数据的有机融合及充分挖掘，实现对设备状态的全面反映。

从设备经济性角度来考虑，目前运行人员的操作调节或以效率为目标，或以安全为目标的单目标优化方式，缺乏以机组整体效率最大化为目的的多目标量化评价模型。火力发电机组对运行历史数据的利用程度不高，缺乏针对历史运行数据的分析工具来指导运行分析。火电机组频繁变负荷、变煤种的特点更增加了机组运行优化控制的难度，需要研究和开发更智能、更先进的融合安全性和经济性的多目标智能运行优化方法。

目前，大型电站锅炉采用集散控制（DCS）实现了发电过程中主要参量的单回路稳定控制，但整个发电过程的优化控制主要依赖于大量的人工干预。从已报道的新颖的控制方法研究来看，往往只有发电煤耗、锅炉效率、汽机效率等大指标，而缺乏一套能够诊断分析不同设备对象各过程指标、参数的实时值是否在正常范围，以及各运行指标对经济性影响的分析平台；同时也缺乏智能的优化决策模型给运行人员提供实时的优化运行策略。当前，火力发电机组装备了丰富的监测仪器，产生了巨量的运行数据，然而对这些数据利用程度不高，未能对这些数据进行有效挖掘并用于指导运行优化。通过本项目的研究，深入挖掘历史运行数据中的有效信息，建立设备经济性分析模型和运行参数寻优，挖掘设备的节能潜力，提升机组的市场竞争力。

因此，针对以上问题，本项目将 SIS 数据和点检数据进行有机融合，把 SIS 数据应用于设备的状态监测、健康评估和经济性分析。同时，将 ERP 系统中缺陷管理的数据和点检的数据通过数据接口整合到一个平台，结合精密点检专项分析，建立大数据支撑的设备智慧化运行管控系统。为合理维修决策和设备运行优化提供科学的依据，实现电厂设备安全运行与经济效益最大化的目的。

二、技术方案

（一）基于状态监测的智慧安全岛升级

基于状态监测的智慧安全岛开发模型如图 1 所示。

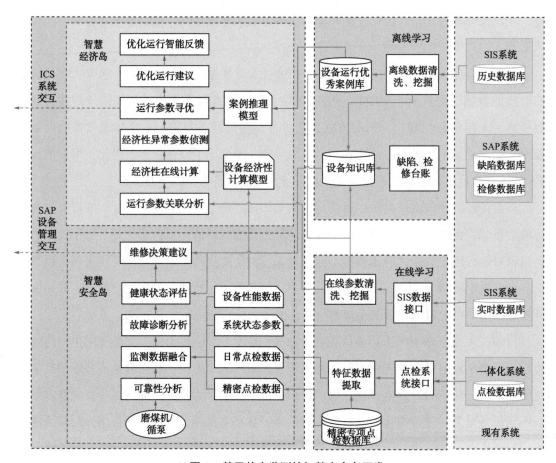

◆ 图1 基于状态监测的智慧安全岛开发

1. 建立设备知识库

设备知识库主要包括正常工况参数库和故障知识库。通过对 SIS 中磨煤机和循泵的海量运行历史数据进行数据清洗、特征提取等，结合历史报警信息，抽取磨煤机和循泵的现场试验报告中的数据，通过数据挖掘算法识别不同运行工况下（不同负荷、不同煤种）的运行参数，包括磨煤机出力、煤粉细度、磨滚紧力、电动机电流、一次热风量、石子煤量等，循泵出力（流量）、温度、振动、噪声、电流（大小及波动）、凝器端差、真空等，从而建立正常工况参数库。同时，通过对海量历史故障信息（SIS 系统数据、点检数据、缺陷数据、检修台账等）进行大数据融合挖掘获得设备故障模式与故障征兆的映射规则，并结合维修反馈信息建立故障知识库。

2. 基于机器学习的设备早期故障预警及智能故障诊断

综合设备海量的在线监测参数、点检专项数据以及设备寿命数据三个方面综合评估设备运行状态。基于设备知识库，建立设备在线监测参数预警模型，实现设备早期异常预警，结合设备检修知识库中设备故障－征兆模式库开发故障诊断系统，实现设备早期故障预警及智能故障诊断。

3. 设备健康状态评估

基于参数预警模型结果采用模糊评判对设备进行基于参数的状态评估；根据设备点检专项，如振动、压力等参数对设备进行基于点检专项的状态评估；根据设备在役时长和出厂预期寿命进行基于寿命的状态评估。最后，综合三个方面对设备进行全面状态评估，实现对设备健康状态全面及时监控。

4. 检修建议输出

根据故障诊断和健康状态评估结果，提醒设备点检人员关注设备的健康状况，使设备故障消除在萌芽状态；结合生产和检修计划，提出设备的检修建议供设备管理人员参考。

（二）基于经济性分析的智慧经济岛开发

1. 建立设备经济性分析模型

根据磨煤机和循泵的运行方式建立设备经济性分析模型，模型包括输入参数、经济性计算逻辑、输出参数等，整理具体设备的历史运行数据和现场试验或测试数据（如有），研究各关键参数对磨煤机和循泵运行经济性的影响，提取有效数据对模型进行训练和验证，得到成熟可靠的模型用于经济性在线分析。

2. 建立设备运行优秀案例库

结合经济性分析模型，对设备的海量历史运行数据进行挖掘，寻找不同工况下的最佳经济性运行参数组合，构建优秀案例，并采用在线增量挖掘算法实现案例的进化，使案例库中始终保留最优秀的案例。由于 SIS 数据可能存在偏差，案例库可由人工进行维护和删减，以确保案例库准确可靠。

3. 设备运行参数优化建议

基于经济性在线分析，在优秀案例库中寻找相同或相近工况下的优秀运行案例，对比分析设备总体经济性以及案例对应的可调节运行参数，将经济性偏差与可调节运行参数的偏差作为优化运行建议输出给运行人员参考。后期待智能优化控制系统（ICS）上线后，可将运行优化结果传输给 ICS 实现闭环控制，以提高设备运行水平，挖掘节能潜力。

三、项目收益

（一）经济效益

（1）降低 20% 的磨煤机和循泵零部件的过剩更换率，节约设备采购成本。

（2）降低20%的磨煤机和循泵零部件备件库存，减少资金积压。

（3）提高40%的磨煤机和循泵设备故障诊断效率，减少人工工作量。

（4）通过运行参数优化，降低磨煤机平均制粉单耗5%左右，提高循泵运行效率5%左右。

（二）社会效益

（1）提高了燃煤发电企业设备检修管理水平，从传统的完全计划检修方式提升到计划检修＋状态检修＋消缺检修的多维度检修方式，构建智慧检修平台，为实现智慧电厂提供重要支撑。

（2）通过智慧检修，提高设备的可靠性，降低设备故障率，保障了发电企业的稳定运行。

（3）通过智慧运行寻优，提高设备的运行效率，挖掘节能潜力，降低发电成本。

（4）减少了设备诊断分析的人工工作量，使发电企业设备维护人员和管理人员能够将精力投放在更深层的设备寿命预估、动态检修策略制定等方面，从而提升员工的技术水平，培养出更多的现场专家。

四、项目亮点

（1）多系统平台的有机结合，将现有的SIS系统、SAP系统、一体化平台、精密专项点检数据、寿命管理数据等设备状态与运行数据整合到一个大平台中，打通信息孤岛，实现设备管理相关数据的有效融合的智慧化管控平台。

（2）制定准确的设备状态评价标准、系统风险评估标准和检修决策标准，建立电厂主要设备的风险评估和状态诊断模型，为状态检修决策提供重要依据。

（3）建立起运行历史数据清洗、案例挖掘、在线学习与运行参数优化的运行寻优机制，实现了对运行数据的深度应用，为后期智能控制系统（ICS）的实施提供研究基础。

（4）建立一套适用于乐东公司，可推广应用到国家能源集团乃至全国的设备智慧化运行管控系统，系统为设备运行和维护人员提供了安全岛和经济岛两方面的应用功能，实现设备安全性和经济性的最佳平衡，在提高运行管理水平的同时创造良好的经济效益。

基于物联网的设备自动故障诊断与状态分析系统

[国能粤电台山发电有限公司]

<table>
<tr><td>案例简介</td><td>本项目以国家级双跨工业互联网平台为技术支撑，以建立设备故障诊断体系为目标，以高水平诊断专家为依托，通过与 DCS 系统、PI 系统等有机结合，实现电厂－系统－设备－参数级的早期预警与故障诊断分析，为全厂提供专家级的设备故障分析和诊断服务，通过打造设备状态实时监视及分析、主辅机设备的故障预警和智能诊断、设备健康管理与知识库等核心功能，对设备运行状态进行预测，为状态检修提供依据，解决技术人员和技术力量不足等问题。</td></tr>
</table>

一、项目背景

目前，国内火电机组已具备较好的信息化基础，但设备管理仍普遍处于计划性维修阶段，缺乏对异常情况预警和对状态的深度感知。为实现向基于数据分析、健康状态驱动的设备状态检修模式转型，通过搭建设备健康预警与故障诊断平台，采用对设备关键特征量的融合分析和数据驱动预警等方法，以设备健康状态评价支撑设备运维，提高设备检修的有效性、针对性，提示生产运行、检修维保人员做出及时响应，从而实现设备的预防性维护。

二、技术方案

项目建设主要包含数据集成、基础平台搭建、业务应用构建等内容。数据集成方面，通过对现有 SIS 的 PI 数据库进行对接，同时与可视化项目进行数据集成，对监测数据补充汇集，实现设备监测数据的全面化、标准化、统一化管理；平台建设方面，通过工业互联网平台实现对设备数据、数据建模、应用开发和管理的技术统一，并对上层应用提供技术支撑和保障；智能应用通过对设备及环境等数据的精准感知，实现设备的故障诊断与预警，并在此基础上提供运维服务管理，开发智慧大屏用于辅助决策。

系统建设以台山电厂重要设备为基础，以工业互联网平台为支撑，建设包含在线监测、智能预警、智能诊断、专业诊断、健康管理、设备档案等在内的关键业务应用（见图 1）。

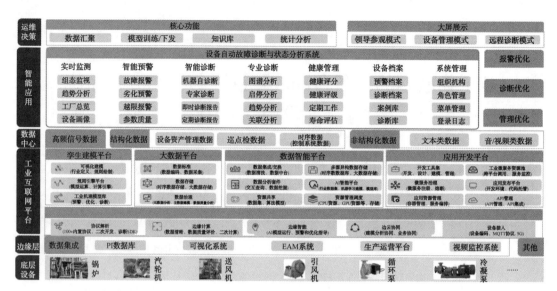

◆ 图1 系统总体架构

（一）状态在线监视

从安全运行、故障告警、维修统计等角度提炼核心信息，设置不同展示重点的首页总览页面布局，包括全厂重要主辅机设备运行情况、参数智能预警情况、设备故障预警情况、设备健康状态、数据通信状态、数据质量等的多维度统计分析（见图2），为决策提供依据。

◆ 图2 诊断大屏

（二）设备智能预警

对所有监控设备进行重要参数实时监测，并融合智能感知技术和大数据算法，选取历史数据构建设备重要参数的智能预警分析模型，实时计算各参数健康状态下的动态区间范围并计算残差值。当发生参数越限和运行异常情况时，系统会给出显著颜色进行报警／预警，对告警信息进行统计和分析，基于专家知识库挖掘报警发生的根本原因，并将告警信息及时推送至相关技术人员。

（三）设备故障诊断

根据获取的运行参数实时值等数据，结合参数历史数据、设备基础信息、设备定期工作及维保记录等，基于诊断专家知识库，对各设备进行故障预警及诊断。对于部件老化、性能劣化、运行工况偏离正常区间等引起的设备异常，系统基于规则引擎中配置的故障预警模型，能够在故障发生前做出有效的预警提醒，并推送给相应的设备管理人员。

在设备发生故障预警时自动生成即时诊断报告，即时诊断报告采用自诊断模式。当设备发生机理故障时，系统结合故障模型，自动展示故障现象、故障原因、故障措施等信息，为设备运维人员做出初步指导。

系统针对接入的设备，每月自动生成月度诊断报告。定期诊断模式是对设备一个周期内整体运行情况、健康情况、故障情况等进行全面详细的分析，并由诊断专家根据其情况给出远程指导建议。

（四）专业诊断工具

（1）振动分析。系统采用 B/S 模式实现设备的状态监测，提供十多种专业的监测分析图谱，采用 Web 动态页面的方式展现出来，方便专业技术人员对每台设备的状态进行监测分析。图谱包括波形图、频谱图、包络波形图（见图 3）、包络频谱图、轴心轨迹图、瀑布图、级联图、多值棒图、振动趋势图、相关趋势分析、轴中心位置、极坐标图、转速时间图、Bode 图等，并支持故障频率标记、寻峰等分析功能。图谱分析工具为振动分析专家提供了专业的诊断工具，满足专家分析所需的各项功能，为实现设备故障诊断打下了坚实的基础。

（2）趋势分析。趋势分析是辅助用户分析参数、设备状态长期变化趋势的重要功能，它不但能够分析单个参数偏离正常范围的劣化程度，还能分析多个参数的相关性联动变化趋势，同时为参数劣化预警模型的配置提供支撑。

（3）原因分析。当设备发生机理规则报警后，系统会结合诊断库的诊断信息，实现根据设备故障现象，自动匹配故障原因，并给出改善建议。

（4）关联分析。针对设备的预警情况，系统支持将报警参数与相关参数进行对比分析，帮助运行部定位报警的根本原因和影响点，找出外在条件与报警之间的关联规律。

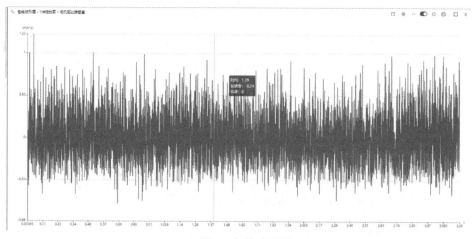

◆ 图3　包络波形图

（五）设备健康评估

设备健康评价从不同维度对设备进行评估，具体包括数据质量、维护状态、健康状态、运行状态、通信状态、能效状态、安全状态等评价维度，每个评价维度可以通过多个模型完成评价指标的计算。用户可基于应用需要，自定义综合评价指标类型，评价类型可用于各系统及设备的机理规则模型中的状态评价模型配置。

（六）设备档案管理

通过设备预警和诊断结果的自动归档、检修结果录入，形成动态设备健康劣化档案查询库，融合预警记录、维护计划、维修记录等信息，多维度展示已预警、已处理故障的统计数据。

（1）诊断库。平台通过设备诊断库建设，实现根据设备故障现象，自动匹配故障原因、故障措施的平台自诊断功能，指导用户开展设备运维工作（见图4）。

	序号	位置	机理代码	机理模式	机理类别	是否有效	评价类型	操作
☐	1	轴承	GZ6698	电机非驱动端轴承故障	轴系振动	有效	健康状态	取消发布 编辑 删除
☐	2	轴承	GZ6699	电机驱动端轴承故障	轴系振动	有效	健康状态	取消发布 编辑 删除
☐	3	轴承	GZ6700	泵驱动端轴承故障	轴系振动	有效	健康状态	取消发布 编辑 删除
☐	4	轴承	GZ6701	泵非驱动端轴承故障	轴系振动	有效	健康状态	取消发布 编辑 删除
☐	5	电机	GZ6788	电机转子不平衡或基础刚性差缺陷	轴系振动	有效	健康状态	取消发布 编辑 删除
☐	6	电机	GZ6789	电机旋转部件松动	轴系振动	有效	健康状态	取消发布 编辑 删除
☐	7	不对中	GZ6808	电机-泵转子不对中	轴系振动	有效	健康状态	取消发布 编辑 删除
☐	8	松动	GZ6809	循环水泵旋转部件松动	轴系振动	有效	健康状态	取消发布 编辑 删除

◆ 图4　设备诊断模型库

（2）案例库。将系统中典型的故障处理标记为案例，同时支持同行业其他电厂故障案例的线下添加，当设备发生同类故障时，结合案例库自动匹配故障原因、故障措施，指导用户开展报警处理和设备运维工作。

（七）设备档案管理

基于物联网的设备自动故障诊断与状态分析系统与可视化系统、设备全生命周期管理系统、PI 系统、视频监控系统以及生产运营管理系统分别集成，通过系统的集成，实现业务数据的同步与开发以及功能的互补与统一。需集成的业务如表 1 所示。

表 1 集成的业务、系统及集成方式

集成的业务	集成的系统	集成方式
振动数据	可视化系统	数据集成
预防性维护数据	设备全生命周期管理系统	数据集成
设备动态档案数据	设备全生命周期管理系统	数据集成
设备巡点检视频	设备全生命周期管理系统	页面集成
实时视频图像	视频监控系统	页面集成
单点登录	生产运营管理系统	服务集成
过程量数据	PI 系统	数据集成

三、项目收益

本项目通过对设备运行状态、设备健康状态等进行全生命周期的监测监控和智能化设备状态检修管理，能够显著提高人力资源配置效率，降低运行、检修人员的工作量和工作强度，增强全厂设备长周期运行的安全性和稳定性，实现电厂降低检修维护成本、提高生产效益的目标，在集团内部树立了"降本增效"的示范样本，具有良好的推广价值。

四、项目亮点

（一）高性能的海量时序数据压缩技术

针对工艺过程量实时数据，本项目使用的时序数据库 TrendDB 采用自研的动态区域拟合有损压缩方法和哈弗曼无损压缩方法，结合优化有损压缩的多级缓存技术，综合平衡压缩效率和压缩比，在保障数据还原质量的前提下，实现了综合平均压缩比 50∶1 的技术突破。

（二）专业的信号分析与多维故障特征提取技术

本项目应用数字信号处理技术，实现监测信号时域、频域、角域变换，从多个维度提取故障特征。对于设备运行的稳态振动信号，采用时域信号分析识别故障情况下的各种冲击特征，应用 FFT 变换后的频域分析技术识别设备频率成分特征，在时频域采用 STFT 等时频分析技术得到更全面的频域图像。

（三）开放的可视化 AI 与机理融合建模技术

本项目依托工业互联网平台，采用了可视化规则引擎组件技术与可视化 AI 自助建模组件技术。可视化规则引擎组件支持将专家知识以图形化组态的模式生成故障规则树，自动转换为平台能解析的语言，完成设备故障机理清晰并可量化的故障模式建模；可视化 AI 自助建模组件整合了数据源接口，支持大数据工程师在平台上以菜单式完成数据样本抽取、工况配置（自主识别）、算法导入 / 选择、模型训练、模型验证、模型发布等全过程 AI 模型的快速构建应用。同时，机理模型规则引擎也支持 AI 模型接口，生成规则判断的动态阈值，可以很好地解决机理模型固定阈值在变工况时准确度下降的问题，降低设备故障误报率和漏报率，提高诊断平台的准确性。

（四）设计了较为完整实用的设备健康状态评价理论体系

本项目建立了一套较为完整实用的设备健康状态评价体系，综合考虑数据通信状态、运行状态、维护状态、能效状态、故障状态、参数劣化程度等多种维度的评价，建立设备健康状态等级评价标准，系统根据模型运算结果，自动计算各系统、设备的实时健康指数与月度健康指数，指导各级设备运维人员及时处理故障设备，重点关注亚健康、状态持续劣化设备。

火电厂智慧水务管理信息系统

[国家能源集团焦作电厂有限公司]

案例简介 本项目是建立一个集水系统运行、水指标统计、水效能分析、水设备管理、水成本控制等在内的智慧水务综合管理系统。基于水平衡实时在线可视化监控的搭建，在已有水平衡工作细化的基础上，对现有的测量装置进行完善和升级改造，并搭建覆盖用水仪表的通信网络，实现数据远传、仪表远控、3D 工艺监控、统计分析、大数据分析等技术手段集成应用的智慧水务信息管理系统。实现对厂区用水系统监控，包括厂区内各用户的用水量的实时显示、用水量统计、用水行为异常报警、水损耗差分析和设备检修管理等内容。

一、项目背景

企业需要进一步提高水务信息化管理水平，准确掌握用水量和各级用水、排水量，响应国家节能减排政策和智能电站建设要求。以贯彻国家"两化融合"和"智慧水务"发展思路，建设覆盖火电煤机企业水源、水用户、总排口、水系统、水设备以及计量装置等水务基础设施，实现供用排水的动态监控和数字化管理，实现水务管控过程的资源共享、信息透明和高效协同，全面提升企业用水管理水平，实现智慧用水精细化管理。

二、技术方案

（一）建设原则

（1）开发规范：应用系统开发符合软件设计开发的标准与规范，采用的技术和工具符合工业标准。

（2）术语规范：使用的术语符合国家标准和行业标准。

（3）先进性：应用系统具备主要技术的先进性，具有良好的软硬件平台兼容性。

（4）完整性：提供完整的应用系统开发技术解决方案。

（5）易用性及实用性：用户界面规范统一，便于用户掌握；提供方便的软件工具，便于系统的配置、管理和维护。

（6）开放性：保证构架内外现有的、可能增加的不同应用模型系统可以通过开放标准很容易地集成。

（7）融合性：具有一定的对其他系统的数据内容聚合以及应用整合能力，可以方便地与第三方系统集成，更好地实现内部信息共享和沟通。

（8）可扩展性：具有足够的可扩展性，可以通过服务器等基础资源的添加来满足业务应用的增加、业务量的加大或者应用终端用户的增加，而无须对系统逻辑构架、系统应用或业务应用进行改动，保证了这种扩展是快速的、有效的，使得系统能够随着业务的变化而非常容易地做出改变。

（9）安全性：采用全面开放的安全体系结构，保证系统的物理安全和逻辑安全。物理安全指系统设备及相关设施受到物理保护，免于被破坏和丢失；逻辑安全包括信息完整性、保密性和可用性，建立相应的安全管理制度。建设统一身份认证和单点登录体系，考虑用户账号、密码使用安全策略。

（10）可管理性：系统对不同性质用户、系统运行状态、数据资源等具有良好的可管理性和可维护性，包括用户集中、机构管理、授权管理、角色管理、变更审计、同步机制、日志审计等功能。

（11）系统可靠性：数据库服务器采用集群式部署，可最大限度地减少服务器故障带来的影响，提高故障恢复能力。同时，应用服务器都采用多节点负载均衡的方式，当一台服务器发生故障时，其他服务器无缝接管业务负载，保证系统的稳定可靠。

（12）兼容性要求：客户端支持 Chrome 等常用浏览器，操作系统支持 Windows 7 及以上版本，Office 支持 2010 及以上版本。

（13）输出灵活性：系统满足用户根据具体业务和格式需求，定制各类查询结果或报表、报告等灵活输出，输出文件格式不限于 Word、Excel、PDF、WPS 等。

（二）系统架构

1.总体架构

本系统整体架构底层采用大数据架构，分为采集层（边缘层）、IaaS 层、PaaS 层、SaaS 层共 4 层的体系架构。

系统功能构建于 SaaS 应用层，依托大数据平台已有产品实现 2D、3D 交互类界面综合展示功能，包括综合看板、分系统监测、水平衡监控、水网综管、水务统计、综合报表、诊断优化等功能。

采集层是基础，支持数十种相关协议数据采集能力，可与企业端设备有机整合，可通过智能网关或工控机实现边缘端的配置、数据、模型与云端的互联互通。

IaaS 层是支撑，本层以现有服务器、网络为基础，构成基础设施，从而顺利支撑起上层各类服务。东方国信以自身的 IaaS 层产品，可自适应单机环境与云环境，最终与 IT 基础设施完美融合。

PaaS 层是核心，按照平台架构职责分为三大子平台：

（1）PaaS-D 大数据平台，是以国产 Hadoop（BEH）或 Cassandra 为底层数据服务环境，整合关系型数据库、时序数据库、文本数据库等多款产品，提供工业大数据存储、管理、计算、分析和服务能力。

（2）PaaS-P 通用应用开发平台，提供支持传统工业软件快速云化的自研软件如动态模型引擎、流程引擎、动态表单工具、开发平台与 IDE 插件等，以及支持构建新型工业应用功能的自研工具如微服务治理平台、工业建模工具、数据挖掘工具、二三维组态软件等，同时大量融合了工业领域常用的流程工具、仿真工具和行业知识与机理基础工具。

（3）PaaS-B 通用业务平台，提供基于工业的常见业务能力服务，包含常见的设备管理、设备监控、设备事件、设备分析、设备组态等组件能力。

SaaS 层是关键，围绕电厂智慧水务应用场景，构建水务作业、监控、治理、决策和服务的综合功能展示。

2.技术架构

本系统按照能力定位和业务需求，充分考虑不同应用场景对系统支撑的诉求，采用 Hadoop 架构对数据的计算、存储模型和使用进行优化，保证数据的灵活性、可扩展性、实时性、高效性、可维护性，提供和建设具备混合存储架构的数据中心，以适应数据服务需要。

（三）应用功能设计

系统应用功能有综合看板、分系统监测、水平衡监控、水网综管、水务统计、综合报表、诊断优化、三维交互。

（四）系统核心技术

分布式文件系统-HDFS、开放：基于开源的存储格式，避免厂商锁定、分布式数据库-HBase、集群协调服务 Zookeeper、分布式批处理引擎-MapReduce、数据仓库组件-Hive、分布式内存计算框架-Apache Spark、数据校验、数据分析、数据挖掘、数据安全、算法建模工具、数据可视化展示工具、单点登录。

（五）安装调试运行情况

焦作电厂智慧水务系统试运行期间，共记录 4 个缺陷，全部处理解决。在整个试运行过程中，系统运行正常，未出现不明错误。系统正式投入使用后，运行良好，各项应用功能使用情况正常。

三、项目收益

智慧水务系统投用后，水系统运行、水指标统计、水效能分析、水设备管理、水成本控制等效果显著。特别是，控制单位发电取水量、外排水率、机组循环水重复利用率等水务指标，为企业优化成本提供了有力依据。

通过实现各类水系统在线运行分析、关键水务指标监视和企业水/盐平衡测试，可快速发现管网漏损，及时准确消缺，可以有效降低管网漏损水量 20%~50%，从而直接降低水采购成本；通过指标监控以及工艺寻优，可提高水资源重复利用率 10% 左右，即降低水采购成本 10% 左右。

依据设备监控、指标监测、预警/报警管理，可及时有效地反映水务系统设备运行异常、故障，辅助 3D 系统官网模型可以快速定位水务管网缺陷位置，通过水务管理专家知识库，可以辅助客户快速开展水系统检维修工作，大大提高消缺效率，即降低水采购成本。

四、项目亮点

企业智慧水务系统建设完成后，系统依据指标预警/报警功能、表计总－分稽核逻辑关系实时监控管网运行，第一时间发现设备缺陷，辅助厂区 3D 管网图可精确定位缺陷设备位置，通过三维坐标，可精确确定缺陷设备距离其他设备、建筑物等横向、纵向距离。智慧水务系统建成后，实现水务系统数据实时、自动采集和计算，数据准确性、及时性和颗粒度都得到了质的提升。通过系统内置复杂多样的计算逻辑，系统能够自动、实时、准确地计算各项管理指标，在很大程度上提升了企业员工的工作效率，解决人工抄表问题，提升工作效率以及数据的准确性。

火电厂互联网＋安全生产管理系统

[国能荥阳热电有限公司]

案例简介　国能荥阳热电有限公司的互联网＋生产管理系统项目计划开工 2019 年 2 月 20 日,实际开工 2019 年 2 月 25 日,2019 年 7 月完成主要设备安装调试及部分模块上线,后因疫情,实际工程竣工日期为 2020 年 3 月(完成后续设备调试和全部功能模块的上线运行)。火电厂互联网＋生产管理系统是在目前数字化的基础上,利用互联网＋、移动终端、员工手机端等形成的综合生产管理系统,指导电厂安全生产管理。

一、项目背景

互联网＋生产管理系统满足荥阳公司安全生产管理需求,符合国家政策、行业规范、河南公司及国家能源集团对安全风险分级管控和隐患排查治理工作的相关要求,具有科学性、规范性、先进性、经济性、稳定性等特点。

二、技术方案

(一)建设思路

智慧电厂建设一般需要经历信息化、智能化、智慧化三个阶段。其中,发电企业互联网＋生产作为智慧电厂的核心组成部分,是通过强化工业互联网建设,深化先进管理理念挖掘,与电厂生产管理体系有机结合,利用互联网＋、物联网、人工智能、移动互联、虚拟三维等技术,实现生产管理集约化、安全风险可控化和隐患排查治理闭环化,推进互联网＋在发电企业安全生产管理方面的全方位应用。

1.技术平台

基于大平台微应用思路,集成综合信息管理平台、互联网＋安全生产 App、服务器等硬件系统,结合互联网＋技术、智能化设备工具,搭建统一的安全生产管控系统和协同平台,推进各类专业业务系统全面应用,形成互联网＋安全生产整体解决方案。

(1)综合信息管理平台。构建一体化工作平台,集成日利润系统、物资管理系统、安全风险－隐患排查双预控管理系统、智能班组系统、两票系统、门禁系统、视频监控系统、SIS 系统、安全培训平台、协同办公及企业门户网站，实现数据信息统一。通过生产管理信息系统中生产、安全等业务系统应用集成化及业务移动化，构建全方位、全要素安全生产管控体系。

（2）互联网＋安全生产 App 平台。全面实现电厂安全生产业务应用系统移植到移动终端，结合全厂工业无线 Wi-Fi，通过移动终端 App 实现企业所有人员业务移动化。实现移动终端关键信息展示、安全风险动态新增及查询、移动办公、即时通信、督办事务办理、关注信息查询、特殊提醒、报警等功能；将实时生产和运行状况根据职能、工作需求同步推送到对应人员，实现人员与实时工况互动便捷；集成定位、扫码、拍照、语音振动报警等实用功能。

2.“互联网＋”技术

在中国工业 4.0 的大环境下，“互联网＋”的应用已是大势所趋，新技术将通过可扩展的平台推广至发电行业，优化产业结构，促进电力行业数字化进程。对于“互联网＋”在传统行业的推广与应用产生深远的推动作用，形成极好的示范效应，成为能源行业、电力系统的创新亮点，具有很高的社会价值。

荥阳互联网＋生产管理系统项目在发电企业实现以下新技术应用创新。

（1）全厂无线 Wi-Fi。针对电厂复杂的生产环境，采用 AC 控制器与室内、室外 AP两种设备结合，实现全厂重要生产区域（包括汽机厂房、锅炉区域、电除尘区域、脱硫区域、燃料区域、化学及外围区域等）无线信号无缝覆盖、快速漫游，一体化兼容、控制、管理多接入终端及多接入地点，集中管理现场无线 Wi-Fi 热点配置、升级、维护。

（2）移动终端办公。利用无线网、移动应用技术，结合电厂生产管理制度要求、管理流程，以提高工作效率和工作质量为出发点，通过手机为主要应用载体，深度融合互联网与发电企业生产管理，实现发电企业互联网＋安全生产管理的新模式。

（3）智能二维码。通过移动终端扫码功能，将静态二维码与人员、设备、区域、安全风险绑定，作为快速信息查询入口；动态二维码随机生成实现两票到岗签到、会议到位签到等功能。

（4）人员定位监控。在需要重点监控的区域，结合人员定位设备，实现人员区域定位及精准定位。应用蓝牙定位技术实现区域人员定位，应用 W–UWB 技术实现相关业务人员精准定位。随时掌握布控区域人员位置、人员分布密度、相应的状态信息及每个受控目标的活动轨迹。当有突发事件发生时，管理人员即可根据系统所提供的数据、图形，迅速了解有关人员的位置分布情况和状态信息，及时采取相应的控制措施，便于更加合理地进行调度管理，提高安全防范及突发事件处理能力和效率。

（5）安全风险 – 隐患排查动态闭环管控。通过互联网 + 技术，将线下的安全风险管控、隐患排查治理工作信息化、数字化，并将安全风险管控与传统两票管理相结合，落地安全风险管控工作，实现安全风险的动态管控，创建全新的"互联网 +"双重预防机制。

（二）互联网 + 生产管理系统基本内容

互联网 + 生产管理项目通过挖掘互联网与电厂安全生产管理的深度融合，建立设备智能、多能协同、信息对称、检修运行开放的发电厂生产管理新模式（见图 1）。

（1）构建安全生产运营管控一体化数据中心，标准化数据一站式充分共享应用；

（2）应用移动终端 App 及全厂无线 Wi-Fi 实现业务移动化，生产任务闭环管控；

（3）结合二维码及人员定位技术，全面落实安全生产责任制及现场作业规范管理；

（4）实现人员及生产数据管理在线、闭环、实时、不落地，提升生产管理效率；

（5）实现安全风险管控和隐患排查治理信息化、数字化、动态化管理。

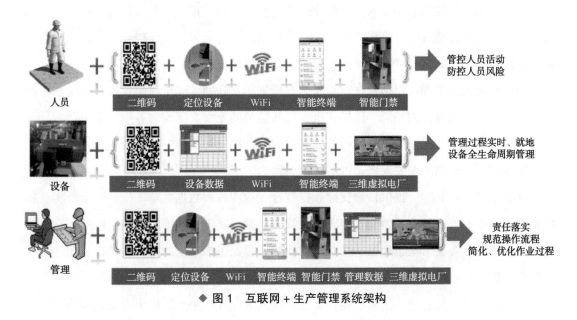

◆ 图 1　互联网 + 生产管理系统架构

具体内容包括以下方面。

（1）生产安全总览。生产安全总览是系统管理的总入口，显示系统运行的总体信息及重要数据，管理人员可通过入口进行信息浏览及业务管理。展现模式包括人员模式与业务模式，可自行设定优先显示模式，总体信息包括全景三维数字模型、3D 电厂、人员区域到位、设备三维可视化、业务总览、智能应急演练、安全状况自动评估、区域安全风险直观动态展示、全场高风险作业实时掌控、安全工作指标可视化、不安全条件的声光报警、多层级预警、安全预警等。

（2）人员活动管理。通过系统人员到位跟踪、生产管理人员现场出入管理、关键区域管理人员到场、重点区域监管等功能，掌握公司内部员工、外包工程单位人员、生产管理人员的位置情况、行动路线，以及进出生产现场及生产关键区域的情况，对工作人员状态进行监督。利用门禁系统控制关键区域的出入，实现对人员和关键区域的安全监管。

（3）安全积分管理。系统提供安全培训、在线考试，根据人员安全规程考试成绩判定人员生产区域进出及工作资格；关联门禁系统，对不同资格的人员进出生产现场进行管制。

（4）设备管理。基于对电厂全部生产工艺系统设备设施进行统一编码的设备树（设备台账）、所有与其相关的管理规范要求的实现，对巡检人员进行跟踪监督以及过程可视化。巡检人员借助移动终端 App 查看点巡检路线及计划，进行现场设备二维码扫描，完成点巡检数据记录、缺陷登记、隐患登记、风险辨识评估。扫描巡点检区域二维码确认检修到位，自动记录工作时间、作业人员及作业对象；基于三维虚拟电厂及人员定位系统，匹配巡检人员的点巡检轨迹，对巡检人员的工作执行情况进行监督。整体提升巡点检人员标准化工作意识和设备数据实时管控。

（5）作业规范管理。包括互联网 + 安全责任制、互联网 + 安全风险管控、互联网 + 两票监管。基于重大操作的到岗、监护和重要检修监护的流程，落实对各项安全生产责任和安全风险管控工作。通过工作票执行监护人员到场扫描动态二维码进行线上签到，匹配两票时间要求，自动判断相关人员是否定时定点到达。

（6）检修维护管理。提供检修支撑数据整合、检修过程数据共享、检修安全落实、检修质量把控等业务，并有机融合了传统检修管理经验，实现了检修人员、检修过程、检修安全、检修质量等要素动态把控的功能，为检修过程提供多维度的指导支持，从而达到智能检修过程闭环管理的效果。

（7）运行标准化管理。主要功能：实现运行人员标准化生产，机组安全、可靠、经济和环保运行，主要包含运行管理、指标管理、培训管理三个模块。

（8）安全风险分级管控。根据国电河南公司"安全生产风险分级管控管理制度"和"评估指南"要求，构建标准化、规范化的安全风险管控功能，有效减轻劳动强度，提高工作效率和保证工作质量；规范电厂安全风险辨识评估流程，并与两票系统进行集成，将安全风险管控工作有效落地，构建安全风险的长效管控机制。

（9）隐患排查治理。基于全厂工业无线 Wi-Fi 信号覆盖及移动互联应用的安全检查、

监督管理、安全风险动态管控，进行现场安全检查信息建立、检查结果实时登记、隐患 /
违章拍照登记、违章安全积分扣除、隐患（分级）在线核准、隐患整改验收评定、安全风
险辨识评估、隐患治理智能统计移动端业务作业与远程中心协同，实现隐患排查治理信息
化闭环管理。

（10）动态评价系统。基于电厂安全经济性评价体系，维护安全评价计划，构建安全
评价标准库，集中管理安全评价表，进行现场安全评价，进行安全形势综合分析及可视化
展示。

（11）外包工程管理。实现对外包工程资质审查、合同和技术协议审查、安全审查协
议、安全教育培训、安全技术交底、"三措两案"审查、开工手续办理、准入证管理、日
常管理、履职监管、隐患排查与治理、考核处罚、业绩评价、承包商信息档案的全过程管
控、关口前移、精准监管，推动电厂外包工程安全管理的规范化、流程化，杜绝管理隐患。

（12）制度措施管理。树形目录结构集中管理国家能源集团、省公司、电厂出台的安
全生产制度，支持对应权限人员查询、上传、编辑、删除等操作。

（13）反违章管理。建立人员的反违章工作奖惩机制，提升安全培训效率与反违章工
作管控能力，有效将安全培训、员工安全行为、持证上岗等机制有效地连接起来，防控现
场作业安全风险，激励基层员工主动关注安全。

（14）职业健康管理。按照相关法律法规对企业职业病防治管理的相关规定，重点对
企业员工的职业健康检查、职业病危害因素检测及监测、职业防护用品设施管理、职业病
危害告知等进行管控，并生成企业职业卫生档案及劳动者职业健康监护档案，并且对职
业病患病情况及趋势、职业病危害因素监测情况进行统计分析，指导企业进行职业健康
管理。

（15）消防管理。本模块可查看消防设施设备、防火重点部位的列表台账以及重点部
位名称、火灾危险性、主要灭火装备、消防安全责任人等防火重点部位详细信息。

（16）应急管理。本模块主要实现对电厂应急救援队伍的建立情况、应急预案的编制、
定期评审情况、应急演练情况、应急培训情况、应急物资配备、监测预警、应急信息发布
等进行全面管控。

（17）事故事件管理。可实现对电厂事故事件快速上报、调查处理信息登记、事故事
件处理、统计分析等功能，提高电厂对事故事件的管理水平。

（18）安全绩效考核。平台内置、导入电厂的安全绩效考核标准，按照绩效考核标准
内容实现对电厂安全生产工作的绩效考评。

（19）安全日常工作。本模块可实现对安全日常工作包括通知公告和安全文件、安全例会、安全红黑榜、安全简报、安全信息报送等进行线上管理。

（20）安全基础数据库。安全基础数据库集成了安全风险数据库、危险源数据库、事故案例库、安全法规制度库和应急预案库，针对电厂生产运行管理的实际情况，由相应权限人员对安全基础数据库进行更新等操作，形成电厂宝贵的安全生产管理经验。

（21）安全生产大数据中心。通过建立数据集成交换平台，形成电厂的安全生产大数据中心，可有效解决现有门禁系统、视频监控系统、安全培训平台、安全风险－隐患排查双预控系统、MIS系统等各信息化系统的"信息孤岛"问题，可智能分析发电企业多维度采集到的各类安全风险、隐患、检查、未遂事件等安全数据，应用数据分析模型，综合表征安全风险管控状况，实现安全风险的关联结果分析、趋势预判分析、模拟预测分析和实时预警，从而辅助管理人员进行安全决策。

（22）系统接口。接口部分遵循信息统一规划，避免信息孤岛现象。实现与生产经营一体化管控平台、物资管理系统、日利润系统、OA系统、人资管理系统、SIS监控系统、生产区域门禁系统等数据共享和互相调用，实现包括设备、巡检、缺陷、两票、班组、检修、人员、成本等数据的交换。

①与生产经营一体化管控平台接口。互联网＋生产管理系统与生产经营一体化管控平台基础数据可通过系统数据表共享形式获取，将互联网＋生产管理项目和生产经营一体化管控平台进行无缝对接。

②物资管理系统。通过数据库读取方式实现互联网＋生产管理系统与电厂物资管理系统数据交互，获取备品备件等相关信息。

③与日利润系统接口。互联网＋生产管理系统与日利润系统基础数据可通过系统数据表共享形式获取，将互联网＋生产管理项目和日利润系统进行无缝对接。

④与OA系统接口。为了完成互联网＋生产管理系统与OA系统顺利交互，自动获取相关信息，根据数据接口规范，将接口所需字段提供给OA系统开发厂家，通过获取开发厂家反馈的相关数据的接口路径和协议，开发自动获取数据的程序，完成与公司OA系统交互。

⑤人资管理系统。通过数据库读取方式实现互联网＋生产管理系统与电厂人资管理系统数据交互，获取电厂人员等相关信息。

⑥与生产区域门禁系统接口。为保证电厂互联网＋生产管理系统对生产区域门禁的全面监控，系统需要与生产区域门禁系统进行数据交互。根据数据接口规范，开发自动获取

数据的程序，完成与生产区域门禁系统数据交互。

⑦与 SIS 系统接口。为保证管理决策层能够随时查看全厂的生产情况，并提供必要的生产数据，需要同电厂 SIS 系统建立数据采集接口，并按照技术要求（采集点、采集周期、数据传输速率等）将所需数据采集进本系统并保存，供查询、处理、深度挖掘使用。

三、项目收益

（一）管理效益

（1）提高生产工作效率。应用工作业务流程技术，自动处理各业务间的关系，利用计算机强大的数据处理能力，以及网络的高速数据传输能力，使流程进行得更快、更准确，提高生产工作效率。

（2）提高信息管理水平。通过安全生产大数据中心建设，实现对各类型信息资源的综合管理。在管理软件的引导下，各类信息资源将按规定的通道在网络上流动、输入、输出、分析、归档、存储，从而避免重复输入、保存，保证数据的准确性、一致性和可靠性。

（3）有利于风险分析与控制。通过互联网＋生产管理系统建设，可运用安全风险动态四色分布图动态展示全厂风险，实现安全工作指标可视化，实时掌握全厂安全风险动态，从而有针对性地加强生产过程中风险的管理，提高电厂风险管理水平。

（4）促进管理水平的现代化。通过互联网＋生产管理系统的建立，可促进企业安全生产管理方式及管理制度的进一步完善和规范化，并将安全生产管理和各项考核工作逐步上升为一种标准和制度。管理信息系统能引导、帮助管理者准确地执行这些制度和标准，并通过信息系统予以固化。

（二）经济效益

创新安全管理模式，提供更精确的人员筛选，对进出人员进行人脸识别比对，实现重要区域非授权人员进入报警；精准定位现场作业人员，实现对人员的不安全行为和事物的不安全状态主动预警监控；精准管控安全风险，实现安全风险动态管控和隐患排查治理闭环管理。上述措施能够提高电厂安全生产管理水平，能够减少或者避免生产事故的发生，使电厂可以持续稳定运行，提高经济效益。

（四）社会效益

目前，政府层面在各个传统工业领域推广"互联网＋"建设，国内五大电力发电集团亦在试点建设"互联网＋"电厂，故本项目的研究应用与实施将会形成极好的示范效应，成为传统工业领域、电力行业的一个创新亮点，具有极高的社会推广价值。

"互联网＋"电厂建设顺应时代发展趋势，促使荥阳公司进一步落实双重预防机制，建设本质安全企业，为地区电网提供更加稳定可靠的能源，为地区生产发展提供坚实的底层基础。

四、项目亮点

项目创新研发了基于发电过程信息的如下智能管理平台：

（1）基于互联网＋的智能 W 形火焰锅炉壁温管理系统。

（2）基于互联网＋安全生产可视化管理系统。

融合 5G 及工业互联技术的火电厂
智慧管理平台研究与应用

[国能长源汉川发电有限公司]

案例简介

本项目结合国家能源集团先进管理理念，依托国家能源集团《网络安全和信息化"十四五"规划》《火电智能电站建设规范》《智能火电技术规范》《数字化转型行动计划》等，通过云、大、物、移、智等新型技术手段，结合汉川电厂的业务、信息化和数据现状，以需求为导向，在业务协同、数据融合和技术融合的基础上，通过探索云边协同模式，构建一体化智慧管理平台（HCIMS），实现资源整合，提高企业生产效率。智慧管理平台采用 5G、工业互联网、人工智能、机器人、大数据、高精度定位等技术，探索工业互联网技术在燃煤电厂的应用和 5G 融合应用，研究开发以智能设备管理为基础的智能检修管理系统，构建智能安全管理系统，研究突破智能安全、智能设备检修管理、智能巡检管理等火电智能生产检修管理关键技术，为集团火电智慧化建设提供经验和技术路径。

一、项目背景

汉川电厂在近几年智慧电厂建设中通过摸索研究，已完成智能摄像头和智能传感器、MIS 智能化扩展、SIS 智能化开发、燃料智能化管控系统、油库氢站无人值守、燃料皮带机器人、智能仓储、智能安全监督系统、五检合一智能巡点检平台、视频识别不安全行为等智能化基础设施和系统建设，智能化建设在现场的实际应用方面取得了良好的效果，促进企业减人提质增效，提升了企业生产管控能力，尚在建设的智能项目有十多项，如 ICS 系统改造和数字化煤场等，但各系统之间耦合程度不高，较为分散，需整合汉川电厂现有信息系统和 IT 资源，建设基于统一框架、统一平台，实现信息与数据互联互通、业务融合和云边端协同的 HCIMS 智慧管理平台，提升汉川电厂的集中生产管理能力、感知能力、智慧预测能力和智能调度与计划能力。

二、技术方案

（一）技术路线

按照业务量化、集成集中、统一平台、智能协同的关键路径实施，通过构建火电厂业务和数据体系，形成与集团统建系统深度融合的智慧生态平台体系。本项目的技术路线为：

（1）参照《国家能源集团全产业数据标准体系框架规范》《国家能源集团主数据管理办法》，形成汉川电厂的业务和数据标准化体系，实现电厂与集团业务和数据标准、规范统一。

（2）梳理汉川电厂现有的信息系统建设情况、数据现状、业务流程、通信现状，以业务流程驱动信息流和数据流，实现与集团统建系统 ERP、数据湖等深度融合，形成厂侧服务化延伸能力，赋能厂侧定制化应用。

（3）以《国家能源集团火电智能电站建设规范》为指导，开展云边端协同体系的研究，构建符合集团规划要求、适合汉川电厂特点的一体化超融合智慧管理平台（HCIMS），形成电厂业务和能力服务中心，实现基于数据驱动的应用架构体系。

（4）根据《国家能源集团数字化转型行动计划》，充分利用云计算、大数据、物联网等智先进信息技术，支撑业务系统建设。

（5）按照国家信息安全等级保护的有关要求，结合集团三级管控模式特点，制定智慧企业管控系统的防护原则，建立基于主动防御的信息安全策略，实现数据与应用的本质安全。

（6）充分调研行业内智能电厂建设情况、新技术应用情况，对成熟技术充分吸收应用，支撑项目的建设。

（二）主要实施内容

（1）建设智慧管理平台（HCIMS），支撑构建以超融合云平台为中心，具备微服务、中台特点的技术信息结构，以中台为核心的融合应用架构。平台包括开发工具（IDE）、开发框架、公共组件服务、系统治理工具、数据中台和业务中台，能够提供路由网关、注册中心、服务监控、配置中心等能力，支持基于 SOAP 的 Web Service 方式等多种通信方式、多种前端展现工具，提供可视化的任务调度组件、权限开发及运行支撑组件、流程开发及运行支撑组件，提供微服务自动化部署、实时监控、性能测试等工具。智慧管理平台全面整合与优化智能电厂建设所需的 IT 应用资源、数据资源及基础设施资源，在平台内部消除信息孤岛，实现系统间的业务功能协同和集中服务，加强数据共享和综合分析，促进电厂运营的业务一体化，提升业务管理的质量和效率。平台中已建设 20 个微服务，可覆盖智能安全、生产技术、设备管理及检修、物资、财务、燃料、经营、安防、行政等主要业务，已建设 8 个业务模块 155 个二级应用，其他业务应用正在开发中。

（2）构建智能安全管控系统，集成三维建模、人员定位、电子围栏、门禁动态授权、移动智能终端等先进基础设施和智能装备，采用 5G、云技术、物联网、大数据、人工智能等新技术，与电厂安全生产业务有机融合，进行"物防、人防、技防"全面智能管控，实现现场作业智能风险管控、风险辨识、现场区域网格管理、两票全过程安全管控、生产区八小时之外作业管控以及实时违章告警功能，规范运行和检修作业过程，强化管理人员上岗到位，夯实安全基础，提升企业的安全生产智能管理水平。智能安全管控包括人员安全管控、环境安全管控、本质安全管理、智能设备安全管控、智能厂区安防监控集成联动等部分。

①人员安全管控。结合智能访客、安全培训考评、人员定位、门禁、视频、巡点检、高风险作业管控等智能系统，实现对作业人员、"三外"人员安全管控，通过对承包商和"三外"人员信息档案智能识别自动准入、人员到位管理、安全作业管控、高风险精准监管等促使外包工程安全管理的数字化，杜绝外委人员管理隐患。采用高风险作业管控系统远程监管安全规范作业，应用人工智能技术研究作业人员违章行为识别算法、运行人员疲劳状态识别算法，及时纠正作业人员违章。建立员工职业健康电子档案，进行职业危害因素申报及管理，对危害（危险源）场所部署无线感知传感器，智能感知生产现场的粉尘、噪声、氨气等危害因素数据，在平台三维中可视化监测，结合人员定位，对相关工作人员及时报警，检查防护措施。对相关数据自动生成检测报表存档，并及时公布职业病危害因素检测结果。针对现场作业的人身安全，进行相应的数据采集和监管，将这些数据与现场作业清单进行关联，为安监人员提供一目了然的实时安全信息。应用 5G 高清视频对讲系统对高风险作业人员进行全程、全方位、全时段监管，及时纠正违章行为。构建可独立控制的电厂两票全过程管理，同时集成 ERP 两票管理数据接口，完成相关智能两票场景深度应用开发，实现两票数据的完整性，从而通过与人员定位、门禁系统、电子围栏等技术的结合，强化两票管理过程。

②全厂环境安全管理。通过物联网平台，实现全厂视频、智能门禁系统、特殊车辆定位监控的业务联动，与全厂智能周界防护设备实现状态感知、数据集成。获取智能周界

防护设备的工作状态、触发记录信息等，支撑现有的数字监控信息系统可视化需求，并实现实时报警。针对油库、氢站的智能化无人值守系统，实现相应的前端配置和权限控制，并对区域违章现象进行自动抓拍，自动生成安全考核单。以危险废物全生命周期管理和运输全程跟踪为管理目标，提供危险废物台账、在线预警报警、流程追踪、视频管理等功能。

③本质安全管理。基于国家能源集团安全管理要求，结合电厂的业务需要，构建电厂安全管理业务智能化，主要包含安全环保知识库、安全组织机构、安全目标和年度监督计划、安全制度、安全培训、安全会议、安全检查、安全考核、安全分析、安全事件管理、安全风险预控、两措管理、安全监督评价、事故类比排查、反违章管理、人员违章视频识别集成、隐患管理、安全风险管理、高风险作业监控与智能考核、生产区八小时之外作业管理等。

④智能设备安全管控。基于 SIS 和巡点检系统数据（巡检数据、在线监测数据、视频数据等）智能识别设备不安全状态。应具备对设备不安全状态自动报警、记录、启动安全措施、发送整改和整改跟踪的功能。利用智能图像识别技术针对重点设备启用跑冒滴漏检测，当设备发生跑气、漏水、漏油等现象时，及时触发报警；摄像机监控画面内设备发生跑冒滴漏时，实时记录告警信息并推送告警信息。在指定区域启用火灾识别，摄像机监控画面内发生明火时，实时记录告警信息并推送告警信息。摄像机监控发现如高温蒸汽泄漏等异常工况，推送告警信息等。

⑤厂区安防监控集成联动。集成门禁报警、入侵检测、火灾报警、周界防护、人员定位等各类安防硬件、软件、网络于一体，形成智能安防监控系统集成联动，对前端系统集中监控、统一管理、报警联动，实现在可视化的三维场景画面下，高效处理厂区安防业务，为电厂安全生产保驾护航。

智能厂区安防监控集成联动包括三维实景融合监视、人员定位融合监视、门禁报警联动、消防报警联防、周界报警联防。三维实景融合监视将报警点、门禁点、视频点、消防点等各子系统的监控点位在厂区三维可视化模型中进行标绘，实现三维场景和视频照射场景相结合。在三维场景中选择任何一点，厂区中视频照射该点的摄像头会自动弹出实时视频信息。门禁报警联防具有门禁进出实时监控、出入记录查询、紧急逃生等功能。当监测到门禁系统发生无效卡刷门、对门禁系统的破坏和非法进入等情况，智能推送值班人员，同时在三维场景中自动定位并高亮显示门禁报警点，自动调取关联的实时视频画面。消防报警联防接收到火灾报警信息后，智能推送值班人员，同时在三维场景中自动定位并高亮显示火灾报警点，自动调取关联的实时视频画面，根据联动策略和权限自动打开逃生路线上的门禁，确保逃生路线正常，配合视频调用、广播系统等进行逃生指引。火警解除后，自动恢复相关门禁。周界报警联防，接收到周界防区报警信息后，智能推送值班人员，同时在三维场景中自动定位并显示报警点，根据联动策略显示报警防区附近监控画面，自动抓拍现场图片，跟踪移动目标，启动录像存储，记录报警信息。

（3）构建基于"五检合一"的智能检修管理，结合知识图谱缺陷数据库和设备台账，对接集团 ERP 统建系统设备模块、等级检修模块实现巡点检、精密点检、电子巡检、机器人巡检、设备诊断、缺陷分析、定期维护和辅助检修决策等一体化管理，提高设备安全可靠性与运行效率，提升核心业务智能化支撑程度。基于 ERP 设备模块，引用二维码、5G、机器人、视频识别技术和多传感器柔性融合技术，集成人工巡点检、视频巡检、电子巡检和机器人巡检，形成智能巡点检平台，实现电厂设备巡点检的自动化与智能化，减少现场巡检人员数量和工作强度。设备智能分析诊断模块依托巡点检平台的数据，统计分析设备各类巡点检数据、趋势和异常检查项目，通过自动诊断知识库、专家诊断和设备健康状态评价模型分析，实现设备趋势分析劣化预警和健康状态评估分析，自动发出异常预警信号，定期自动生成诊断分析报告并上传，展示电厂所有设备状态、异常及诊断结论。检修模块根据诊断结论和建议，生成相关检修计划和工单，为电厂生产运行、检修和管理人员提供定期维护计划和生产检修决策支持。依托巡点检平台的数据和诊断模块，对设备健康状态异常和超出阈值报警及时自动发出缺陷处理通知单。知识图谱收集各类缺陷数据形成缺陷特征数据库，在同类缺陷处理时可进行消缺指导帮助，为检修计划编制提供设备异常劣化信息来源和分析意见。

（4）HCIMS 系统与集团 ERP 统建系统协同，探索端边云架构，已建设 HCIMS 与 ERP 系统两票、缺陷、设备台账、运行日志、人员信息模块接口，实现智能两票业务应用，通过电厂智能操作票系统与 ERP 系统操作票对接，完成设备操作全过程智能监管；结合智能设备管理、智能工作台与 ERP 系统实现设备台账、编码和人员信息的统一；知识图谱收录 ERP 系统缺陷数据构建缺陷数据库。后续将拓展 ERP 系统更多业务应用接口，赋能生产业务定制化和管理融合穿透。

（5）5G+ 物联网应用，根据国家发展改革委《关于印发〈能源领域 5G 应用实施方案〉的通知》（发改能源〔2021〕807 号）要求，要求促进以 5G 为代表的先进信息技术与能源产业融通发展，拓展能源领域 5G 应用场景。2022 年，汉川电厂完成了全厂 5G 网络和物联网平台部署，以问题导向研究电厂业务与 5G+ 物联网技术融合应用，为行业 5G+ 物联网应用提供建设经验。融合 5G+ 物联网的应用场景如下：5G+ 无线泛在感知数据网络、5G+AGV 运输煤样、5G+ 无人摆渡车、5G+ 巡点检、5G+ 机器人巡检、5G+ 执法仪、智能安全帽、手环、布控球智能设备，5G+UWB 高精度人员定位、5G+ 远程辅助检修 AR 眼镜系统、5G+ 物联网 + 电厂环境监测系统（职业危害因素、重大危险源在线监控）、5G+ 电厂受限空间作业监测、5G+ 电厂高风险作业监控、5G+ 电厂移动可视化应急指挥、5G+ 电厂工业视觉 AI 应用、5G+ 物联网 + 厂区安防、物联网 + 无线感知传感器（温度、振动）+ 辅机（电机、高压开关柜）。

汉川电厂采用 5GC 专网架构建设，厂区内建设 6 个 5G 专用宏站，网络覆盖整个厂区，5G 专网入驻式下沉 UPF 网元，实现专网数据不出厂、大网与专网隔离。核心网元 UPF 部署于厂区内通信机房，通过 SPN（或 STN 等）传输网络与基站 BBU 和 5GC 专网打通，专用 UPF 业务接口接入用户防火墙设备，实现大区业务通信。5G 无线网络在两个频段即 2.1GHZ 和 3.5GHZ 上进行部署，其中 2.1GHZ 频段用于生产控制大区，3.5GHZ 频段用于信息管理大区。信息管理大区和生产控制大区在通信链路、频段、传输设备、UPF 等设备和网络彼此独立，并通过各自独立的防火墙分别与信息管理大区和生产控制大区平台进行对接。厂区部署的 UPF（用户面功能）设备，控制面共用，用户接入、鉴权、用户开户等由大网 5GC 统一管理及实现，保障厂区内 5G 网络带宽及时延要求，满足 5G 专网数据业务流在厂区内闭环。UPF 通过配置高性能板卡支持风筝模式，提升专网可靠性。5G 专网开启端到端网络切片功能，无线侧采用 RB 资源预留，传输侧采用 FlexE，为生产控制大区和信息管理大区分配网络切片 ID，实现不同区域的数据隔离和安全传输。接入控制区安全方案包括加密、网络切片硬隔离、身份认证、AAA 二次认证、隔离装置、防火墙和入侵检测等。

基于 5G+ 物联网无线泛在感知数据网络与 ICS 智能发电平台和 IMS 智能管理平台的连通，将为智能电厂构建安全可靠的生产经营管理全过程、全方位实时数据感知网络和智能生态圈，全面提升智能发电平台对生产现场的透视和感知能力，提高生产关键管控业务的垂直贯穿能力和智慧预测能力，支撑服务生产运营的大数据平台，从而有效提高电厂管控能力和科学决策的整体水平。

（6）基于 ABC 作业成本法的财务可视化，建设以作业成本中心分析模型、预算分析模型、利润分析模型、风险预警分析模型、盈利能力分析模型五大模型为基础的财务可视化平台，做到指标数据线上收集、统一存储，统一设置公式减少公式的修改次数，方便数据对比与汇总、数据图表化展示等。在财务可视化系统平台的基础上，根据业务实质和管理层需求，不断优化预算、成本、利润等模型，形成以"作业单元"为主体的、多层次多维度的具备实操基础的智能管理会计体系。

（7）采用知识图谱技术在生产及管理流程中实现设备、消缺故障处理、检修、安全及危险源等知识的应用与系统集成。基于图谱推理及自然语言处理技术将火电厂分散的设备说明书、检修文件包、作业标准、设备台账、风险预控信息、缺陷历史信息等有机关联，形成图谱化知识，对两票、消缺、安全风险管理和设备检修管理赋能，并提供图谱的查询、检索、推理等服务接口，实现对电力设备故障知识的有效管理和应用，提升对缺陷故障的分析处理能力，促进设备精益管理。

三、项目收益

（一）经济效益

（1）构建了涵盖发电产业生产过程的全要素安全生产智能管控体系，全面提升电厂安全生产的管控能力、协同指挥能力和应急响应能力，有效降低了现场作业管理的风险隐患，提升了对现场的风险感知能力，降低了安全风险事故的发生，保障了安全生产。

（2）通过引用智能化设备及先进信息化技术，提升了企业在巡检业务和设备管理的智能化感知及报警能力，提升了巡检质量和工作效率，降低了人员的劳动强度，解放了生产力；重点实现了设备运行安全的感知和预知能力，及时洞察设备劣化趋势，消除故障于萌芽状态，提升了设备安全可靠性，减少了机组非停情况及设备损耗情况，从而降低了公司生产运营成本，实现了生产运行能力提升。

（3）通过智慧管理系统建设，打破了原有系统"各自为政，自成体系"的管理模式，消除了"数据孤岛"和"业务孤岛"，大幅提高了电厂 IT 资源的利用率和利用水平，增强了企业的活力和市场竞争力。通过实现各项管理工作的标准化、数量化、流程化和信息化，提升了自身的管理水平和整体实力。

（二）社会效益

本项目的研发与示范是推广火力发电组织流程重构与动态智能调度、发电设备的智能物联和云化数据采集、多维人机协同与互操作系统，实现了火力发电厂大数据系统、网络化分布式生产设施，引导发电设备泛化物联化、发电数据可视化、发电过程透明化、发电现场无人化，提升火力发电厂的智能化、无人化的实践深度和广度。在本项目完成后，机组效率得到有效提升，提高了机组运行经济性。社会效益主要体现如下：

（1）通过 HCIMS 系统的深度研究及应用，提升汉川电厂的集中生产管理能力、感知能力、智慧预测能力，提高汉川电厂在国家能源集团、湖北公司及同行业的影响力，具有较强的社会效益和示范意义。

（2）通过端边云协同体系的研究与实践，为汉川电厂和企业外围产业链的融合奠定基础，提升企业的社会效益。

（3）通过智能电站建设工作，作为落实国家能源集团总体战略部署的一个重要手段，通过运用创新技术和管理手段，实现公司安全、环保、经济、规范、协同运营；通过智能安全、智能运行、智能行政等业务功能的整合，实现一体化智慧管理，为发电行业智慧发展主流方向做出积极实践，助力国家能源集团打造世界一流的能源集团。

（4）通过5G+物联网+火电厂的场景应用对开展电厂复杂电磁环境下5G网络性能、网络切片、定制化专网、网络安全、业务安全，以及业务综合承载性能的适应性、安全性和可靠性验证，探索5G创新应用技术，研究建立相关技术标准具有重大意义。

四、项目亮点

（1）构建集"5G+物联网+深度场景应用+智能化管控"于一体的汉川电厂一体化超融合智慧管理平台（HCIMS），实现汉川电厂侧的边缘创新与集团侧的融合创新的一体化协同。

（2）构建基于"五检合一"的智能检修管理及点巡检平台，结合知识图谱，实现巡检、点检、精密点检、电子巡检、机器人巡检、设备诊断、检修一体化管理，提高设备安全可靠性与运行效率，提升核心业务智能化支撑程度，减少现场巡检人员数量和工作强度。

（3）5G+物联网与火电业务创新融合，建立电厂泛在感知生态，实现数据和信息的全面感知、全面连接，开发新服务，提高生产效率，改善实时分析决策，解决关键问题。

五、荣誉

（1）2022年"ABC作业成本法应用分析展示"荣获国家能源集团的2022年财务数智化分析技能大赛三等奖；

（2）2022年"基于IPv6的5G企业虚拟专网 筑基智慧电厂"入选互联网协议第六版规模部署和应用优秀案例；

（3）2022年"基于5G+MEC的国能汉川发电有限公司智慧电厂创新示范应用"荣获中国通信企业协会的2022年ICT中国创新应用类三等奖。

基于全厂三维建模的人员定位系统

[国能浙能宁东发电有限公司]

案例简介

本项目构建了全厂三维模型，该模型具备全厂三维漫游、数据展示、摄像头联动、人员定位展示、非安全区域预警等功能，提升火电厂可视化管理水平；通过与电厂设备数据关联和业务系统集成，实现人机交互和对整个电场高精度物理表象静态数据、生产实时数据、管理数据的动态关联表示；实时掌握厂区职工或外来人员在园对员工在工作期间离岗、离厂，上下班考勤、巡检人员管理等进行统一管理和调度，以便提高管理水平及安全管控效果。

一、项目背景

"十二五"时期我国能源较快发展，供给保障能力不断增强，发展质量逐步提高，创新能力迈上新台阶，新技术、新产业、新业态和新模式开始涌现，能源发展站到转型变革的新起点，能源科技创新加速推进，新一轮能源技术变革方兴未艾，以智能化为特征的能源生产消费新模式开始涌现。

《能源发展"十三五"规划》提到，注重系统优化，创新发展模式，积极构建智慧能源系统。方家庄电厂自成立以来，按照信息化发展和复杂系统建设规律，从无到有，开展了基础网络、DCS、MIS、SIS 等信息平台和系统的建设。方家庄电厂作为国电电力智慧火电建设的试点单位，通过广泛调研，并紧紧围绕国电电力智慧企业建设总体规划，结合生产建设基础和经营管理理念，逐步完成"一个中心、一个平台、四大功能、12 个模块"的建设任务，实现"数据驱动"智慧电厂模式，建成数据引导电厂管理、带动产业发展的智慧电厂的体系框架目标。其中，人员定位系统在三维虚拟电厂中可以对人员、设备、车辆等进行精确定位，并赋予工作区域权限，管控每个作业人员的现场作业行为，从根本上夯实安全基础，保障安全生产。

二、技术方案

在本系统的设计方案中，核心网络设备有交换机、防火墙、汇聚交换机和接入交换机，定位基站和无线 AP 均为成熟产品。采用按区域划分的方式进行部署，主机房部署 24 口核心交换机，根据区域部署汇聚交换机。汇聚交换机通过光纤连接接入交换机，接入交换通过 POE 供电模式带动多功能智慧基站，实现前端 AP 供电和数据交换。一体化无线网络解决方案（AC+AP）能有效实现有线和无线网络的融合，通过统一的硬件平台、统一的网络管理、统一的用户管理，达成统一的应用安全目的。

按照建设要求覆盖相关区域 Wi-Fi 通信网络和人员定位，为现场移动办公、设备巡检、数据采集、应急指挥等业务的开展搭建稳定可靠的网络通道。

人员定位系统作为整个系统的核心功能模块，通过采用 UWB 定位方案，能够及时、准确地将各个区域人员及设备的动态情况反映给管理人员，以随时掌握现场作业人员的位置和运动轨迹，便于监护现场作业人员，查看危险源附近人员分布情况，还能够划定电子围栏。控制中心可根据人员定位系统所提供的数据、图形，可结合单兵设备提供的语音、视频，迅速了解有关人员的位置情况，及时采取相应的救援措施，提高应急救援工作的效率。投标人按照招标方提供的需定位区域的现场平面图及设备布置图等资料，对招标方指定的区域进行高精度定位系统信号全覆盖，并对多功能定位网关的架设及布置方案进行设计，保证人员定位及设备定位的准确性。

三、项目收益

该三维可视化系统突破了火电厂传统平面管理的局限，实现二维单一界面监视到三维空间形态统筹研究的转变，从简单方案浏览到机组设备空间的物理环境、视觉环境以及环境结构进行全面分析的转变，使电厂全体人员及行业外人员不局限于二维图纸的理解，能够更加立体直观地感受电厂布局，有效提升火电厂可视化管理水平，增强对电厂人员、设备安全的可视化管控能力。

本项目的建设能够提供精确的人员定位，实现在三维虚拟电厂中对人员、设备、车辆的精确定位，可有效提高作业人员管理化水平，大大提高电厂作业人员的安全系数，同时也可以解决人员监控管理难度大的问题。

四、项目亮点

（1）先进性：智能化系统考虑未来技术及业务发展的需要，采用当今先进的技术和设备，具有良好的可升级维护性。一方面，反映了系统所具有的先进水平；另一方面，使系统具有强大的发展潜力，使得该系统在尽可能短的时间内与社会发展相适应。

（2）安全性：对于信息安全的防范，其本身的安全性能不可忽视，该系统采取多种手段防止本系统遭到各种形式与途径的非法破坏。

（3）方便易用性：智能化系统考虑便于使用的要求，系统及功能的配置以为管理人员提供方便、实用、舒适为基准，使用手则简便易学，同时便于日后的维护及管理。

火电厂新建工程智能安监管控系统

[国能广投北海发电有限公司]

案例简介	智能安监管控系统以服务移动执法集成为宗旨，围绕基层移动设备管理应用需求，是以视频为基础，创建"使用对象管理体系"，让使用人员更"安全"，使用起来更"智能"。系统通过整合智能硬件、应用软件和系统平台，建立一套融合 5G 无线网络、GPS 定位系统、音视频群组集群通信系统、前端视频数据管理等多位一体的移动综合管理系统，综合集成视频应用、使用对象管理、指挥调度管理、电子证据监督管理等多种行业应用，为使用对象执行指挥管理集成、应急处理等业务提供应用服务支撑。

一、项目背景

2019 年 1 月，国务院办公厅印发《关于全面推行行政执法公示制度执法全过程记录制度重大执法决定法制审核制度的指导意见》，意见要求全国各行政执法机关全面推行行政执法公示制度、执法全过程记录制度、重大执法决定法制审核制度（统称"三项制度"）。另外，中央在《推行行政执法公示制度、执法全过程记录制度、重大执法决定法制审核制度试点工作方案》中明确要求要逐步扩大执法音像记录的适用范围，对涉及人身自由、生命健康、重大财产权益的执法活动，实现全过程记录。此外，应通过视频监控、在线监测等远程监管措施，加强非现场监管执法的水平和成效。

积极探索建立体现综合行政执法特点的编制管理方式，切实解决综合执法队伍管理不规范的问题。《关于地方机构改革有关问题的指导意见》明确提出，要按照统一规范管理的方向，探索建立体现综合行政执法特点的编制管理方式，逐步规范综合执法队伍人员编制管理，实现执法队伍管理规范化、执法办案智能化、跨区域跨部门执法协同化、监督管理精细化、执法服务优质化。

二、技术方案

（一）建设原则

（1）系统可靠性。系统的可靠性是第一位的，在系统设计、设备生产、调试等环节都严格执行国家、行业的有关标准和政府有关安全技防要求。

（2）系统稳定性。所有产品均为成熟稳定的产品，在配置成功的情况下能够实现无人值守，系统能够长时间稳定可靠工作。

（3）系统开放性。系统支持各系统互连机制，可提供二次开发接口，与其他系统、产品进行集成。

（4）系统发展性。为适应新的业务发展要求，系统的设计要充分考虑系统应用动态变化因素，通过应用现代信息技术，深入规划设计，提供标准的数据接口等，充分保障系统的可扩展性。

（5）安全高效性。系统的程序或文件有能力阻止未授权的使用、访问、篡改。同时，先进的存储系统能轻松完成海量存储的艰巨任务，让数据存储更高效、更安全。除满足基本的安全设计要求外，应从物理、系统、运行、管理等多方面保护系统和设备的安全、稳定与可靠。特别是数据的存储安全，有效保障数据的准确性和保密性，使数据不被窃取、修改；具备完善的用户权限控制体系和日志体系，便于操作痕迹的跟踪。

（6）易操作性及实用性。采用全中文友好界面，方便准确地提供丰富的信息，帮助和提示操作人员进行操作，易学易用。系统操作简单、快捷、环节少，以保证不同部门的操作者及有关领导熟练操作。系统有非常强的容错操作能力，使得在各种可能发生的误操作下，不引起系统的混乱。系统支持热插拔，具有良好的维护性。

移动综合执法业务部门繁多，涉及多种类型的业务数据，如公安的巡警大队、交警处罚、交通运输执法（公路路政、道路运政、水路运政、航道行政、港口行政、海事行政、交通工程）、城管案件执法、税务稽查、司法外出执法、市场监督监管执法等都有大量移动执法的需求。

通过由移动综合执法典型案例分析形成的违法行为分析研判应用，对业务数据进行分析挖掘，找出存在违法的对象，形成由业务数据组成的违法违规行为证据链，可以有力地支持各个执法部门开展现场、违法现场执法业务。

中央在《推行行政执法公示制度、执法全过程记录制度、重大执法决定法制审核制度试点工作方案》中明确要求了要逐步扩大执法音像记录的适用范围，对涉及人身自由、生命健康、重大财产权益的执法活动，实现全过程记录。此外，应通过视频监控、在线监测等远程监管措施，加强非现场监管执法的水平和成效。

规范化一方面要完善执法装备的合规使用和管理，一方面要加强执法的事前公示。加强执法数据的统计分析，能针对视频等非结构化数据进行有效的档案管理，充分发挥执法大数据在政府决策、行政管理、优化服务、监督权力等方面的作用。为全面推进执法的数字化、精细化、智慧化，新建的部门平台和接入的设备应合乎国家标准的相关要求，为提升数据标准化程度，促进多部门公共数据资源互联互通和开放共享奠定基础。

一线执法人员急需智能化的执法手段。采集证据或信息不完整，对违法行为进行现场取证时，执法装备配备率和智能化较低，事后还需要花费大量人工精力整理文件，导致效率偏低，难以高效采集现场证据。

采集证据和案件信息关联度不高，无法做到证据的有效归档；执法人员素质参差不齐、并且执法方式不规范，存在暴力执法、不文明执法等现象；执法队伍比较分散，联网程度差，无法实现多级执法指挥，在发生应急事件时无法及时响应。

（二）需求应用

（1）移动执法。结合地图，实现对执法车辆、执法人员的定位及监管，能辅助执法人员快速查看附近其他执法人员的信息，接受周边预警信息，接收派遣事件，快速开展现场执法，同时对执法过程进行音视频采集、记录，打造规范化执法队伍。

（2）指挥调度。能够对执法辖区内的执法人员、车辆进行统一管理，实时了解执法人员、车辆的分布情况。当发生紧急事件时，指挥中心可通过语音对讲、文字下发等手段指挥调度现场执法力量，有针对性地布置执法工作。

（3）执法案件关联。通过执法人员、执法车辆和执法案件的数据管理和归档，全面、客观地展示辖区内执法案件情况和案情的发展趋势，进一步有效管理执法案件和执法现场，为下一阶段的执法行动部署提供决策依据。

（4）业务架构设计。移动执法综合管理系统的业务架构自下而上由基础设施感知层、数据资源层（DaaS）、平台服务层（PaaS）及应用服务层（SaaS）、用户层组成。

（三）系统技术架构图

（1）基础设施感知层。基础设施感知即提供计算、存储、网络、感知能力和资源，并可通过资源管理调度服务实现对资源的接入管理和统一调度管理。由于执法各类应用需要全面、精准的场景化感知数据，系统通过前置 AI 识别和解析能力，准确提取场景中的车、人、事件特征信息。

计算设备包括 X86 计算设备及嵌入式 GPU 计算设备等智能分析设备；存储设备包含直流存储设备（云存储、CVR、NVR）及 SAN、NAS、对象等存储设备；智能物联设备包括执法人员执法终端、执法记录仪、执法车辆的车载终端、临时布设的可移动视频监控设备等各类移动设备。

（2）数据服务层（DaaS）。数据服务基于大数据基础服务组件，通过多方式汇聚各类物联网物联数据及业务信息数据，提供数据治理及关联分析工具，实现多源数据融合。

（3）平台服务层（PaaS）。平台服务负责提供物联基础服务、智能服务及通用服务，并通过 API 网关为第三方提供开放能力。

物联基础服务提供视频点播、转发、上墙、存储、编解码、云台控制等基础视频服务和视频联网、设备资源目录同步等联网共享服务；智能服务提供智能任务调度、人脸智能分析等智能解析服务；通用服务提供电子地图、事件订阅和事件推送、系统校时及能力开放服务，可通过 API 网关为第三方提供视频图像解析能力及应用服务。

（4）应用服务层（SaaS）。面向各类用户提供移动执法业务应用，包括执法队伍管理、执法对象管理、执法事件管理、执法指挥调度、电子证据管理、执法监督考评、视频运维管理、执法事情 App 等应用。

（5）用户层。包括公安、交警、交通、司法、应急、环保、城管、税务、市场监督等部门用户。

5G 执法记录仪应具有夜视功能，在开启夜视功能后，有效拍摄距离应满足说明书的要求，且不低于 3m。有效拍摄距离处应能看清人物面部特征，具有红外补光功能的设备，红外补光范围 3m 处应覆盖摄录画面 70% 以上面积。

无线传输功能：5G 执法记录仪可通过无线通信方式以文件或流的形式传输数据，设备需内置无线传输模块。卫星定位功能：5G 执法记录仪可接收卫星数据并提供定位信息，应优先使用北斗卫星导航定位，设备需内置北斗和 GPS 模块。

5G 执法记录仪摄像头的水平视场角在生产厂声明的所有分辨率下均应大于等于110°，5G 执法记录仪的视频生产厂声明的几何失真率有 15.2%（2688×1512）、15.1%（1920×1080）、14.7%（1280×720）。

可通过语音指令控制 5G 执法记录仪关机、开始/停止摄像、开始/停止录音、拍照、重要视频标记等操作。执法记录可实现人脸比对，执法仪可实现人脸与车牌同时抓拍，执法仪可支持 Wi-Fi 接入无线相机。5G 执法记录仪应能在回放模式显示全场白测试信号，显示全场白测试信号时的最大亮度应大于或等于 523cd/m^2，支持设置编码格式为 H.265。

（四）防爆 1080P 一体化布控球技术要求

（1）防爆布控球：防爆等级 IIBT6，防护等级 IP66。

（2）传感器 1/2.8" Progressive Scan CMOS。

（3）不小于 30 倍光学变焦。

（4）低照度彩色：0.001lx（F=1.6，AGC ON）。黑白：0.0001lx（F=1.6，AGC ON）。

（5）水平旋转范围：360°连续旋转。垂直旋转范围：−20°~90°。

（6）抓拍图片分辨率为 2048×1080。

（7）可以通过无线网络或有线网络连接客户端，并应能响应客户端软件发出的水平、垂直和变焦命令，在客户端软件上通过触摸屏控制云台进行转动、变焦命令，以及智能功能命令预置位数目不少于 255 个

（8）支持视频防抖功能，支持自动白平衡功能，当使用环境实际色温在 2800~10000K 范围内变化时，摄像机应能自动调整白平衡，使输出图像准确重现出观察场景的实际色彩。

（9）Wi-Fi 热点，支持通过手机或 PAD 直连访问操作。

（10）可接入蓝牙耳机，支持本地麦克风扬声器与对台对讲，内置双拾音器，具备降噪功能；内置麦克风，使用内置锂电池供电时，设备正常运行不低于 10 小时，可对行驶车辆进行抓拍并识别车牌。

（11）支持人脸抓拍功能，可对经过设定区域的行人进行人脸检测和人脸跟踪，当检测到人脸后，可抓拍人脸图片，抓拍图片数量可设。人脸检测功能支持内置存储卡（128GB）存储 4.5 万张人脸图片，支持检出两眼瞳距 20 像素点以上的人脸图片，支持单场景同时检出不少于 30 张人脸照片，并支持面部跟踪。

（12）具备 GPS/北斗/混合定位功能，并能在监控画面叠加设备所在的经纬度信息。在天气晴朗无雾，号牌无遮挡、无污损的条件下进行测试，白天测试时的环境光照度不低于 200lx，车牌白天识别准确率 ≥ 99%（含新能源车牌）。

（13）预览界面显示红、绿、黑三种状态；支持循环播报及关联语音报警输出，支持不少于 5 个循环文件播报，支持不少于 5 个语音报警输出功能，支持自定义语音播报，支持不戴安全帽报警照片以及取证录像。

（14）支持图像翻转功能，可通过 Web 客户端开启/关闭图像翻转。

三、项目收益

广西公司北海电厂新建工程智能安监管控系统执法仪可对人员状态进行自动报警，监控并通过其自由系统进行上报，为企业带来以下好处：

（1）移动执法管理平台大大拉近了管理距离，降低了生产管理成本。管理人员可以在平台查看前端生产情况，即时与现场操作人员互动，下传生产指令。

（2）通过移动布控球，快速布控，实时将生产状况回传到中心，对于高危生产环节进

行现场监控与指挥，极大地降低了生产风险。

（3）执法记录仪同时具备群组对讲功能，可在操作员与管理者之间即时通信，极大地降低了沟通成本。

四、项目亮点

（一）执法装备现代化

利用现代技术的发展，对执法部门人员开展现代化装备的建设，让执法人员在执法过程中有更丰富、更先进、更有效的装备使用，可以更好地应对在执法过程中出现的突发情况，让整个执法过程可视、可管理、可追溯，对规范执法过程、执法行为，提升执法管理水平有根本性的帮助；可以建设包括单兵执法记录设备、车载执法记录设备、单兵对讲设备、无线传输设备、高空无人机等内容。

（二）信息交互多元化

在执法部门的办公大楼核心区域建立指挥监控中心，构建可视化指挥调度平台，对执法部门、人员的执法过程进行全程监控，并能根据执法过程中出现突发情况进行及时调度处理，能够更高效地协调，与现场执法人员进行语音、视频等内容交互，以便及时进行现场情况掌握并做出高效、正确的决策调度，让指挥调度的过程变得更加智慧。

（三）执法管理先进化

对执法人员的科技化装备建设以及执法指挥中心的建设，为现代化执法打下坚实的科技、技术基础，通过先进的科技、技术建设带动执法管理的变革，让整个执法过程更加透明、可控、文明，使执法管理更加先进，推动高效、文明、公正的执法业务向前发展。

超融合撑起火电厂智慧建设新基石

[国家能源集团焦作电厂有限公司]

案例简介 焦作电厂目前拥有的业务系统 40 余个，其中包括 DCS 系统、SIS 系统、MIS 系统、协同办公系统、档案管理系统、燃料管理系统等，这些和电厂的生产运行息息相关。这些系统一旦出现网络安全事故，造成数据丢失，网站被挂马，重要文件被加密勒索，都会为电厂的运营造成极大的隐患。除了这些和生产息息相关的业务系统，还有很多辅助性的业务系统，一旦出现问题，都会为电厂造成不可挽回的损失。深信服超融合在电厂三区构建云化数据中心，三台超融合一体机通过云管平台进行统一管理，承载 10 多家应用软件厂商的智慧火电应用模块，主要功能模块有 DCS 系统、SIS 系统、MIS 系统、协同办公系统、档案管理系统、燃料管理系统等。

一、项目背景

电力是现代社会发展不可或缺的能源。人们生产生活能够享受无处不在的优质电能，背后离不开电力行业的支撑。在能源互联网化的大背景下，传统电力行业纷纷向数字化转型升级，开启智能服务新模式。

在产业快速发展的情况下，焦作电厂遭遇了传统 IT 基础设施的几大阻力：

（1）业务上线慢、部署难。对于传统型电力企业来说，其核心系统复杂，资源相互割裂，无法满足业务的快速上线需求。

（2）数据安全隐患大。大量现存的传统 IT 基础设施导致架构臃肿，无法保障数据中心的可靠和安全。

（3）运维成本高。电力行业 IT 运维人员少，缺乏专业性人才，导致数据中心运维工作难以推进。

二、技术方案

深信服超融合方案是以软件定义的数据中心基础架构，数据中心的物理资源包括计算资源、网络资源、存储资源被融合成资源池，实现共享使用。管理方式从目前的多管理平台、多设备管理转化为统一的云平台界面管理。运维人员可以根据业务需要，统一在云平台界面变更操作整个数据中心资源，操作方式简单快捷，而且避免了人为操作失误的风险。

深信服超融合方案可以完整承载包括 Oracle 和 SQL 数据库、中间件、ERP 系统、MSE 系统以及其他主要业务系统，且升级迁移过程平滑，性能比数据中心运行的传统架构提升 3 倍，多级可靠性保障机制完整。

在技术层面，深信服超融合方案通过分布式存储的方式，对所有数据中心数据进行 2 副本拷贝，调度业务虚拟机资源动态。深信服超融合方案运用多重技术手段来保障企业中各种应用业务的要求。

（一）计算虚拟化 aSV

深信服超融合一体机中，计算资源池由服务器虚拟化软件 aSV 提供。aSV 采用裸金属架构的 X86 虚拟化技术，实现对服务器物理资源的抽象，将 CPU、内存、I/O 等服务器物理资源转化为一组可统一管理、调度和分配的逻辑资源，并基于这些逻辑资源在单个物理服务器上构建多个同时运行、相互隔离的虚拟机执行环境，实现更高的资源利用率，同时满足应用更加灵活的资源动态分配需求，比如提供热迁移、HA 等高可用特性，实现更低的运营成本、更高的灵活性和更快速的业务响应速度。

（二）存储虚拟化 aSAN

深信服存储虚拟化 aSAN，基于集群设计，将服务器上的硬盘存储空间组织起来形成一个统一的虚拟共享存储资源池，即 Server SAN 分布式存储系统，进行数据的高可靠、高性能存储。分布式存储系统在功能上与独立共享存储完全一致；一份数据会同时存储在多个不同的物理服务器硬盘上，提升数据可靠性；此外，再通过 SSD 缓存，可以大幅提升服务器硬盘的 IO 性能，实现高性能存储。同时，由于存储与计算完全融合在一个硬件平台上，用户无须像以往那样购买连接计算服务器和存储设备的 SAN 网络设备（FC SAN 或者 iSCSI SAN）。

（三）网络虚拟化 aNET

深信服网络虚拟化 aNET，通过提供全新的网络运营方式，解决了传统硬件网络的众多管理和运维难题，并且帮助数据中心操作员将敏捷性和经济性提高若干数量级。

深信服网络虚拟化 aNET 方案通过和服务器虚拟化 aSV 相结合，在虚拟机和物理网络之间，提供了一整套完整的逻辑网络设备、连接和服务，包括分布式虚拟交换机 aSwitch、虚拟路由器 aRouter、虚拟下一代防火墙 vNGAF、虚拟应用交付 vAD、虚拟 vSSL VPN、虚拟广域网优化 vWOC 等虚拟网络、安全设备；然后，还可以支持 VXLAN 等增强网络协议，实现和物理网络的无缝对接，简化网络的配置管理；此外，还可以通过虚拟化管理平台，实现网络拓扑部署、网络故障探测等网络管理功能。

aNET 虚拟网络可以快速完成不同应用系统的网络部署、网络配置的自动化调整、网络故障排查等工作，提升网络的管理运维效率，提升网络就绪、扩展速度，降低数据中心物理网络的建设成本。

4. 网络安全及优化虚拟化 aSEC

深信服将在硬件设备领域具有较大应用优势的 NGAF、AD、WOC、SSL VPN 等设备也虚拟化了，从而可以帮助用户将应用系统平滑地从物理环境迁移到虚拟化环境中，并满足安全合规要求。

vNGAF、vAD、vWOC、vSSL VPN 等虚拟化设备保持了和硬件设备一致的功能特性，并且具备齐全的各种产品资质证书，如安全产品销售许可证等。只要用户根据不同应用系统的性能要求，分配 1、2、4、8 核不同档次的 CPU 资源，各种虚拟化设备就可以提供从百兆到千兆的性能。

三、项目收益

（一）经济效益

采用深信服超融合架构之后，未来升级扩容成本大幅降低 67%，每年服务费用大幅降低 75%，人力资源成本增长大幅降低 33%，业务运行速度、可靠性大幅提高，上线时间和备份等耗时大幅减少 81%。

（二）社会效益

采用深信服超融合架构之后，企业的数据中心即转变为云化的数据中心，对于企业的商誉等有附加值。

（三）管理效益

采用深信服超融合架构之后，IT 部门可以逐渐将网络、服务器、存储、监控等部门进行一定程度的管理融合，提高 IT 部门之间管理和协作水平。

（四）运维效益

采用深信服超融合架构之后，企业运维精细程度大幅加深。对于大部分运维监控工作，深信服超融合自动化运维工具和检测工具可以快速定位修复故障，多层次的可靠性保护机制可以将 RTO 与 RPO 降至最低。

（五）服务效益

深信服超融合架构本身自带免费的云管平台，已经内置高级功能，可以通过对应的许可激活功能，根据企业发展方向，将企业的 IT 资源发展为以服务为目标的信息化系统，实现私有云架构。企业内部各业务部门可以按需使用 IT 资源，对外业务也为自服务提供了架构支撑。在从超融合数据中心发展为私有云数据中心的过程中，系统结构和配置无须更改，直接通过许可激活对应功能即可。

四、项目亮点

焦作电厂采用深信服超融合 aCloud 构建的数据中心，以虚拟化技术为核心，将计算、存储、网络、安全等虚拟资源融合到一台标准的 x86 服务器中，形成模块化的基准架构单元，通过网络聚合，替代繁重复杂的传统云数据中心基础设施，实现模块化的无缝横向扩展（Scale-Out），从而形成统一的资源池。

（一）极简架构，稳定承载业务

深信服超融合将传统 IT 架构简化为只有"服务器＋交换机"的大二层模式，通过分布式存储架构、主机多副本、HA、DRX/DRS 智能调度技术等，保障平台自身 99.999% 的稳定性。同时，采用一台存储实现数据容灾，超融合平台内嵌的 CDP 技术，将虚拟机快速恢复，当出现数据损害时，可将业务在短短的数分钟内完成拉起与恢复，为生产系统稳定运行增加一道保障。

（二）安全合规，从容应对威胁

深信服超融合 aCloud 架构将 IT 资源进行充分整合与利用，为了保障生产业务、办公业务、对外业务等各业务区域间的安全性，平台采用 VxLAN 的大二层技术对云环境下网络进行隔离划分，并辅以应用层防火墙，确保不同业务间的安全性。

（三）平滑迁移，保证高效运维

出于 TCO 考量，平台的"大二层"极简架构与智能运维结合，带来了人力投入与设备采购的成本大幅降低；为使平台改造过程对生产业务影响降到最小，在业务迁移过程中，采用了 P2V 和 V2V 两种在线迁移方式，避免因迁移导致业务长时间中断。

焦作电厂目前核心业务已全部迁移至云平台并稳定运行，不仅降低了投资成本，而且在网络安全、数据安全方面得到了有效保障。

水电部分

水电站智能安全管控平台研究与应用

[国家能源集团新疆吉林台水电开发有限公司]

案例简介

吉林台公司智能安全管控平台研究与建设项目是基于安全管理基本情况，通过打通水电站生产运行各安全管理环节，实现安全信息共享互通，从而研究建设的满足吉林台公司安全生产管理，覆盖吉林台公司及各下级厂站和外委单位，多层级、标准统一的安全生产信息化、智能化平台。平台通过以安全风险分级管控－隐患排查治理双预控为主线，引入智慧安全管理的班组终端、安全生产云培训平台、三维模型、5G 网络覆盖、人员定位、工业电视、智能视频分析与识别等应用于风险管控各个环节，使安全管理工作由事后监督向事前预防，实现本质安全，有效保障水电站安全生产，降低安全生产事故发生率，提高流域公司和各水电站安全生产管理信息化、智慧化管理水平。

一、项目背景

在新的形势下，为适应和紧跟新时代发展步伐，党和国家组织对安全生产法进行了修订，进一步明确了企业安全生产主体责任，并要求企业加强安全生产标准化、信息化建设，构建安全风险分级管控和隐患排查治理双重预防机制。

吉林台公司作为新疆最大的水电企业之一，近年来，不断完善企业改革，并越来越重视安全生产工作，自 2018 年开始筹划流域集控及智慧企业建设。本项目作为吉林台公司智慧企业建设（智慧安全）的一部分，2021 年申报立项，旨在为提高吉林台公司安全生产过程中人员、设备、环境、管理等方面的信息化、智慧化水平，建设安全生产数据中心，加速安全生产数据汇聚，发挥数据价值，构建安全生产实时智能监管体系，从而提高企业安全生产本质化水平。

（一）国家政策要求

（1）2021 年，新的安全生产法要求：加强安全生产管理，建立健全全员安全生产责任制和安全生产规章制度，加大对安全生产资金、物资、技术、人员的投入保障力度，改善安全生产条件，加强安全生产标准化、信息化建设，构建安全风险分级管控和隐患排查治理双重预防机制，健全风险防范化解机制，提高安全生产水平，确保安全生产。

（2）2016 年，国务院安委会办公室印发《关于实施遏制重特大事故工作指南构建双重预防机制的意见》，文件指出：坚持风险预控、关口前移，利用信息化手段推进事故预防工作科学化、信息化、标准化，逐步构建一套理念先进、方法得当、管控有效的安全风险预控体系，建立安全生产长效机制。

（3）2020 年，国家能源局发布《电力安全生产专项整治三年行动方案》，方案要求：要坚持风险预控、关口前移，利用信息化、现代化手段，推进事故预防工作科学化、信息化、标准化，实现把风险控制在隐患形成之前、把隐患消灭在事故前面。

（4）2020 年，工业和信息化部、应急管理部印发《"工业互联网＋安全生产"行动计划（2021—2023 年）》，文件要求：到 2023 年底，工业互联网与安全生产协同推进发展格局基本形成，工业企业本质安全水平明显增强。一批重点行业工业互联网安全生产监管平台建成运行，"工业互联网＋安全生产"快速感知、实时监测、超前预警、联动处置、系统评估等新型能力体系基本形成，数字化管理、网络化协同、智能化管控水平明显提升，形成较为完善的产业支撑和服务体系，实现更高质量、更有效率、更可持续、更为安全的发展模式。

（5）2020 年，国务院安委会印发《全国安全生产专项整治三年行动计划》，文件要求：明确了 2 个专题实施方案、9 个专项整治实施方案，到 2022 年 12 月力争实现切实消除一批重大隐患，形成一批制度成果，建立健全安全隐患排查和安全预防控制体系，扎实推进安全生产治理体系和治理能力现代化，安全生产整体水平明显提高。

（6）2021 年，国家能源局发布《电力安全生产"十四五"行动计划》，文件要求：坚持创新驱动，运用现代科技手段，提升电力安全生产信息化、数字化、智能化水平，推动电力安全治理数字化转型升级。

（二）行业发展规划

发电自动化专业委员会编制的《智能电站技术发展纲要》指出，智能电站更加安全经济高效，运行成本更低，清楚掌握生产流程，提高生产过程的可控性；可以科学采集数据，科学制订生产计划；运用人车定位、安全主动预警、智能门禁系统、智能视频监控等实现智能电站、数字化电站建设，最终实现本质安全。

（三）企业发展所需

（1）安全监管力度越来越大，国家对电力企业的安全管理工作要求越来越高，安全管理人员缺少高效的信息化管理工具开展现场安全工作。

（2）安全管理人员数量少，难以高效完成繁多的各项安全管理工作，需要更加便捷的工作方式，提高安全管理工作效率。

（3）企业面临的安全风险管理信息复杂多样，需要建立统一的管理标准规范。

二、技术方案

（一）项目建设整体架构

吉林台公司智能安全管控平台采用"1+N"技术（1为"安全风险、隐患排查双预控平台"，N为"智能保障支撑"），以标准化要素管理为基础，以风险管控为主线，对公司各类风险实现全面闭环、流程化管理，并引入最新的智慧安全管控技术应用于安全风险及作业管控各个环节，做到安全风险的智能管控和主动预警，实现安全管理"智能化""智慧化"（见图1）。

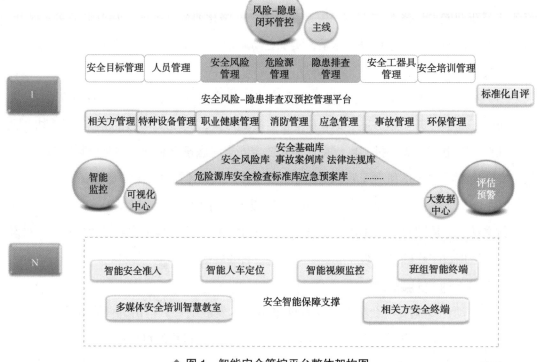

◆ 图1　智能安全管控平台整体架构图

核心——1个管控平台：建立覆盖吉林台公司安全管理全业务的安全风险、隐患排查治理双预控管理平台，保证安全管控无死角，确保各项安全管理工作规范化、标准化、闭环化、信息化。

保障——N个硬件支撑：以门禁系统、人员定位、视频监控、智能班组安全终端、智慧教室、全站工业Wi-Fi等各类硬件作为智能保障支撑，提升现场安全风险智能管控水平。

主线——风险-隐患双控：平台以人员、设备、区域环境、管理等各类安全风险及隐患排查治理的闭环式管控为主线，确保现场各类风险可控、在控。

基础——安全数据标准库：通过建立适合公司的安全风险清单库、危险源数据库、安全检查标准库、法规制度库、应急预案库、事故案例库等各类安全数据标准库，规范化指导安全风险管控工作。

效果——风险智能预控预警：基于管控平台及硬件保障支撑的安全风险管控大数据中心，最终可实现各类安全风险的智能预控和自动预警。

（二）智能安全管控可视化中心

建立智能安全管控可视化中心，内容包括全站三维地图、风险四色图、人员定位、作业票、视频监控、消防分布、预警信息等，通过系统建立的后台数据模型和预警模型，实时展示吉林台公司各电站安全生产状态，辅助公司领导安全驾驶和决策。

1. 三维地图

通过1:1人工建模，还原水电站场景。实时将安全风险和隐患排查双预控系统、人员定位系统、工业电视系统的相关指标数据呈现在三维模型上。公司各级管理人员即可远程通过可视化三维模型进行远程漫游式安全巡检，大大提升了智能安全监管和安全生产管理信息化的技术应用。

三维地图采用3D Max建模+人工精修贴图的方式建模，采用Unity 3D开发技术，前端通过WebGl进行展示。模型外观采用1:1实景建模，通过三维地图可以查看到水电站的每一个地方，可以通过三维地图了解各水电站的设备分布及现场布置（见图2），同时还可以通过步行的方式来浏览［点击"步行"按钮，通过操作键盘"W（前进）、S（后退）、A（往左）、D（往右）、Q（上升）、R（下降），按住鼠标右键左右旋转视角"］水电站厂房内容任一位置。结合安全监管业务，将安全监管业务数据与三维地图进行了深度融合，并在三维地图进行直观呈现；另外，结合现场实际需求，在三维地图中进行了水轮发电机组的模型拆解操作，通过点击三维地图发电机组模型一键拆解，可以了解水轮发电机组的构造（见图3）。

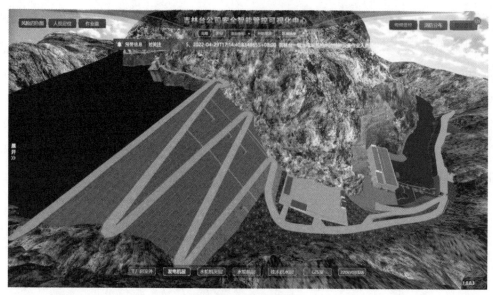

◆ 图2　站区鸟瞰模型

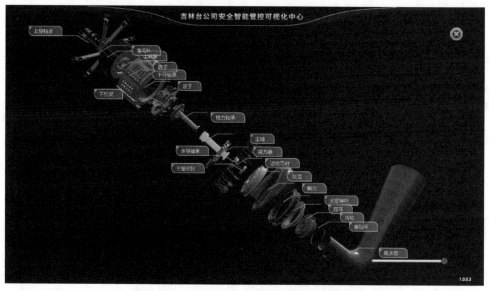

◆ 图3　水轮发电机设备爆炸图模型（示意）

2. 风险四色图

研究建立了水电站风险清单库，对水电站设备、作业、区域、管理等风险进行辨识评价并按照设计的模型规则实时同步在三维可视化中心的模型上，指导电站进行风险管控。实时获取风险清单数据及高风险作业数据，自动生成红橙黄蓝静态及动态安全风险四色图。

风险四色图模块可以通过关联各站安全风险清单里面的静态风险和高风险作业的动

态风险，实时呈现出全站各区域的风险四色分布。其中，红色代表重大风险区域，橙色代表较大风险区域，黄色代表一般风险区域，蓝色代表低风险区域（见图4）。点击各风险区域，可以查看到该区域的风险和隐患详细数据（见图5）。风险四色图模块还有风险分区及风险点、风险分区列表、隐患统计、风险数量及占比、近7天区域预警变化趋势和全厂风险变化区域统计等，通过该模块可以直观展现出各站安全风险预警相关数据（见图6）。

◆ 图4　站区风险四色图（示意）

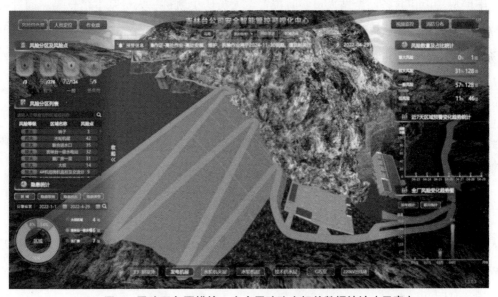

◆ 图5　风险四色图模块：安全风险隐患相关数据统计（示意）

311

◆ 图6 风险四色图模块：区域风险联动视频监控查看（示意）

3. 人员定位

通过建立的全站人员定位系统，站内人员实时位置跟踪记录并实时反馈在可视化中心的大屏上，公司各级管理人员远程既可实时、准确掌握站内人员分布，也可了解作业人员详情信息，包括持证情况、培训信息及违章档案等，并根据人员所属区域，实时掌握站内全员的活动轨迹和预警信息，详实了解特定作业、特定时间人员到岗到位及安全履职等情况。

本模块功能包含各站全站人员实时位置、人员历史轨迹、人员基本信息等。通过人员定位功能，可以实时查看各站在场的人员统计和对应的每个人当前所处的位置，可以点击在场人员列表，快速定位到每个在场的人员，并且通过点击三维模型中的视频监控查看在场人员的实时监控画面（见图7）。也可以通过点击"历史轨迹"按钮来查看每个在场人员历史的活动轨迹。点击三维地图中的人员，可以查看到该人员的基本信息，如果绑定并佩戴了智能安全帽，还可以通过点击"安全帽视频"的方式，查看到当前人员实时的作业画面。

4. 作业票

实时展现各区域作业分布，按照作业类型，确定作业等级，以列表方式展现，方便管理人员翔实了解各作业许可信息，包括风险辨识及安全确认等情况，针对各作业区域及作业权限，虚拟生成电子围栏，对其他进入人员发出预警并推送至后台，避免误入间隔或走错区域（见图8）。

◆ 图7　人员定位模块（示意）

　　本模块展示各站实时的高风险作业数据，并同步到三维地图中，通过三维地图可以查看到全站的高风险作业情况。可以通过点击三维模型中的高风险作业票的图标，查看每个高风险作业的详情，同时通过作业的区域和作业时间，可以在高风险作业申请的时候绘制高风险作业的电子围栏。作业人员和作业监护人以及安全员可以在电子围栏生效期间进入高风险作业区域，其他没有权限的人员进入电子围栏时，系统后台会自动发出电子围栏入侵报警，并在三维地图上进行提示。另外，还可以通过"作业票"模块的统计查看来查看各站当前高风险作业的相关统计数据，如各风险等级的高风险作业数量、各区域高风险作业数量、高风险作业数量月度变化、实时的各种类型的高风险作业数量等。

◆ 图8　作业票模块（示意）

5. 视频监控

对接电站工业电视系统，平台可随时调取查看任意区域视频监控设备，同时还可实现视频截图、视频回放等功能，远程监管作业现场。

视频监控模块把各站工业电视系统中的视频数据通过取流的方式对接到三维地图中，通过在三维地图视频监控树形结构视频监控节点或点击视频监控的图标来查看各站的已接入的视频监控；另外结合日常巡检，内置了3条三维地图可视化巡检路线，可以通过三维可视化中心远程对各站现场进行远程的视频巡检（见图9）。选择"漫游路线1"点击"开始漫游"，三维地图可以按照预设的漫游巡检路线自行进行视角切换，并且视角到达一个位置后，会自动弹出该区域的视频监控；点击视频监控，可以查看一级站当前实时的视频画面，可以通过这种漫游的方式，实现远程可视化三维地图漫游巡检。

◆ 图9 视频监控模块：实时视频（示意）

6. 消防分布

在三维地图上展示电站消防设备分布，点击可查看各消防设备的基础信息及检查记录。到期检验时，系统自动发出检验提醒。

本模块在三维地图上展示了各站消防设备设施的分布，通过三维地图可以查看到全站的消防设备设施配备、每个消防设备设施的基本信息以及消防设备设施的安全检查记录信息（见图10）。还可以通过消防设备设施的统计图查看到全站消防设备设施的数量统计、各区域消防设备设施的数量统计、消防设备摄像的隐患统计以及消防设备设施的预警类型统计。

◆ 图10　消防分布模块：基本信息（示意）

7. 预警信息

以三维地图为基础，汇集各类安全预警数据，建立全站安全风险智能预警提示中心，实现预警自动提醒、定点推送，助力安全生产。

本模块集成了智能安全管控平台相关预警信息，包含人员定位的电子围栏入侵、高风险作业监护人监督履职不到位、消防设备设施维护保养不到位、特种作业人员未持证、隐患整改延期等（见图11）。通过预警信息模块，我们可以实时了解吉林台公司各站当前的安全预警情况和相关人员的安全状态。

◆ 图11　预警信息模块（示意）

（三）安全风险和隐患排查双预控平台

安全风险、隐患排查双预控平台以标准化要素管理为基础，以风险管控为主线，对公司各类风险实现全面闭环、流程化管理，并引入最新的智能安全管控技术，以安全数据管理为中心，实现源头监管、风险可控、智能分析三大效果（见图12）。

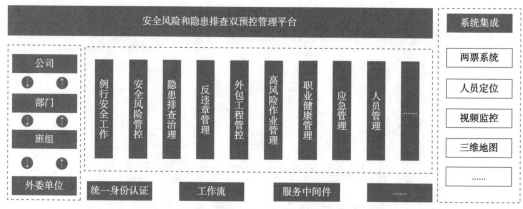

◆ 图12 安全风险、隐患排查双预控平台架构图

（1）安全风险管控：根据内置风险辨识流程及方法，建立安全风险数据库。关联三维地图，形成静态安全风险四色图；作业申请时获取风险库数据，自动辨识评估安全风险等级。

（2）隐患排查治理：建立隐患排查标准库，便捷化隐患登记。内置隐患处置流程，进行隐患的全流程闭环管控，对逾期未整改或即将到期未整改隐患进行在线预警提醒。

（3）反违章管理：利用平台和手机端进行违章登记，通过反违章管理降低人员违章带来的风险，建立反违章工作机制，设置"红、黑榜"，提升反违章工作管控能力。

（4）风险作业管理：风险作业分级管理是依据国家能源集团高风险作业管理办法，对电站的各类高风险作业，如高处作业、动火作业等，进行风险分级，应用安全风险库自动生成作业风险和管控措施，确保作业人员的作业风险得以严格管控。结合全站三维模型，在智能安全管控可视化中心三维模型上实时展示各项高风险作业数据。监管人员通过智能安全管控可视化中心可进行远程可视化监管，掌握吉林台水电站高风险作业情况，并可随时调取各作业区域的视频监控数据。

（5）外包工程管控：结合人员定位、视频监控、培训云等硬件设施，实现对外包工程资质审查、合同和技术协议审查、安全教育培训等全过程管控。

（6）职业健康管理：建立职业健康档案、职业危害因素申报、生产现场粉尘和噪声等危害因素检测，形成数据监测报表存档，并及时公布职业病危害因素检测结果。

（7）应急管理：利用标准化的演练计划、演练方案、处置流程、评估记录、演练总结等要素，智助公司便捷化地完整记录整个应急演练工作，建设应急方案库，不断提高应急管控能力。

（8）安全监察管理：固化监察模板，按照模板进行标准化监察。上级公司可将发现的问题下发给各厂站，并可实时跟踪问题的处理进度。

（9）生态环保管理：自动汇总各厂站生态环保档案，便捷监管生态环保工作。

（10）消防管理：规范化、电子化管理各类消防设备设施，动态管理消防设备设施的基础信息、维护保养、定期检验、报废等，保证在役设备处于合格、良好状态。

（11）特种设备管理：建立特种设备台账，形成一物一码，通过扫码可查看特种设备定检落实、日常检查、维护保养等情况，实现设备定检到期自动提醒。

（四）安全生产培训平台

针对具体岗位进行分析，设置一岗一标，建立全员安全培训考核标准，科学合理设置培训内容，形成公司安全培训矩阵，规范全员安全培训档案（见图13、图14）。

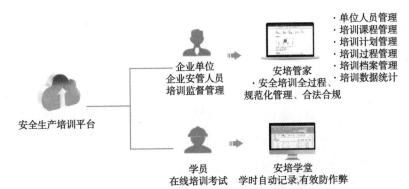

◆ 图 13　安全生产培训平台组成示意图

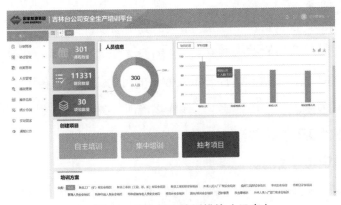

◆ 图 14　安全教育培训模块（示意）

（五）智能班组安全终端

智能班组安全终端将语音识别、人脸识别等技术注入班组管理，囊括智能终端、手机App等多平台，涵盖了班组管理、安全管理、培训管理、人身风险预控管理、仓储管理、考评管理等所有涉及班组建设的业务板块。以满足班组多样化需求为基础，以智能化工作处理为帮手，最大限度地为班组减负，做到信息管理全覆盖、无遗漏（见图15、图16）。

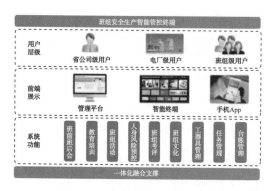
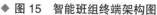

◆ 图15 智能班组终端架构图

◆ 图16 智能班组终端（示意）

通过该终端，各级管理人员可集中监管班组管理及建设等环节，形成及时发现问题、监督问题、改善问题的闭环管理流程，为班组管理决策提供数据支撑。

（六）智慧教室

公司智慧教室（见图17）是以体验式、自主式、信息化为标准建设，通过知识感知、事故感悟、实操感受等实景体验，达到人员安全知识、安全意识、安全技能和应急能力的全面提升，实现安全培训工作常态化、安全培训监管信息化。

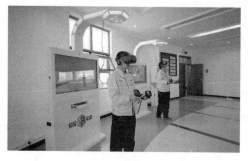

◆ 图17 吉林台公司智慧教室VR实训现场

将VR技术运用于安全培训，通过模拟各种事故的真实场景，受训者沉浸到近乎实战的环境中，通过实际操作理解、掌握安全知识与安全技能，既增加了趣味性，又达到了提升培训效果的目的。相对于传统培训方式，VR安全培训具有提升培训效果、节约培训成本、多样化培训、激发受训人员兴趣、提高培训安全性、培训内容易接受等诸多优势。

（七）人员定位子系统

建立了各电站人员定位子系统，人员定位系统实现了对各站人员的实时位置定位、电站内活动轨迹记录、作业人员特殊作业到岗到位预警、重大风险区域禁入围栏闯入预警等；实现了远程对各电站人员在站内活动情况的完全掌握及其未授权人员禁入重大风险区域、特殊作业区域的电子围栏预警；同时实现了对部分设置区域人员聚集、长时间逗留的智能化预警报警，提升了水电站运行过程中对人员的安全生产管理效能。

人员定位系统功能包含实时位置（定位监控）、历史轨迹（行为分析）、定位终端管理、地图区域绘制等功能。

（八）智能安全帽管理子系统

建立了各电站人员智能安全帽管理子系统，实现了人员通过佩戴智能安全帽在站内进行远程语音对接、视频通话（见图 18）、广播、预警播报等功能，同时实现了通过项目智能安全管控平台远程同各站佩戴智能安全帽的人员进行远程语音对接、视频通话、文字转语音广播等功能，提升了风险作业的远程可视化监管，降低了安全生产事故发生率。

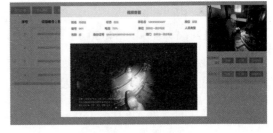

◆ 图 18　智能安全帽实时远程视频（示意）

三、项目收益

（一）经济效益

本项目通过"工业互联网＋安全生产"手段，落实企业安全生产主体责任，提升基础保障、过程管控和应急处置能力，实现吉林台公司安全生产管理工作的有效实施和落地，使得吉林台公司安全生产工作有据可依、有迹可循，便于管理人员掌握公司安全生产管理工作情况，为领导决策提供支持。

另外，吉林台公司安全风险智能管控平台的建立，一方面解决了安全风险辨识不全面、不规范的问题，实现传统依赖于人工劳动进行安全管理向人工智能安全管控模式的转变；另一方面解决了现有安全业务各子系统数据孤岛、重复建设的问题，并通过本平台的建立，间接建立吉林台公司安全大数据中心，实现了安全监管各项业务数据互联互通，提高安全数据应用效率。另外，通过吉林台公司智能安全管控可视化中心的建设，吉林台公司集控中心相关职能部门和公司领导及其省公司安全监管部门和相关领导，可以实现对各水电站进行远程可视化安全监管，降低了现场安全监督的直接经济费用，同时提高了安全监管效能，降低了安全生产事故率。

系统平台建成投运后，实现了水电站安全监管智能化、智慧化，提升了水电站发电效率，每年可为吉林台公司节约安全监管成本约 1347750 元。本项目建成投入后，可实现电站安全监管智能化、智慧化，能在一定程度上减少安全风险和隐患，降低安全生产事故发生率。另外，项目投运后，可直接通过智能安全管控平台远程可视化进行电站安全巡视，可以大幅节约安全检查差旅费和配备安全监管人员成本（注：差旅费包含各水电站间公司车辆损耗费用；人工费按照安全专业人员人均薪资计算，包含五险一金等费用）。

（1）远程在线监督，公司安全监督节约 548000 元。

按照公司安全管理人员 5 人，每周现场检查 1 次，差旅费（含住宿、交通费）350 元

/人次计算，共 5×4×12×350=84000 元。

新疆公司每季度现场安全监管频次减少 2 次，按照平均每次 5 人，差旅费（含食宿、交通费）2000 元/人次计算，共 4×2×5×2000=80000 元。

优化各站中间监管环节，减少专职安全员配置 4 人，每月节省人工成本 8000 元/人计算，共 12×4×8000=384000 元。

（2）线上培训，节约 433500 元。

按照公司 215 人，每年举办公司级培训（法律法规、职业健康、消防、应急、标准化、安规及三种人等）6 次，150 元/人次计算，共 215×6×150=193500 元。

按照新入职员工 25 人，举办培训（法律法规、职业健康、消防、应急、标准化、安规及三种人、水利专项培训、电力专项培训等）8 次，150 元/人次计算，共 25×8×150=30000 元。

外委人员按照 400 人，按 150 元/人次计算，共 400×150=60000 元。

减少了师资、教材、试卷及耗材等成本，按照每年 15 万元计算。

（3）智慧教室，节约 320000 元。

按照公司 200 人，每季度 2 次，按 200 元/人次计算，共 200×2×4×200=320000 元。

（4）无纸化办公，印刷成本减少 46250 元。

人身风险预控本按照生产人员 80 人、临时外委人员 20 人，共计 100 人计算，每人一年 5 本，每本 50 元，共 100×5×50=25000 元。

班组建设本子，按照每个班组 10 本（安全活动 5 本，教育培训 2 本，班委会、政治学习、工会各 1 本），每本 50 元，10×5×50=2500 元。

技术问答（拷问讲解、事故预想、技术问答）按照每个班组 75 人计，每本 50 元，75×5×50=18750 元。

本系统平台的建成，促使吉林台公司风险及隐患排查治理流程规范化、标准化，并对未整改隐患发出预警提醒，对风险较大区域进行警告，让企业及时进行隐患整改和监控风险，从而降低物体及人员处于不安全状态的概率，进而降低由物体及人员一直处于不安全状态而导致事故及人员伤亡的概率。

（二）社会效益

（1）保障公司各单位生产安全，为国民经济发展保驾护航。

电力是我国重要基础产业，关系到国计民生和社会经济正常稳定运转。通过"互联网+安全生产"的安全动态管理创新与实践，实现重点作业现场监督管控全覆盖、大力弘扬

"生命至上、安全第一"的思想，强化责任担当，有效提升整体安全风险管控能力，提升生产安全水平和应急指挥协调能力，切实保障人民群众的正常生活，保证国民经济的持续稳定发展。

（2）转变监管方式，全面加强安全生产管理能力的提升，统筹推送安全生产领域改革和创新，提高安全生产工作效率。

（3）根据实际安全生产业务的需要，实现"互联网＋安全生产"与安全动态监督管理的创新思路和实践业务相适应，促进安全生产效能提升。

四、项目亮点

（1）研究建立了适合于国家能源集团新疆吉林台水电开发有限公司基于人员安全管控的"1+N"管理模式的智能安全管控平台。

本平台结合国家能源集团新疆吉林台水电开发有限公司安全管理实际，以水电站安全风险分级管控和隐患排查治理为核心的双预控管理系统（1个核心），以安全生产标准化要素管理为基础，以风险管控为主线，对吉林台公司日常生产过程中各类人员安全风险实现全面闭环、流程化管理；通过建立深度集成吉林台水电站三维地图子系统、工业电视子系统、人员定位子系统、工业 Wi-Fi 子系统、作业人员智能安全帽管理子系统、班组终端子系统、人员安全教育培训子系统（N项管理子系统）等，集中对水电站日常检维修过程中人员、设备、环境、管理闭环等各环节进行安全风险管控，实现了新疆吉林台水电开发有限公司人因安全风险的智能管控和自动预警。

（2）研究建立了适用于国家能源集团新疆吉林台水电开发有限公司基于三维地图的智能安全管控可视化预警中心。

该中心结合吉林台公司水电站现状建立了水电站全站实景三维模型，还原了吉林台水电站的布局环境，以吉林台水电站实景三维地图为载体，在安全可视化预警中心建立了风险四色图、人员定位、作业票、视频监控、消防分布、预警信息、漫游巡检等软件功能模块，各功能模块与双预控系统深度集成，并通过数据分析，在可视化预警中心生成安全监管数据报表，通过数据报表实时反馈吉林台水电站风险、隐患、人员、作业等情况。该中心通过智能安全管控平台后台数据模型和预警模型，智能化分析电站运行过程中的人因安全风险管控现状并进行量化评估，通过研究设定的预警阈值，实现各类安全风险的智能化自动预警提醒，辅助控制现场人因安全风险，及时发现人因安全管理漏洞及提升预测预警能力，辅助吉林台公司管理人员进行安全生产决策。

开都河流域大坝监控预警与安全评估平台

[国家能源集团新疆开都河流域水电开发有限公司]

案例简介

开都河公司联合南京水利科学研究院自主研发了开都河流域大坝安全在线监控系统（监控预警与安全评估平台），并在察汗乌苏、柳树沟水电站顺利投入使用。该系统具有数据采集（包括测点信息管理等）、智能巡检（包括摄像头自动巡检、异常变化预警等）、数据管理、资料分析（各类整编图形分析等）、报表报告（安全监测报表报告的自动生成和管理功能）、多维展示（包含 BIM+GIS 系统集成）、监控预警（异常数据识别管理和监控预警管理）、安全评估（大坝健康情况的安全分析和评估）、系统管理和移动应用平台等功能模块。系统解决了现有安全监测各系统间信息孤岛、巡检智能化水平低、安全监测数据基本上无自动化预警功能、数据展示效果差，月度、季度和年度报告工作量繁杂等问题。该系统通过工程应用提高了现场安全监测工作的自动化水平，打通了信息壁垒，提升了巡视检查的智能化水平，提高了预警的时效性，减轻了工作人员报告编写强度，将工作人员从烦琐的重复性劳动中解放出来，解决了点多、面广、量大的安全监测工作难题，使得工作人员可以集中精力研判异常情况，获得了显著的工作效益、安全效益和人员效益。同时，系统具备较好的通用性和可扩展性，便于后续开发电站的接入管理和推广应用。

一、项目背景

随着工业互联网、工业 4.0 等新一轮工业革命的兴起，以 5G、AI（人工智能）、大数据技术为代表的新技术逐渐成熟，智慧电厂成为我国发电企业数字化转型升级、应对能源变革的新举措，其智能系统建设成为当前亟待解决的问题。依据国家能源集团"一个目标、三型五化、七个一流"的企业发展战略，新疆开都河流域水电开发有限公司针对建设智慧电厂的实际问题积极开展了科研攻关。

国家能源集团新疆开都河流域水电开发有限公司现有察汗乌苏和柳树沟两座水电站，位于新疆巴音郭楞蒙古自治州（简称巴州）境内。距和静县约 90km，距库尔勒市约 140km，距坝址区最近的乡镇——先行乡约 40km。察汗乌苏、柳树沟水电站工程安全监测项目主要包括变形监测、渗流监测、应力应变监测、强震监测、环境质量监测，以及巡视检查项目等。主要监测范围包括大坝、引水（泄水）建筑物、厂房、各类工程边坡及近坝库岸边坡。两座电站共安装有监测仪器1400余支，外观变形测点100多个，具有监测部位分布广、监测仪器种类及数量多等特点。经过多年的持续建设和更新维护，目前除人工巡视外，大坝安全监测规定的各项内容大部分已经实现自动化或者半自动化监测，但是各监测内容独立存在，相互之间没有关联，各个监测系统只能实现数据的自动采集，造成管理人员日常重复性劳动强度高，疲于应对日常数据收集整理工作，无暇及时开展监测成果的分析和研判。

为提高工作效率，降低工作强度，早日实现无人电厂、少人管理的目标，针对日常大坝安全监测工作中的痛点，开都河流域大坝安全在线监控系统（监控预警与安全评估平台）着重解决了现有安全监测各系统间信息孤岛、巡检智能化水平低、安全监测数据基本上无自动化预警功能、数据展示效果差，月度、季度和年度报告工作量繁杂等问题。

二、技术方案

开都河流域大坝安全在线监控系统（监控预警与安全评估平台）采用模块化设计思路，基于统一技术架构，将监控预警与安全评估平台从一个复杂的系统划分为若干个功能单一、相对独立的模块，在模块内实现高内聚，模块间实现低耦合，有利于进行开发、测试以及修改完善，且易于理解，提高了程序的可更新性，缩短了开发周期。该系统监控依据功能可划分为数据采集、智能巡检、数据管理、资料整编、报表报告、多维展示、监控预警、安全评估、系统管理和移动应用平台等功能模块。

（一）智能巡检

实现摄像头定时自动巡检，对巡检区域内的大坝及周边山体的异常变化进行检测识别，及时开展异常变化预警。同时依据行业规范提供人工巡检计划、人员分配、巡检结果管理及审批等功能。

开都河流域大坝安全在线监控系统（监控预警与安全评估平台）智能巡检单元采用计算机视觉辅助结合人工巡视检查的方法。其范围囊括枢纽工程范围大坝、近坝库岸边坡等部位，具体工作内容：采用高清球机或可移动枪机摄像头建立覆盖整个大坝重点部位的监控网络（该监控网络在适当时候可结合已有的监控点进行组建，并具备公共接口，其视频数据可以为安防等部门使用，从而可避免重复投资），做到危险区域无死角覆盖，通过驱动程序控制摄像头沿固定路线巡视，并拍摄高清数字照片，利用数字照片分析技术，对大量视频或图像数据进行比对筛查，挑选出可能有问题的区域，利用提交巡视报告的方式，将算法检测出的问题区域展示出来。工作人员可通过人工图像复核和实地调查等手段，对危险区域进行排查。

异常检测系统为全自动化处理系统，不需要人为干预运行，系统启动后自动持续运行，自动接收数据，自动反馈报警信息，管理员通过可视化界面进行配置管理等操作，异常检测系统作为基础功能为主系统提供视频监控数据的分析检测服务。整个系统流程架构采用异步任务调度系统，分别对全流程任务进行进程级别管理。异常检测系统的主系统流程分为五个主要模块，分别为图像数据处理、图像预处理、图像异常区域划分、图像区域物体识别和图像分析反馈。其中，核心的三个模块如下。（1）图像预处理模块。将数据进行自动分类存储，依据不同的图像类别分别进行归一化处理，并将与相关图像无关信息进行去除处理，同时锐化增强图像待检测区域。（2）图像异常区域划分模块。依据系统历史存储的正常图像数据进行背景建模，对图像进行基准配准，同时对图像进行特征验证，最终划分出指定区域。（3）图像区域物体识别模块。此模块存储了大量的深度学习模型，根据自适应算法进行图像模块识别，同时存储记录识别过程中的图像信息。

依据行业规范中巡检的要求，在大坝巡检路线上做明显的标示，在关键点、重点位置布置非接触式射频卡。人员工作时采用刷射频卡等方式进行路线登记和报备，记录各个巡检点的打卡时间和总巡检历时，同时采用手机拍照等方式对危险区域拍照存档并将其上传至服务器保存。开发了专用的手机 App 功能，工作人员可以在手机上完成每次巡检的登记、报备和资料传输。平台通过对应的算法，对安全巡检的出勤率、每次安全巡视的完成度进行评判。以上信息会实时显示在平台相关内容中，方便管理人员了解大坝巡检情况。

裂缝是水工构（建）筑物的主要危害之一，因此，定期对已有裂缝进行监测非常重要。结合人工巡检工作，定时定点拍摄裂缝图片，并将其上传至服务器后，平台软件通过图片中的二维码信息自动匹配对应的裂缝，并基于计算机图像技术，结合二维码定位的方式自动计算裂缝的相对位移量，为工作人员了解裂缝的变化规律提供数据基础。该功能实现了混凝土构筑物裂缝的非接触式测量，在巡检过程中对重点关注的裂缝拍照，通过手机 App 和网页等方式将图像上传到平台。平台会自动调用适配的算法进行解析计算，并将结果以列表和过程线等方式直观地展现出来。经过现场实测对比，测量精度在 0.1mm 左右，完全满足规范对裂缝的测量要求。该方法手段灵活，特别适用于构筑物运行期新出现的裂缝，以及已有老裂缝的表面监测。选择裂缝拍照功能可以实现在巡检过程中对裂缝的实时测量；通过裂缝标识管理，可以实现标识信息查询、标识与裂缝的绑定、解除绑定等功能；通过裂缝历史数据功能，可以查询裂缝并绘制所关注裂缝的测值历史过程线。

智能巡检工作通过摄像头定时定点巡检宏观地掌握工程安全状态，弥补了人工巡检频率低、时间长、成本高等缺点，便于在工程运行场景下进行大范围快速指定检测，实现低成本的重点关注区域不间断监测的目的。智能巡检模块包括摄像头 AI 巡检和人工巡检两个部分。其中，AI 巡检包括摄像头管理、巡检管理、异常管理、巡检成果管理等子模块；人工巡检包括巡检点管理、巡检路线管理、巡检人员管理、巡检计划管理、巡检成果管理、巡检信息统计等子模块。

（二）报表报告

实现安全监测报表报告的自动生成、样式和内容的个性化定制、审批、管理等功能。依据行业规范和行业内监测报告的经验，开发了大量的通用型表格、图形和特征值模板，可以在不同的需求场景中任意组合，实现特殊化定制与通用型使用相结合的目的。通过定制开发多套专用的报告模板，可以实现日常报告的及时性生成。除相关结论外，报告可以实现特征值、过程线、表格和格式文字的自动生成，可根据需要选取所要分析的时间段。模板采用 Word 格式，可以在后期进行自由扩充，方便依据现场需要自由地定制报告样式。

（三）多维展示

实现了各类型安全监测成果、监测图像、预警预报信息、设备状态等的图形化在线及时展示，与 BIM+GIS 系统集成，实现安全监测成果多维展示。开都河流域大坝安全在线监控系统（监控预警与安全评估平台）是依据 BIM+GIS 相关技术标准建立的安全监测应用场景，实现安全监测多维可视化。水电站主要监测靶区有水库、坝体、坝上水工建筑物、近坝岸坡等。BIM+GIS 安全监测应用主要针对这些靶区，将其安全运行状态和安全监测数据以 BIM+GIS 技术为载体进行直观可视化展现，为运行维护提供安全监测专业技术支撑。按照大坝 BIM+GIS 平台相关技术要求，BIM 建模工具为 Blender，GIS 平台为 Bing 地图软件，安全监测 BIM+GIS 应用也将采用 Blender 建模和 Bing 地图平台二次开发实现。

BIM+GIS 安全监测应用中的数据主要包括监测数据和空间位置数据。监测数据为各测点的监测成果数据，这些数据来源于测点管理模块；空间位置数据指测点在 BIM+GIS 三维场景中的空间位置坐标，这些坐标数据可以作为测点 BIM 模型的属性信息存储。BIM+GIS 安全监测应用即实现监测成果数据与三维场景中测点的关联，以不同颜色的点状或线状符号将监测成果数据进行直观展示。

针对开都河流域大坝建筑物特点及安全监测设计情况，BIM+GIS 安全监测应用主要实现以下功能：（1）坝体安全监测三维展示；（2）安全监测三维 GIS 图；（3）监测仪器工作原理的动画展示；（4）各测点的安全状态；（5）监测仪器的空间分布情况；（6）测点历史过程线的实时展示；（7）视频图像的实时播放；（8）各类监测成果的图表展示；（9）水情、雨情信息的实时展示；等等。

（四）监控预警

通过不同的预警模型和相应的预警指标，实现对监测数据异常值的实时识别与反馈以及监控预警信息的管理等。

针对开都河数据特点，创新性地提出了时间池滚动算法（以一段恒定的长时间历时建立数据池，基于此数据池进行模型的参数和每天预测值的计算。每天更新数据池，纳入最新经过数据清洗的监测数据，并剔除最后一个数据），充分利用目前服务器硬件计算能力充足的特点，通过加大计算频次，以更精准地适应多年运行水电站的监测数据变化趋势。通过实际使用证明，该算法有效地改进了各类预警模型的预测精度，有效适应了筑坝材料时间流变和劣化趋势，提升了监测精度，降低了预测模型的误报率。

监控预警可提供超量程、超预警值、超变幅、异常状态、缺数等内容的预警服务。各项预警信息按照用户的预警策略进行解析，按照指定方式发送给指定的预警接收者，同时支持根据消警机制撤销当前预警信息。用户可以自定义预警源和预警策略。

监控预警还具有以下功能：（1）各类预警模型的加载和取消；（2）预警阈值、预警等级、等级颜色等设置；（3）预警趋势的分析（分析某些测点报警频率随时间的变化）；（4）重点监测组的设置和取消；（5）接警人员的管理；（6）消警人员权限管理；（7）报警方式的管理；等等。

（五）安全评估

基于行业导则，采用短板理论，通过实测安全监测数据、定期检查报告、专项分析报告等数据对大坝整体健康情况进行安全分析和评估。

基于已颁布的行业导则，构建了大坝安全评估算法，算法计算所用的数据分为自动化数据和人工输入数据。自动化数据采用从数据库直接调取的方式获得，人工输入数据依据各类检查、专项、设计等报告的结论进行输入。采用业界较为常用的短板理论综合评价方法，对大坝的安全状态进行分析计算，并将计算结果通过安全等级的方式进行展示。安全评估还包含以下功能：（1）计算参数输入；（2）计算模型展示；（3）历史计算日志展示等功能。

（六）资料整编

基于行业规范的规定，实现系统误差自动识别和人工识别、数据校正、数据维护以及过程线分析、特征值分析、相关性分析和各类资料整编图形分析等功能。

资料整编分析具有以下功能：（1）采集数据的粗差识别（可以通过模型算法和人工标识两种途径实现测量粗差的标记，两种方式互为补充，可以更准确地提出测量误差）；（2）特征量分析，通过图表的方式对测点的历史数据进行剖析，方便工作人员了解该测点的变化规律，特征值整编将原始实时数据整编成特征值数据，包括日特征值数据、旬特征值数据、月特征值数据、年特征值数据；（3）相关性分析，通过相关性图和相关系数等值对不同测点间的相关性进行计算分析；（4）多测点变形分析；（5）内部沉降分析；（6）内部水平位移分析；（7）面板挠度分析；（8）测点分组整编分析；（9）历史数据展示；等等。

（七）数据采集

实现自动化仪器设备多种采集方式的管理设置及采集设备的配置管理；同时包含对测点各项信息的管理，包括测点信息、测点公式、测点类型以及统计信息等。

数据采集模块为大坝监控预警与安全评估平台配套数据采集模块，能够完全无缝嵌入大坝监控预警与安全评估平台中。拥有权限的用户可以访问该模块，对自动化系统进行远程控制采集，并能够自动实现采集设备配置、自动化采集，实现了软硬件一体化操作。数据采集支持多种采集方式和测量控制方式，支持在采集设备上进行人工测读和具备远程操作功能。数据采集模块主要包括实时采集、定时采集、采集设备管理、监测站管理、系统网络拓扑图等五个二级功能模块。目前外观变形自动化（全站仪测量）、强震仪和摄像头已完成与系统的无缝嵌入采集。

（八）移动应用平台

实现移动端的便捷使用，包括大坝监测数据查询、信息查询、数据采集、信息推送和移动巡检等。

开都河流域大坝安全在线监控系统（监控预警与安全评估平台）附属的手机端App具备几乎所有的人工巡检的功能，包括新建巡检任务、新增巡检路线、巡检打卡、缺陷登记、巡检报告上报、巡检报告审批等功能，同时包含数据采集的部分功能，比如数据一键采集、监测数据查看等，裂缝非接触式测量功能也内嵌在该App中。

（九）系统管理

实现系统登录管理、系统用户管理、角色及权限管理、系统日志查看等系统设置管理。

开都河流域大坝安全在线监控系统（监控预警与安全评估平台）采用微服务架构，各类服务所依赖的设置均由系统管理提供。系统管理具有以下功能：（1）系统登录，设置用户名和密码及登录系统的设置；（2）用户管理，包括用户查询、添加用户、修改用户和删除用户等功能；（3）角色管理，包括角色查询、增加角色、修改角色、删除角色等功能；（4）权限管理，包括权限查询、增加权限、修改权限、删除权限、查询权限设置等功能；（5）日志管理，包括日记记录和日志查询等功能；（6）字典管理，包括字典的增加、删除和设置等功能；（7）算法管理，包括算法的增加、删除和设置等功能。

三、项目收益

（一）直接经济效益

（1）监控预警。过去，每个站每天需要工作人员至少 1.5 个小时的人工逐一查看对比数据（每个站有 700 多只仪器数据），两个站每天至少节省 0.5 人 / 天（开都河公司 2018 年人均成本约 30 万元），年节省 15 万元。

（2）智能巡检。按照每周每站节省人工巡检时间 0.5 人 / 天计，两站共需 1 人 / 天，年节省 4.3 万元；车辆及驾驶员费用按每年 30 万元成本计，节省至少 4.3 万元 / 年；测缝仪采购价 0.3 万元 / 只，一条裂缝需要两只，其相配套的自动化采集设备及电费和每年的维护损耗费，即每条裂缝每年节省 0.3 万元，按照两站每年平均实际测量 20 条裂缝计，两站一年节约 6 万元 / 年。智能巡检共节省 14.6 万元 / 年。

（3）报表报告。根据现有报告编制经验，月报按照每站每月 5 个工作日 / 人计，季报按照每站每季度 10 个工作日 / 人计，年报按照每站每年 30 个工作日 / 人计，按照一个人每年 15 万元成本，即（5×12+10×4+30）/250×30×2=31.2 万元 / 年。

综合来看，系统建成后可节约人工成本约 60.8 万元 / 年。

（二）间接经济效益

开都河流域大坝安全在线监控系统（监控预警与安全评估平台）投入运行前，需要大量人力和车辆进行大坝及周边山体的巡检、数据的整理和综合。为了及时完成日常工作，员工经常加班加点、疲于奔命，很难全身心投入到异常数据的分析和考证中来，导致安全监测部门人员缺口严重，员工劳动量和劳动强度高。平台投入运行以来，将员工从大量的重复性劳动中解放出来，提升了单位人员的工作效率，规范了工作流程，缩短了应急反应时间，提升了员工的幸福指数，带来了巨大的间接经济效益。

（三）社会效益

新疆开都河流域水电开发有限公司所管辖的察汗乌苏和柳树沟水电站位于开都河梯级

水库的上游，柳树沟水电站下还有新华公司的大山口、小山口等下游梯级水库。一旦发生安全事故，造成的超正常洪水将会引起下游水库连续溃决，溃坝洪水将淹没下游大范围的平原地区，造成巨大的生命损失、经济损失和生态损失。经过初步测算，最终的溃坝洪水会淹没博湖县，汇入博斯腾湖。此外，下游城镇存在少数民族聚集区，搞好民族团结，使人民安居乐业是边疆少数民族地区的大事。

开都河流域大坝安全在线监控系统（监控预警与安全评估平台）投入运行以来，有效提高了预警的效率和增大了预警的时长，有力地保障了水电站及周边村镇的安全。两座水电站的平稳生产除了为新疆及全国人民提供了大量绿色清洁能源外，也为当地带来了大量的就业岗位，是边疆地区安定团结的重要基石，具有极高的社会效益。

四、项目亮点

（一）基于机械视觉和计算机图像技术的大坝及周边山体的异常区域识别技术

异常区域识别是从不同时期的监控图像中，定量地分析和确定靶区变化的特征和过程。变化检测的研究对象为地物，包括自然地物和人造地物，描述地物的特性包括空间分布特性、波谱反射与辐射特性、时相变化特性。

本技术采用分层次式基于语义理解的深度学习模型进行变化检测分析，通过逐层分析迭代与大量数据预训练模型，对现场进行类人眼分析。多层次分析算法会根据评价指标选择最优场景算法，多级分析最终返回最优变化结果。

（二）非接触式裂缝表面测量技术

本技术采用特制二维码粘贴于构筑物裂缝表面的两端，主要起到裂缝身份码、裂缝两端的不动点标识。通过定位二维码作为裂缝参数计算的基础定位信息源，建立测量坐标系。测量技术主要流程如下：（1）基于裂缝标识中的定位点建立图像平面测量坐标系；（2）采用标识图形特征计算图像平面上的正交灭点；（3）通过灭点和交比求解实际空间中定位点的相对坐标；（4）通过计算多张图像的相对坐标差值即可获得在图像拍摄期间裂缝的变化量。

（三）大坝安全监测预警与安全评估技术

针对开都河数据特点，创新性地提出了时间池滚动算法（以恒定的一段长时间数据建立数据池，基于此数据池进行预警模型参数和每天预测值的计算，每天定时更新数据池，即将最新经过数据清洗的监测数据纳入，并剔除最后一个数据），充分利用服务器普遍硬件计算能力充足的特点，通过投入算力，来获得更精准预测结果，现场实际使用证明，该算法有效的改进了各类预警模型的预测精度，使预测结果能更好的适应筑坝材料时间流变和劣化趋势，提升了监测精度，降低了预测模型的误报率。

在已颁布的行业导则的基础上，基于安全监测数据和各类专项报告的分析结果采用短板理论综合评价方法，对大坝的安全状态进行分析计算，并将计算结果通过安全等级的方式进行展示。

（四）监测报告自动化生成和管理技术

依据行业规范和行业内监测报告的经验，开发了大量的通用型表格、图形和特征值模板，可以在不同的需求场景中任意组合，实现特殊化定制与通用型使用相结合的目的。通过定制开发多套专用的报告模板，可以实现日常报告的及时生成，除相关结论外，报告可以实现特征值、过程线、表格和格式文字的自动生成，可根据需要选取所要分析的时间段。模板采用 word 格式，可以在后期进行自由的扩充，方便依据现场需要自由的定制报告样式。

五、荣誉

2021 年"大坝安全在线监控系统（大坝监控预警与安全评估平台）"获 2021 年度国电电力科技进步二等奖。

水电站闸门实时在线监测及状态诊断评价系统

[国家能源集团大渡河大岗山发电有限公司]

案例简介

针对"无人值班，少人值守"的水电运行管理模式的要求，大岗山水电站研究开发了一套弧形工作闸门在线监测系统及设备状态诊断评价系统，形成一套完备的智能故障识别、诊断、预警和报警的系统，搭建了信息采集层、信息传输层、云端智能预警层三个层次。每个层次专注于特定的职责，从多传感、多元运算的设计出发，打造信号采集、信号传输、信号处理、信号分解、特征值提取、故障诊断和安全评价的全流程闭环诊断，改变了以往被动式、人工式的检修诊断方式，实现了水电站弧形工作闸门智能化、自动化的监测和诊断。

一、项目背景

对水电站金属结构设备的检测结果和安全状况进行统计分析表明，现役金属结构设备存在诸多问题。在病险水库大坝和水电站等工程不安全的问题中，属金属结构设备的问题占比达40%，其中，闸门问题位列3类14项主要不安全问题之首。对国内外大中型水利工程安全情况进行的调查结果表明，闸门问题曾引起了大量的工程事故，造成了巨大的经济损失和社会影响。

长期以来，对于水电工程金属结构设备的安全运行监测，仍停留在人工目测阶段。水电站金属结构设备影响安全运行的主要因素包括结构应力、变形、门槽和流道水力学参数、启闭力等内在参数的在线监测，缺乏规范的监测手段。

我国水电运行管理领域正在向"无人值班，少人值守"的运行模式转变。先进的监控、保护等自动控制技术得到了广泛推广及应用，站内自动化系统如工业电视、水情测报、枢纽观测等也大量采用。水电站整体自动化水平达到或接近世界领先水平。随着时代的发展，在水电站自动化水平不断提高的前提下，准确发现和判别缺陷、故障现象和原因，及时提供预警、报警和安全评价报告等新的要求不断提出，迫切需要引入新的技术和管理模式，以实现"质量、效益"双提升。

随着智慧大渡河、智慧电厂建设的不断深化，大岗山电站正在逐步向无人值班模式过渡，无人电站对大坝泄洪系统提出了更高要求。而水电站金属结构的智能化监测与控制是实现无人电站的基本保障。

大岗山水电站大坝采用双曲拱坝，坝高高达 210.0m，根据计算洪水时最大泄水量可达 8000m³/s。大坝下游区域为狭窄的河谷地带，周围分布有村庄和人员聚集的移民安置点。该水库河段坝址区附近人员生产生活活动频繁，电站泄洪系统关乎人民的生命安全。

泄洪系统由右岸一套泄洪洞弧形工作闸门、四套泄洪深孔弧形工作闸门组成。其中，泄洪洞的泄流能力为 1838m³/s，洞内最大流速为 42m/s。超快的水流极易让水舍产生较大的压力梯度，严重威胁到闸门结构的安全。泄洪深孔弧形工作闸门由于水头较高、水压较大，汛期泄洪时闸门振动势必较为严重；且深孔位置空气湿度较大，长此以往，闸门存在锈蚀现状，洪水较大时对深孔闸门的运行安全带来一定的隐患。

电站设计、建设初期对弧形工作闸门的减震问题并没有专门采取措施。运行期间，泄洪洞弧形工作闸门和深孔弧形工作闸门分别安装一套闸门在线监测系统。汛期电站泄洪任务较重，泄水量较大，泄洪时实时在线监测系统能准确监测闸门结构的受力、变形及振动情况。经过一个汛期，泄洪洞弧形工作闸门收集到了较为全面的泄洪数据。但是在现有数据的基础上，针对弧形工作闸门的振动特性、共振频率区间、共振位移的分析还不够深入。行业内对于综合振动频率、振动位移、振动特征的弧形闸门安全评价体系仍是空白，并没有建立有效的弧形工作闸门状态诊断评价系统，无法从本质上解决闸门振动带来的安全隐患，无法实现闸门工作状态的有效评估。

二、技术方案

（一）技术路线

在试验方面，针对弧形工作闸门进行锤击、激振响应分析；在分析不同闸门类型、不同水流特性、不同运行状态和不同故障状态下振动特性的基础上，构建弧形工作闸门振动特征库，并以此作为诊断评价基础；进而基于大岗山泄洪系统实时在线监测系统，实时监测弧形工作闸门泄洪时的结构应力、变形、振动特性、运行特性等内在参数，在获取这些信号的基础上研究基于环境激励的运行模态分析方法，对弧形工作闸门运行过程中的振动特征进行在线精准辨识；然后以振动特征数据库为基础，进行弧形工作闸门状态推理匹配，并建立状态评判标准等；最后，综合以上成果进行系统集成，研发弧形工作闸门设备状态诊断评价系统，并进行实验验证和优化（见图 1、图 2）。

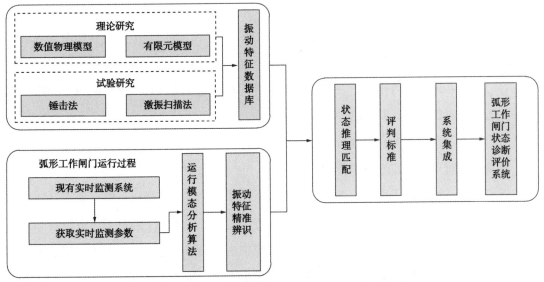

◆ 图1 实时在线监测及状态诊断评价系统技术路线

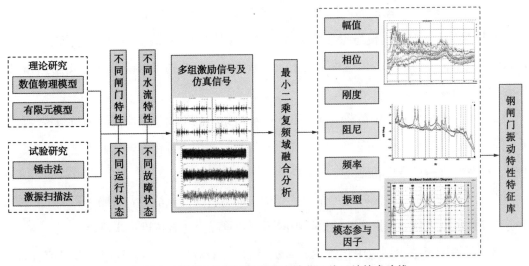

◆ 图2 弧形工作闸门设备状态诊断评价系统技术路线

（二）研究工作

1. 弧形工作闸门振动特征数据库构建

弧形钢闸门的振动是一个复杂的水弹性力学问题，闸门的振动类型取决于激振力的性质及结构本身的动力特性，不同性质的激励使闸门产生不同性质的振动，从而使弧形钢闸门的振动呈现多样性。目前，对弧形钢闸门发生强烈振动的解释主要包括强迫共振、能量不衰减的自激振动及参数共振，研究不同性质的振动也将采用不同的理论。对于局部开启泄流的弧形钢闸门，由于特殊的边界及水力条件，动水作用往往会形成某种周期性的激振力。弧形钢闸门在承受纵向静水压力的同时，如果再受到纵向激振力，极易发生横向参数振动；当激振力的频率与闸门的频率存在某种倍数关系时，闸门发生参数共振而导致动力失稳。参数共振是导致弧形钢闸门失事的重要原因。参数共振是结构动力稳定性理论研究的内容，参数共振的危害很大，在许多情况下，针对强迫振动和自激振动的减振和隔振措施并不适用于参数共振，甚至会导致相反的结果，故有必要从参数共振的角度来研究弧形钢闸门的振动，揭示其振动机理。

2.弧形工作闸门振动在线识别算法研究

近年来，环境激励下的模态参数识别吸取了振动理论、信号分析、数据处理、数理统计、自动控制、计算机技术等多学科领域的优点，多种环境激励下的模态参数识别方法应运而生。按识别域区分，可分为时域模态参数识别法和频域模态参数识别法；按激励点和测量点来区分，有单输入多输出法和多输入多输出法；按激励的信号区分，有平稳随机激励和非平稳随机激励。

3.弧形工作闸门状态诊断评价系统设计研究

基于环境激励的结构模态参数识别方法中，频域分解法和特征系统实现算法是频域法、时域法中精度最高的，但应用到基于泄流激励的水工结构工作模态参数识别还存在以下几方面的问题：

（1）水工结构泄流激励荷载复杂，不同的泄流结构的不同部位泄流激励荷载特性也有所不同。因此，对泄流荷载这类特殊的"环境激励"荷载能否作为未知输入进行模态参数识别，还有待进一步分析和研究。

（2）由于水工结构泄流时的工作环境复杂，动力响应受水流等背景噪声影响大，因此在模态参数识别之前如何剔除原始信号中的环境背景噪声还有待进一步研究。

（3）在频域模态识别法中，频域分解法具有较高精度，虽然其利用了奇异值分解技术，将系统谱函数分解成单自由度谱函数，但在拾取峰值时仍具有主观性，尤其是当泄流荷载的信号在谱函数中有所体现时，容易造成将水流荷载频率误认为结构自振频率，且通过傅立叶逆变换到时域求阻尼比时会造成误差。

（4）而对于时域法中精度较高的特征系统实现算法，系统矩阵定阶难的问题仍一直未很好解决。尤其是在基于泄流激励的水工结构模态参数识别中，不像频域法拾取峰值频率明显，不同工况下的泄流激励激发了结构几阶振动模态事先是未知的。事先假定过大的阶次容易引入虚假模态，假定过小的阶次容易遗漏结构真实模态，因此确定系统矩阵的阶次（或结构振动阶次）成了该算法应用的瓶颈。

（三）实施方式

（1）针对弧形工作闸门，开展试验研究，分别进行锤击法和激励扫描法试验，制定弧形工作闸门试验测试流程。

（2）开展不同水流特性、不同运行状态和不同故障状态下弧形工作闸门的理论模型分析和试验测试，构建弧形工作闸门振动特征数据库。

（3）对闸门进行现场激振试验及泄洪参数收集。

（4）研究基于环境激励的运行模态分析方法，开展弧形闸门运行过程中振动特征在线精准辨识研究。

（5）以振动特征数据库为基础，基于弧形工作闸门振动特征辨识结果进行弧形工作闸门状态推理匹配，并建立状态评判标准。

（6）进行系统集成，研发弧形工作闸门设备状态诊断评价系统。

（7）将泄洪时期的数据输入系统中，找出故障数据并分析原因。

（四）实现功能

1.软件性能

能有效识别闸门振动特征，直观反映闸门的振动。采用集合经验模态分解（EEMD），充分利用高斯白噪声的均匀辅助作用，通过在信号中加入高斯白噪声，改善信号极值点分布，有效避免信号模态混叠，使得分解过程完全自适应；同时，利用信息熵理论进行特征提取，更好地表征非线性信号的复杂性和平稳性，使得算法具有更精细的特征刻画能力，尤其是在启门及关门瞬间流态复杂、振动复杂多变的环境下，依旧能准确识别闸门的振动特征值；最终利用神经网络的数据学习能力和模糊逻辑的推理能力，形成自适应神经模糊推理系统（ANFIS），使得弧形工作闸门设备状态诊断评价系统兼具神经网络和模拟推理的优势，形成一种有效的状态识别方法。

2.软件功能清单

具体功能包含智能导入波形数据、自动 FFT 波形绘制、自动特征提取与诊断评价模块三个部分。

①智能导入波形数据：可以与在线监测系统实时监测数据保持同步，准确读取实时数据。

②自动 FFT 波形绘制：能够自动生成实时数据的频域分析曲线，精准识别某一时刻闸门振动的频率值。

③自动特征提取与分析：能够实时对导入数据进行 EEMD 和 ANFIS 分析，准确获得

某一时刻影响闸门振动安全的 6 个特征要素，并实时显示；同时实时综合 6 个特征要素对闸门安全性进行评价。

3. 功能总图

系统功能架构图、软件功能逻辑图分别见图 3、图 4。

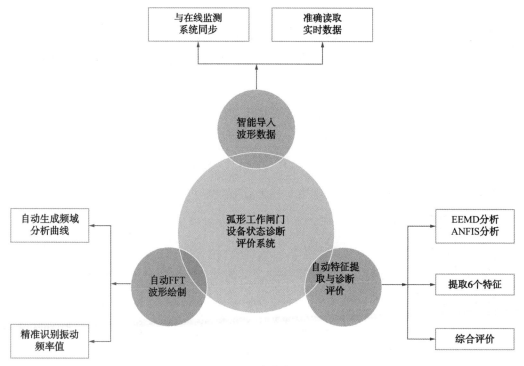

◆ 图 3　系统功能架构图

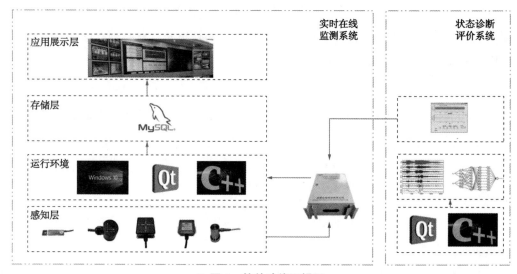

◆ 图 4　软件功能逻辑图

（五）实施效果

对在大岗山水工金属闸门所获得的振动数据进行分析，在特定工况下，采用自主研发的三向加速度传感器，传感器安装在上、下支臂前端，监测闸门刚性支承的振动响应，采用 16 位 24 通道同步采集卡进行振动数据采集，采样频率为 2000Hz，每个数据样本为 2560 点，传感器测点布置图、现场安装图如图 5 所示。

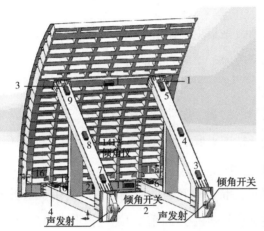

◆ 图 5　传感器测点布置图、现场安装图

三、项目收益

（一）经济效益

该系统的成功应用，为大渡河公司检修员工提供了高水平的智能化辅助诊断手段，提高了大渡河公司的金属结构故障诊断水平和效率，增加了企业竞争力，减少人员资金投入 24 万元 / 年，节约安全检测费用 40 万元 / 年，减少维护成本 50 万元 / 年。

（二）社会效益

通过研发弧形工作闸门设备状态诊断评价系统，更详细、全面地监测弧形工作闸门的运行状态，合理优化运行调度，延长设备使用寿命，减少因弧形闸门安全隐患无法泄洪带来的风险，保障大岗山水电站关键设备的安全稳定运行，同时也可作为新技术、新平台向其他电站推广，具有广阔的社会效益。

四、项目亮点

（一）查新报告

由四川省科技成果查新咨询服务中心科分院分中心提供的编号为 H20212363 的"科

技查新报告"查新结论如下：

查新点 1：基于振动信号分析的水工金属闸门状态识别算法。

在本次文献检索范围内，未检索到和查新点 1 内容完全相同的文献报道。

查新点 2：水工金属闸门模态特征信息自适应提取算法。

在本次文献检索范围内，未检索到和查新点 2 内容完全相同的文献报道。

（二）创新点

（1）建立了实时在线监测系统。通过采集主要技术数据、信息传输与处理，实现自动监测、监控，达到对弧形工作闸门的静应力、动应力、动力响应、运行姿态、支铰轴承运行状态的在线监测。

（2）首次建立了适用于水工金属闸门的基于振动信号分析的状态识别方法，能够自适应实现振动信号分解，并完成故障特征精准提取量化表征，建立了水工金属闸门状态特征数据库，实现了水工金属闸门状态准确识别。

（3）首次提出了将环境激励下的模态特征信息自适应提取方法应用于水工金属闸门，能够基于随机环境激励，运用协方差驱动的随机子空间法自适应提取出模态参数，建立了各模态特征信息的参考标准，实现水工金属闸门运行状态评价。

（4）首次开发了水工金属闸门在线监测及健康管理系统，填补了行业内综合振动频率、振动位移、振动特征的安全评价体系，有效降低了人员工作量和水电站运维成本，提高设备检测和管理的智能化水平。

（三）应用情况

系统运行中发现二号通道振动信号异常：6 个特征数据均出现超出阈值的情况，同时振动位移数据超出预警值，判断该测点出现振动故障；一号、三号通道受到二号通道影响，6 个特征值中有两个特征值出现异常，但综合 6 个特征值分析，一号和三号通道整体正常。结合现场检查发现，泄洪洞工作门油缸吊头销轴锁定螺栓剪断。通过闸门故障诊断系统及时告警，故障得以迅速消除，保障了泄洪设施安全。

五、荣誉

2022 年"水电站弧形工作闸门实时在线监测系统建设及设备状态诊断评价系统研究及应用"荣获四川省电力行业协会的 2021 年管理创新成果三等奖。

水电站安全违章管控模型的研究及应用

[龚嘴水力发电总厂]

<table>
<tr><td>案例简介</td><td>本项目从龚电总厂实际情况出发，结合水电行业生产需求和工作流程特点，针对两票作业流程中的作业性违章、管理性违章、装置性违章、指挥性违章，聚焦管理人员安全履职、运行维护、操作票管理、工作票管理等主要业务单元，通过人工智能、互联网＋等技术建立安全风险管控模型，对作业现场安全风险数据进行识别、记录、分析，构建科学规范的风险管控体系，辅助安全管理决策，最终实现两票作业中的风险行为预知预警的功能目标，最大限度地杜绝安全事故的发生。</td></tr>
</table>

一、项目背景

"两票三制"是我国电力行业发展多年来从实践中总结出来的珍贵经验，是从一次次惨痛事故中所吸取的教训，是确保电力企业安全生产的最基本保障。当前，在水电行业两票作业过程中，安全风险管控的主要途径是通过安全监管人员现场监督检查发现违章、记录并考核违章当事人。这种人工检查的方式，工作效率低、效果差，无法做到全面、及时、有效发现违章，且与检查频次、安全监管人员经验及能力、检查时间、检查深度、对制度规定的掌握程度等有很大关系。在安全形势日益严峻的今天，这种方式已经无法满足新形势下智慧安全管理的要求。

因此，探索运用互联网＋、人工智能等信息化、智能化技术手段建立两票智能管控系统，构建新型安全监管体系，利用两票作业全流程数字化建设，开展违章行为的实时监控、自动识别，运用大数据分析的思路和方法，对一定时期内违章整体情况进行统计分析和深度探索，查找违章产生的根源和特性、违章发生的规律以及表现形式，有针对性地管控现场违章显得尤为重要。

二、技术方案

（一）系统架构

系统围绕"一库，两票，一平台"的架构进行设计。整体设计采用面向服务的分层结构，通过不断完善业务模型，形成了以风险知识库为基础，以电子工作票和电子操作票为核心支点，构建辅助管理人员进行安全生产数据分析和决策的智能两票管理后台。

（二）业务架构

智能两票业务架构模型如图 1 所示。

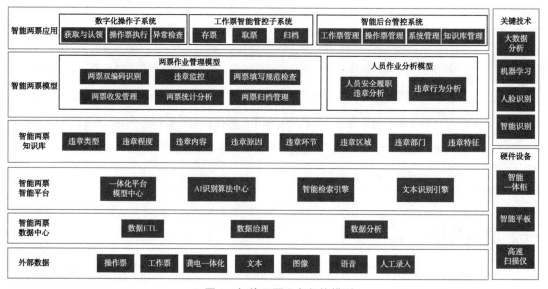

◆ 图 1　智能两票业务架构模型

（三）技术架构

软件技术实现根据系统需求分为以下几层（见图 2）。

（1）展现层：展示层功能将会部署到智能柜终端、移动终端和办公区电脑终端上。其中，智能柜终端和办公区电脑终端界面采用网页方式开发，移动端采用混合 App 方式开发。PC 端网页采用 VUE 框架搭建，组件元素采用 ElementUI 开发，通过 https 实现传输通信，通过 Ajax 实现局部刷新。系统报表使用 Echarts 库来呈现。

（2）业务层：系统主要业务功能采用 Java 实现，采用最新的 SpringBoot2 框架进行开发，主要提供网关服务、授权认证、日志、消息、系统配置、用户管理、ERP 接入、调度器、OSS、OCR、人脸认证、数据分析、锁控、安全知识库、分布式检索、工作票管理、操作票管理等功能。

（3）数据存储：数据库采用 Postgresql12 对数据进行物理存储，对于性能响应要求高的部分使用 Redis 来内存存储，使用 Minio 来存储大量的附件。

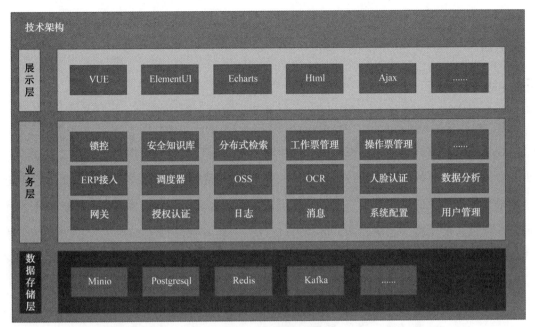

◆ 图2　软件技术架构

（四）关键技术

（1）人脸识别技术。

人脸检测：在动态的场景与复杂的背景中判断是否存在面像，并分离出这种面像。

人脸跟踪：对被检测到的面貌进行动态目标跟踪，具体采用基于模型的方法或基于运动与模型相结合的方法。此外，利用肤色模型跟踪也不失为一种简单而有效的手段。

人脸比对：对被检测到的面像进行身份确认或在面像库中进行目标搜索，也就是将采样到的面像与库存中的面像依次进行比对，并找出最佳的匹配对象。因此，面像的描述决定了面像识别的具体方法与性能。主要采用特征向量与面纹模板两种描述方法。

（2）机器学习。用于人脸识别中人脸库的自主学习，通过人脸库中人员特征分析，在实际应用场景中可根据对现场人员的人脸识别，自动捕捉和匹配人脸；研究如何有效利用信息，注重从巨量数据中获取隐藏的、有效的、可理解的知识，可广泛用于数据分析挖掘。

（3）深度学习算法。深度学习（deeplearning）是机器学习的分支，是一种试图使用包含复杂结构或由多重非线性变换构成的多个处理层对数据进行高层抽象的算法。深度学习是机器学习中一种基于对数据进行表征学习的算法。观测值（例如一幅图像）可以使用多种方式来表示，如每个像素强度值的向量，或者更抽象地表示成一系列边、特定形状的区域等。而使用某些特定的表示方法更容易从实例中学习任务。

（4）智能识别技术。智能识别方法基本上分为统计、逻辑判断和句法三大类。常用的方法有模板匹配法和几何特征抽取法。

三、项目收益

（一）经济效益

该系统的建立旨在通过加强对生产现场安全风险的自动监控、识别、分析、管控，减少人员违章行为，杜绝违章导致的人身伤亡、设备损坏等生产安全事故或不安全事件，避免巨额经济损失，确保安全生产形势持续稳定，为企业安全高质量发展创造和谐稳定的环境。该项目未产生直接经济效益，但是通过杜绝人身和设备伤害造成的财产损失而带来的间接经济效益非常巨大。

（二）社会效益

通过建立两票智能管控系统，开展两票作业智慧化管理，可以有效避免现场作业违章和不安全事件，实现安全生产零事故，保证电网安全稳定运行和工业、居民用电，惠及社会民众，赢得了良好的社会声誉，社会经济效益显著。同时，该模型可以在行业内外进行推广应用，促进安全管理理论创新，推动行业领域技术发展和标准制定。

四、项目亮点

2022年10月，龚电总厂作为大渡河公司首家实行电子操作票、工作票的电厂，率先结束纸质操作票、工作票时代。

（1）构建了基于两票的水电站安全风险自动感知体系，即依据安全管理制度，构建两票作业票面的全感知，形成两票作业过程中的违章风险自动感知，最终实现两票作业全过程管控与预警。

（2）构建了基于智能索引和数据标准化处理的水电站安全风险知识库。

（3）构建基于"感知识别—分析对比—决策管控"的两票智能管控系统，特点为：

①基于OCR图像识别技术，对两票票面进行自动识别；

②基于违章风险知识库的构建，建立安全预警机制，对感知覆盖的内容进行实时扫描，对查找出来的票面风险进行预警告知；

③通过大数据分析技术，逐步完善管控预警机制，并对数据进行可视化分析，最终实现决策管控。

新能源部分

风电场 VR 安全培训教育系统

[国华投资蒙西公司]

案例简介 在国家碳达峰、碳中和目标的大背景下，公司新能源装机规模快速发展，生产人员业务水平提升与培训手段落后的矛盾日益突出。目前，培训方式普遍采用讲师+PPT 的课堂教学模式，培训方式单一，培训效果受限，员工受教积极性不高。日常培训所面临的问题急需解决，以切实提高生产人员业务技能水平，实现人才建设持续发展，从而满足当前"双碳目标"工作任务的要求。通过开发一套利用 VR 仿真技术进行培训的系统显得尤为重要。

一、项目背景

本项目主要应用于新能源企业开展安全培训教育，使参训人员达到身临其境的效果，并对安全事故发生后如何进行正确处理进行阐述，解决了常规培训无法真正实际操作的困境，从而达到最佳培训效果。

本项目从技术上解决了 5 个方面的培训难题，并达到行业内技术革新的目的，具体内容如下：

（1）消防培训。进行干粉灭火器、CO_2 灭火器、水基型灭火器等消防器材的作用讲解和使用方式方法说明，对不同类型火灾的扑救方法进行体验和讲解。

（2）风机逃生演练。分别对使用逃生装置逃生和使用爬梯逃生的方式方法进行体验学习。

（3）事故体验。对高空跌落、触电、高空坠物、交通事故等案例进行亲身体验对比，达到警示学习的目的。

（4）急救培训。学习各类受伤和急救方面的实操技能。

（5）考试系统。依据自主流程与正确流程的差异进行评分。

二、技术方案

通过三维虚拟现实场景，实时交互展示风力发电机组的组成结构、部件工作关系和整机运行原理。教学过程中提供人机交互操作和实景漫游功能，全景展示风电机组塔筒内外视角三维场景、风电机组机舱内外视角三维场景和风电机组轮毂内外视角三维场景，可实现变桨、偏航、启动、停机、急停、运行等功能。虚拟训练系统解决方案是基于国际先进的 3D 开发引擎，借鉴了 3D 领域先进的虚拟交互框架，通过 VR 头盔、手柄、万向跑步机等体感设备实现沉浸式体验。

在该方案中，可以导入各种三维设计软件制作的模型，并通过先进的模型缩减算法对这些模型进行缩减和压缩。这些模型可以直接在训练系统中显示和使用，并且可以为这些模型设置位置、旋转、颜色等各种参数。

三、项目收益

VR 仿真培训系统采用先进的沉浸式虚拟现实技术，将逼真的虚拟风电场、制造车间、升压站等场景与工程级别的风力发电设备模型交融于一体，使学习者产生身临其境的工程实训感受。超强沉浸感，全程立体三维显示，真人语音提示，可实现与三维场景动态抓取设备进行相关交互，有助于加深学习者的感知记忆和操作反射。

VR 仿真培训系统不受场地、设备等限制，颠覆原有枯燥死板的教学培训模式应用后，以实际工程操作为准，涉及具体的装配工艺、吊装流程和配线方法等技术工艺，可使受训者掌握装配步骤、装配工具用法、各装配步骤的装配数据、装配注意事项等。将实现风电场员工电气运行、风机运行、风机检修实操技能集中培训和集中考核，统一实操技能培训的方式及考核标准，彻底规避场站实操培训中存在的安全风险和不必要的物资损耗。

经济效益：本项目系统 2019 年 3 月开发完成，2019 年 5 月通过验收并投入使用。自投运以来，已开展专项培训工作 21 次，共计 75 人次的生产一线员工参加了培训。受训人员普遍反映 VR 安全教育系统真实感强、体验新颖、寓教于乐，培训效果良好。截至 2022 年 11 月，使用该系统进行的专项培训已累计减少安全培训物资支出约 75 万元（以物资含税价计），且规避了实操培训存在的安全风险。

四、项目亮点

针对传统风电公司员工安全培训过程中存在培训内容枯燥、员工现场感差及缺乏交互性而导致风电事故频发的问题，本文以华锐 SL1500 风电机组为研究对象，首先利用 3dsMax 三维建模软件创建风电机组各设备三维模型；其次，通过虚拟现实开发引擎 Unity 3D 开发了风电机组事故仿真系统，包括机组倒塌、机组着火和叶片断裂 3 个子系统；再次，基于 HTC Vive 虚拟头盔、控制应用服务器、键盘鼠标、无线手柄和体感控制器搭建仿真系统硬件平台；最后，将事故仿真系统发布并运行在硬件平台，人员戴上虚拟头盔便可进行事故仿真培训。测试表明：系统场景逼真，沉浸感强，功能丰富，交互方式多样，具有良好的应用前景和推广价值。

五、荣誉

（1）2021 年"风电领域 VR 安全培训教育系统"荣获内蒙古自治区电力行业协会的 2021 年度职工技术创新成果一等奖；

（2）2023 年"风电领域 VR 安全培训教育系统"荣获国华能源投资有限公司的科技进步二等奖。

新能源仿真培训系统

[国华投资蒙西公司]

案例简介

仿真系统设有变电、风机、光伏三个模块。变电仿真系统采用了双母接线方式，涵盖 220kV、110kV、35kV、400V 四个电压等级，完全满足风电场电气专业化培训需求，同时这也是职业技能高级工鉴定考试的必备科目。该系统能够全工况模拟风电场的运行，从发电到变电再到输电的全部生产情况。所有设备参数、运行方式、继电保护与实际设备一致，通过提前设置故障类型或故障点，再现变电站设备发生设备故障时继电保护动作情况和变电设备运行状态变化。电气设备发生故障后，观察设备动作情况，再通过继电保护装置查看故障发生时的电气量变化，分析原因并判定故障点，然后隔离故障，恢复其他正常设备送电。这是标准的电气设备故障处理流程，也是运行人员必须具备的技能。在没有仿真系统之前，这种培训很困难，只能通过照片和历史记录来进行，因为不能为了培训把正在运行的设备停电。现在有了仿真系统，便能够模拟几乎所有风电场可能遇到的设备故障，所有的故障处理、标准化倒闸操作在仿真机上进行，培训效率高、效果好。采用仿真系统，实现"学习、练习、培训、考试"一体化，能够在不影响设备运行和发电量的情况下，提升生产人员的技能水平，保障安全生产。

一、项目背景

出于安全生产运行的考虑，运行中的设备不允许进行培训练习，人为设置故障进行人员培训更是不被允许，所以运维人员的运行实践课程往往不方便在 实际生产设备上进行。另外，电力一次设备往往投资大、维护费用高，昂贵的价格和庞大的体形限制了专门购买和安装设备用于培训，再加上这样的培训效果会 受到天气、时间等因素的限制，投入产出比不高。目前，大部分变电站运维人员的培训方式还停留在书本授课灌输知识结合跟班学习消化知识的方式，这种方式在以前的年代确实为我国电力系统培养了大量人才，但具有培训周期长、培训效率低、培训人员组织相对困难的缺点。 基于以上问题，升级我国变电站运维人员的培训方式已经成为非常迫切的需求，而随着计算机技术的提高，虚拟现实技术也在飞速发展，我国部分变电站开始引入变电站虚拟现实仿真系统。

二、技术方案

根据变电站培训的需求特点，本系统应具有下列功能模块。（1）漫游巡视模块：开发漫游巡视模块能够使学员对变电站的整体布局有全面的把握，能够更好地对日常变电站巡视进行演练。（2）设备认知学习模块：通过动画模拟和语音介绍让学员无须亲临现场就能对变电站的主要设备进行深入学习。（3）操作演练模块：对运行人员的倒闸操作进行直观的动作演示。（4）事故与故障仿真模块：对于变电站中常见的事故、故障和缺陷进行虚拟现实仿真系统总体架构设计，使变电站运维人员能够更好地做好变电站设备缺陷和故障的排查及维护。（5）人员考核模块：用于监督、评价和促进学员的学习，让仿真系统的学员检查自己的学习进度，从而对自己的知识消化和掌握程度有一个明确的认识，以便有针对性地查缺补漏。

三、项目收益

自投运以来，已开展专项培训工作 21 次，共计 75 人次的生产一线员工参加了培训，累计节约外出培训费用近 40 万元。

四、项目亮点

与传统的仿真系统相比，变电站虚拟现实仿真系统具有更多的优势：从经济性来看，它属于软件仿真系统类别，不需要昂贵庞大的设备，不仅能节约场地，还能降低成本；从安全性来看，运用虚拟现实技术，通过创建出虚拟变电站，供受训人员进行近距离全方位的观察和学习，可以达到清楚仔细的教学效果，有效降低电力培训过程中的危险因素；从实用性的角度来看，变电站虚拟现实仿真实训系统利用三维动画和声音文字，结合多种方式，能充分表现出所需要的场景，可以更好地调动学习积极性，更加紧凑地将各个模块整合到一起，使变电站运维人员能够全面地通过仿真系统的各个模块了解变电站。变电站仿真实训系统在变电站运维人员的操作巡视、故障与事故处理技能等方面有很大的发展应用空间。

五、荣誉

2018 年"新能源仿真培训系统"荣获国家能源集团的 2018 年度科技进步三等奖。

风电机组在线振动监测与智能预警系统

[龙源（北京）风电工程技术有限公司]

案例简介	在国家能源集团"一个目标、三型五化、七个一流"发展战略指导下，按照龙源电力生产数字化转型建设规划，结合新能源场站分布点多面广、设备型号多样的客观情况，规避以往"烟囱式""粗放型"的系统建设模式，利用工业物联网、云计算、大数据、AI智能算法等技术，通过建立统一的风电机组在线振动监测及智能预警系统，以实现各品牌振动监测数据的有机整合，实现机组设备运行振动状态的及时准确预警，为机组的设备健康状态管理水平提升提供必要支持，为建设智慧风场、实现智能运维提供必要基础。

一、项目背景

风电机组多选址于沿海、丘陵、草原、戈壁等环境条件差、地域偏远的地区，无论是机组的安全运行，还是运维工作的开展，都带来了极大考验，主要表现在以下几个方面：

（1）大部件更换费用高。由于制造工艺、运行环境等原因，主轴、齿轮箱、发电机等大部件故障频发，早期建设的老小机组表现尤为突出。大部件一旦发生严重故障，往往需要动用大型吊车，将大部件下塔后才能开展维修工作，从而造成维修费用急剧增加。以齿轮箱为例，平均每台齿轮箱吊装费25万元，维修费60万元，因停机造成发电量损失20万元（停机一般长达15天）。据统计，龙源电力每年齿轮箱下塔超100台次，由此造成的吊装费、维修费、发电量损失等费用高达1亿元。

（2）运维作业制约因素多。由于风电场地处偏远、机组分散、场站道路崎岖不固定，因此给吊车入场和备件运输带来了极大困难。另外，运维作业还受限于当地百姓阻工和大风天气影响。

（3）巡检难度大。由于大部件缺陷隐蔽难以及时发现、人员责任心和技术水平不均衡等原因，仅靠巡检发现大部件缺陷存在极大困难。

（4）早期监测少。由于业主单位对监测的重视性不够，多数机组未进行监测，且缺少有效预警手段，造成早期缺陷难以发现。

为解决上述问题，就必须采取有效的数字化监测手段，提高机组设备运行的可靠性。随着各运营企业数字化转型工作的深入，这一点已成为业界共识。然而，在数字化转型过程中，"重数字化建设，轻转型"的情况较为普遍，一些新能源场站虽安装有在线振动设备，但数据未能有效管理和应用。一方面，在线振动监测设备厂商不开放数据，互设数据壁垒，导致数据无法互联互通，形成数据孤岛，造成数据资源浪费；另一方面，业主单位注重数字化设施建设，而对数字化规模应用转型认识不足，未能对数据进行充分挖掘应用，发挥数据作用。

二、技术方案

（一）方案目标

风电机组在线振动监测与智能预警系统是以振动监测技术与振动故障分析诊断技术为基础，结合工业物联网、云计算、大数据、AI智能算法等技术而进行规划和建设的数字化系统，系统建设目标包括：

（1）规模监测。建立大规模的风电机组状态监测系统，具备上万台机组监测数据接入和管理能力，支持平滑扩容升级。

（2）数据整合。统一振动监测数据规范，开放系统数据接口，化解数据孤岛难题，实现各品牌振动监测数据的接入和有机整合。

（3）智能预警。建立和持续完善风电机组大部件预警模型库，不断提高预警准确性，推进模型的场站化部署，实现准确、及时预警，促进预知维护模式、基于设备可靠性的维护模式形成。

（二）方案设计

在龙源电力生产数字化转型"五层架构"（现场泛在感知、网络传输、数据管理平台、数据应用、数字化管理）的指导下，依据在线振动监测与智能预警系统建设目标，结合公司实际情况及用户需求，制定如下规划和设计：

（1）现场泛在感知：在风电机组机舱加装传感器、数据采集设备，制定统一数据规范，实现机组大部件设备振动数据的规范采集。

（2）网络传输：采取有效的保护措施和完善的数据传输策略，确保数据完整、正确上传，保证系统的网络安全和数据安全。

（3）数据管理平台：建立集中化风电机组振动状态监测数据平台，开发各类数据统计、管理报表功能，完善数据展示和管理功能。

（4）数据应用：建立数据分析基础框架功能，建立机组大部件预警分析模型、振动运行状态评估模型，实现大部件的智能预警。

（三）实施方案

风电机组在线振动监测与智能预警系统建设项目立足于龙源电力的生产运营模式和组织管理模式，采用物联网技术和分布式架构，实现现场泛在感知、数据网络传输、场站数据采集及分析节点、总部管理节点的融合应用。实施方案及方案内容包括以下方面。

（1）统一数据规范。制定风电机组振动监测数据规范，包括数据属性（测点、信号类型、采样定义）、数据格式、数据传输规范等，为实现振动监测数据的规范采集、破除各厂商间的数据壁垒、实现不同品牌振动监测数据的整合和统一管理建立基础条件。

（2）海量数据采集。进行现场工勘，制订各机型加装在线振动监测设备的安装方案，在各机组加装传感器、数采器等硬件设备，实现未采取振动监测机组的数据采集；依据统一数据规范要求，开发各品牌振动监测数据的转发程序，实现已采取振动监测机组的数据采集。

（3）信息高速建设。建设电力三区网络，打通 240 余个新能源场站信息高速公路，为数据传输提供先决条件。应用 IPv6/IPv4 双栈技术，采取数据加密、数据校验、断点续传、数据重传等策略，保证数据完整、正确、安全传输。

（4）监测系统平台开发。开发场站级和总部级监测系统平台，采取自适应混合数据存储架构，使用关系型数据库、时序数据库、文件存储的融合存储模式，打破单一数据库类型解决 CMS 领域全部问题的局限，最大限度地发挥各类数据库的优势。通过监测系统平台，实现机组大部件运行振动状态的监测，以及振动监测设备自身的状态监测。

（5）预警算法模型开发。以机组大部件故障产生机理、经典故障分析理论、专家分析经验为基础，结合 AI 智能算法，利用 10 余年积累的 400 万条风电机组振动监测数据，采取"一机一策"的模型设计理念，开发经验算法模型、机理算法模型、AI 算法模型。模型开发和部署应用严格遵循"总部模型设计—总部训练—总部部署应用—模型预警结果与现场检查情况核对—模型修正完善—修正完善模型预警情况再校验 – 成熟算法场站化部署应用"，确保模型的能够准确、及时预警，最终实现边缘端的智能预警。

三、项目收益

（一）经济效益

龙源电力 1 万余台机组在线振动监测系统建设总投入 4000 万元，系统自建设以来，随建随用，取得了明显的经济效益。以大部件维修为例，2022 年较 2021 年同期，龙源电力大部件下塔维修减少 160 余台次，维修费用减少 6000 余万元。

（二）社会效益

（1）龙源电力作为风电行业头部企业，本方案的复制推广应用，可以起到"树立示范标杆，引领行业发展"的效应。

（2）标准化、模块化的系统设计，赋予方案的可复制属性；模型多、机组品牌多、监测数据品牌多等产生的规模化马太效应，极大地降低应用的边际成本。

（3）方案建设过程中形成的振动监测数据规范，可促成行业监测数据规范和数据接口协议的形成，从而改变利用数据壁垒占有风电机组在线振动分析服务的现状，促进行业向着规范性的方向发展，推进监测和预警技术快速进步。

四、项目亮点

本项目融合云原生、人工智能和物联网等先进技术引入新能源场站，建设风电机组在线振动监测与智能预警系统，为行业开展风电机组大部件的健康监测提供一套完善的、成熟的、可复制的整体解决方案，促进预知运维模式、基于设备可靠性运维模式的形成，实现风电运营企业的提质增效。主要创新点：

（1）实现了近 13000 台机组振动监测数据的整合和接入，在线振动监测品牌覆盖率达 95% 以上，实现了海量数据、多品牌振动监测数据统一管理的应用落地。

（2）支持多种监测数据接入，支持传动链、叶片、塔筒、油液、螺栓等部件的不同监测手段所获取监测数据的接入。

（3）自主开发 70 个预警模型，模型支持"一机一策"，实现了自动预警，预警准确率达 85%，13000 余台机组的分析周期由原来的一年缩短至一周，打破了传统高度依赖人工分析的模式。

（4）标准化、模块化的系统设计，赋予系统建设方案的可复制属性；模型多、机组品牌多、监测数据品牌多等产生的规模化马太效应，极大地降低了系统建设方案推广应用的边际成本。

五、荣誉

（1）2022 年"风电机组在线振动监测与智能预警系统建设方案"荣获国家能源集团 2022 年"国家能源杯"智能建设技能大赛——数字化转型创新创效大赛工业互联网赛道方案赛三等奖；

（2）2022 年"大规模风电机组振动监测系统的设计与应用"荣获中国电力技术市场协会 2022 年电力行业风轮机专业监督一等奖。

风电机组大部件智能预警平台

[国华（哈密）新能源有限公司]

案例简介 采用人工智能算法模型及分析手段，以国华投资新疆分公司143万装机数据为基础，针对发电机系统、变桨系统、偏航系统、主控系统、齿轮箱系统、光伏支路等4100多条故障及50万点实时数据开展了重大风险的防范和关键问题的预防及处理的专题研究。突破常规运维检修格局，采用"自主运维、状态检修"模式。状态检修是以设备实际运行状态为依据，将报警级别设置为I级、II级、III级预警，通过先进的数据收集分析、在线监测、状态预警、故障诊断、气象分析为主体，判断设备运行状况，识别早期症状，以及后续发展趋势，诊断设备运行程度或即将发生故障时结合气象条件进行检修，从而降低风电运维成本，提升公司经济效益，保障设备安全稳定运行。其中，设备智能预警分析系统分为基础数据、支撑平台、数据分析、业务应用和业务实现五大部分。智能预警的核心是通过数据分析和挖掘，建立高质量的隐患预警的算法，并将预警结果准确、及时告知场站。

一、项目背景

近年来，我国新能源行业装机规模快速扩增，"十三五"期间国内新能源年均新增风电装机均50GW。在能源革命的浪潮下，各发电企业装机规模不断扩张，近两年因光伏组件火灾、风机大部件问题导致的风机叶片折断、风机倒塔等事故频发。设备一旦损坏更换成本高，备件运输困难且不易储备，大量储备易造成资金积压，一旦停机备件更换周期长给公司造成严重的发电量损失。因此，本项目针对风电生产运营特点，充分运用大数据技术，建设设备智能预警平台，大大提升了生产运营管理的智能化水平。

二、技术方案

针对来自不同源系统的原始分散采集数据进行数据甄别、数据清洗、数据转换和数据融合，然后输出统一规格的规范化和标准化数据，利用预警模型对设备部件运行数据中的关键信息进行提取和分析。

根据新能源场站实际管理运维经验，突破常规运维检修格局，采用"自主运维、状态检修"模式。状态检修是以设备实际运行状态为依据，非时间为依据，将报警级别设置为Ⅰ级、Ⅱ级、Ⅲ级预警，通过先进的数据收集分析、在线监测、状态预警、故障诊断、气象分析为主体，判断设备运行状况，识别早期症状，以及后续发展趋势，诊断设备运行程度或即将发生故障时结合气象条件进行检修，从而降低风电运维成本，提升公司经济效益，保障设备安全稳定运行。其中，风机状态智能预警分析系统分为基础数据、支撑平台、数据分析、业务应用和业务实现五大部分。智能预警的核心是通过数据分析和挖掘，建立高质量的隐患预警的算法，并将预警结果准确、及时告知场站。该公司将风电机组划分为主控、变流、变桨、冷却、大部件（发电机、叶片和齿轮箱）等系统，并且根据不同的数据和结构特点建立预警模型。目前已实现叶片、发电机、齿轮箱、变桨、变流、冷却、主控、偏航液压等8个系统预警及健康度评估（见图1~图3）。

针对叶片鼓包或开裂等健康问题，利用机器学习方法，分析其整体疲劳度，预防叶片损伤（见图4）。

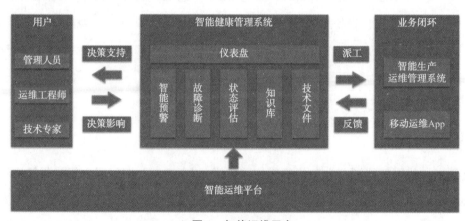

◆ 图1　智能运维平台

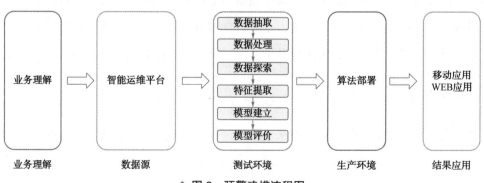

◆ 图2　预警建模流程图

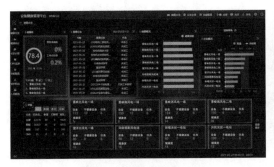

◆ 图3　设备健康度评估图

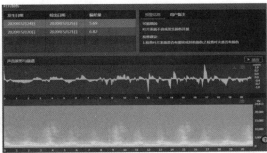

◆ 图4　叶片损伤诊断图

针对整机振动数据进行分类，根据失效案例和叶片固有频率，训练模型识别不同振动数据的表现与叶片问题的关系，从而通过振动数据异常来预测和预防叶片问题发生（见图5、图6）。

◆ 图5　叶片振动异常图

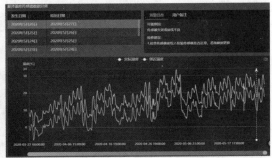

◆ 图6　齿轮箱系统预警图

根据齿轮箱不同工况下的温度变化趋势，分析其散热效果，当特定工况的散热效果不佳时，产生报警，保证齿轮箱稳定可靠工作（图7）。

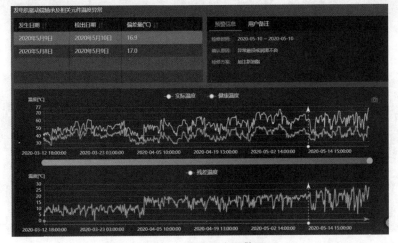

◆ 图7　油池温度预警图

针对整机振动数据进行分类，根据失效案例和齿轮箱固有频率，训练模型识别不同振动数据的表现与齿轮箱问题的关系，从而通过振动数据异常来预测和预防齿轮箱问题发生（见图8、图9）。

该模型用于对冷却系统状况进行分析，实时监测水冷损坏状态，一旦发现损坏异常，及时报警，用于预防缺水或漏水等问题，用于保障整机有一个良好的运行环境（见图10~图13）。

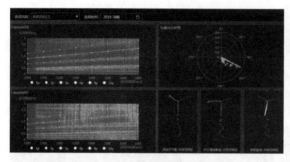

◆ 图8　齿轮箱振动异常分析图

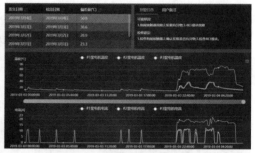

◆ 图9　变桨系统预警图

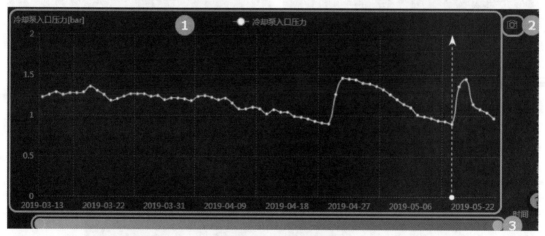

◆ 图10　水冷系统预警图

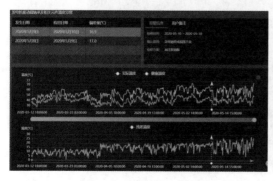

◆ 图11　偏航系统预警图

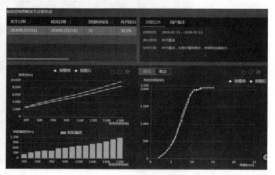

◆ 图12　主控系统预警图

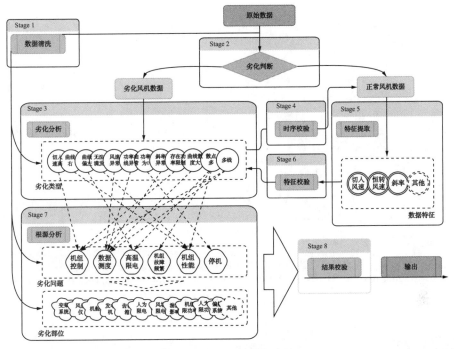

◆ 图13 功率曲线异常分析图

偏航对风不正是风电机组的常见现象（见图14），对风不正会导致机组无法实现额定出力、能量可用率降低，引起发电量损失。10° 的对风偏差角，约能引起3%的发电量损失。对偏航状态实现监测，及时发现偏航对风异常并提醒运维人员及时矫正，可以有效减少发电损失。

振动是对整机的载荷响应的一个整体反映。比如传动链上的一些问题、偏航系统的问题都可以通过振动信号在不同工况进行有所表现。从振动信号中分离出不同的问题类型，识别机组的异常问题（见图15）。

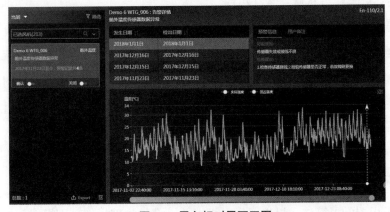

◆ 图14 风向标对风不正图

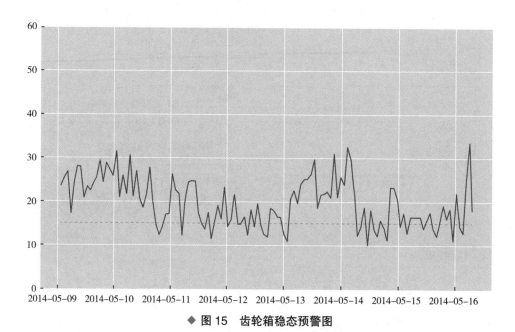

◆ 图 15　齿轮箱稳态预警图

三、项目收益

经济性收入主要来源于发电收入，是上网电量和上网电价的乘积，以单个项目为历年减少损失电量约 $1164 \times 10^4 kW \cdot h$，产生经济收益 629 万元。

（1）降低机组故障时长，提高机组发电能力。台均故障时间从 72.02h 降低至 40.32h，降低 31.70h/ 台。降低故障总时长 9507h，增加机组发电量 $62410^4 kW \cdot h$，产生经济效益 337 万元。

（2）开展专项检修，提高机组续航能力。国华新疆集控中心累计完成状态预警 3094 次，台均维护时长从 78.43h 降低至 29.53h，降低 49.9h/ 台，增加机组发电量 $46110^4 kW \cdot h$，产生经济效益 249 万元。

（3）开展大部件预检预修，保障设备安全稳定运行。机组大部件故障将严重影响机组安全稳定运行，更可能造成风机倒塔、火灾等严重事故的发生。国华新疆集控中心利用状态预警，将检修时间从 150h/ 台不断降低至 48h/ 台，在检修时间降低的同时不断提高设备检修质量，实现设备精确检修和企业安全高效发展。累计完成大部件预防性检修 15 次，减少设备停机时长 1530h，生产经济效益 43 万元。

四、项目亮点

（1）基于机器学习算法，提出了风电机组关键部件物理损伤判别模式及核心传感器异常数据识别技术，实现了对风电机组核心部件及监测数据异常状态的智能识别、监测与分类。

（2）基于大数据平台，构建了风机大部件智能预警平台，实现了对风电资产健康状态的实时监测与分析。

（3）提出了系统化、集成化、层次化的风电场态势感知模型，实现了对风电场发电功率的智能化预测。

（4）构建了基于风电智慧运营管控、数据分析服务、生产管理的新一代智慧风电运营模式，有效提升了风电场的精细化、数字化和智能化管理水平。

五、荣誉

（1）2019年"风机大部件智能预警平台"荣获新疆维吾尔自治区QC质量管理活动三等奖；

（2）2022年"风机大部件智能预警平台"荣获中国电力企业联合会2022年度电力职工技术创新二等奖；

（3）2023年"风机大部件智能预警平台"荣获国华投资公司科技进步三等奖。

生产数字化集中运行管理系统研究及应用

[国华能源投资有限公司]

案例简介	生产数字化集中运行管理系统建设秉承全面感知、数据集中、万物相联的原则，建设"总部监管与大数据中心"、"区域集控中心"、"智慧场站"三级架构，实现总部、区域、场站三级管控体系。在场站侧对风电、光伏、储能、升压站设备、人车船、智能传感、工业视频实现全面感知，区域集控中心实现数据集中，在总部统一建设生产数字化集中运行管理系统，系统将各类数据、应用、业务全面打通，实现互联互通，万物相联。加强数据治理，确保"基石计划"数据准确可用，绩效透明，实现数据驱动管理；做好故障预警、功率预测、电力交易与生产管理工作，实现智能化高效协同与闭环管理。

一、项目背景

（1）在国家"3060"大战略的指引下，风光新能源将成为主力能源。国资委在"十三五"期间开始要求国央企加快数字化转型。

（2）在集团"1357"战略指引下，需要着力推进新能源的智慧管理、智能生产两个方面的业务模式变革与数字化能力建设，集团基石系统在 2020 年已经开始建设。

（3）国华投资已有存量新能源超过 13GW，"十四五"期间将超过 20GW。随着业务发展，风光储新能源、综合智慧能源、氢能多个业务板块升级转型需求迫切，生产数字化建设需匹配业务发展。

二、技术方案

生产数字化集中运行管理系统建设按照国家能源集团新能源有限责任公司发展要求，融合大数据、云计算、人工智能、5G 应用、区块链等先进技术和理念，聚焦新能源未来发展和电力市场化交易。通过生产数字化集中运行管理系统建设，顺畅管理链，打通数据流，双轮驱动耦合发力，打造投资公司新能源核心管控能力。

基于国华投资公司生产数字化集中运行管理系统（见图 1），旨在打造"标准化数据采集、智能化数据分析、一体化集中管控、可视化高效协同"独具国华特色的生产管控平台。通过建设"总部、区域、场站"三级管控体系，顺畅管理链，打通数据流，双轮驱动耦合发力，服务好"总部、区域、场站"三级管理人员，提升投资公司生产管理核心竞争力。

◆ 图1　生产数字化集中运行管理系统

本项目提供的大数据平台解决方案集平台技术、数字功能、协同服务管理为一体，以边缘计算、大数据、微服务、容器云、DevOps及低代码开发等先进技术为支撑，将企业现有各种业务和数据能力进行融合，快速响应业务需求，不断发挥数据价值，进而支持业务的决策和优化，同时通过业务与数据能力的复用与共享，更好地支持企业规模化创新，降低试错成本，是企业自身能力与用户的需求持续对接，最终提供一体化平台跨领域的服务能力，为企业产业互联和生态体系内不同业务价值链节点的用户提供更加便利、高效、优质的智能化服务，全面支撑企业的智能化转型（见图2）。

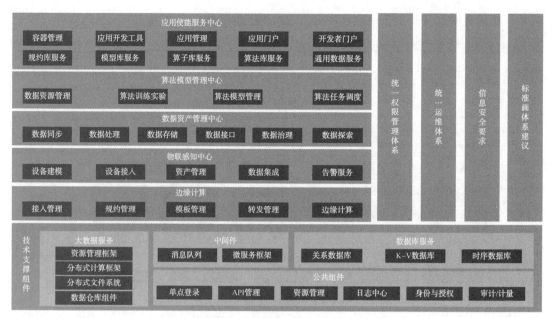

◆ 图2 大数据平台解决方案

目前，生产数字化集中运行管理系统具备智能监视、性能预警、集中告警、故障诊断、综合分析等服务。支持通过 Web 端、大屏端、移动端多种途径，从总部层、区域层、场站层、设备层等各层级，对设备实时运行数据、故障告警数据等进行综合展示分析。系统方案详细建设内容如下：

（1）大数据平台功能与新能源业务相结合。大数据平台在提供 IaaS、PaaS 通用服务的同时，满足新能源场站数据接入、数据处理、设备监视、KPI 指标管理、故障预警、功率预测、电力营销分析等专业性业务的需求。

（2）海量数据的接入，打造数据标准化体系。本项目中支持多种型号、多种规约的设备数据接入，并且提供数据采集与治理的方案（数据时标判断、跳变、数据插补等），建立数据质量管理体系（数据覆盖率、完整率、一致率、有效率、及时率），确保数据的有效性。

（3）业务数据归一化管理，制定合理 KPI 考核标准。国家能源集团新能源有限责任公司风机、光伏设备型号多，每个设备有不同的设备状态、不同的故障报警内容，将集团风机、逆变器等设备的状态、故障损失原因、责任划分统一到相同的维度，进行统一的对标管理。本项目统一设备状态，对停机记录进行合理的划分并与停机原因、责任部门进行关联，为指标体系的计算、场站、设备对标提供统一的数据支撑。

（4）设备性能与大部件故障预警，为状态维护提供支持。风机降容、风机控制系统预警、逆变器故障、组串停机、灰尘阴影遮挡等影响设备发电量的问题无法通过现有常规分析手段获取，本项目基于风机 SCADA 数据、光伏监控系统数据进行大数据分析预警，提早识别设备故障与设备低性能问题，对设备进行预警，实现基于设备状态的检修维护，降低运维成本。

（5）集中功率预测，减少两个细则考核。集中功率预测系统接入电厂和光伏电站上报电网数据，对场站侧功率预报情况进行监视，计算短期、超短期、理论功率罚款情况。提供试点区域场站短期、中期、长期功率预测和推荐运维窗口期，提供区域所有场站态势感知。

（6）电力营销分析，营销数据、过程、风险全面管控。电力营销分析系统接入风场和光伏电站电力生产营销数据，实现总部和区域对营销数据和过程的全面了解掌握，实现营销业务的集中管控。

（7）与集团互联互通，实现系统间数据统一交互。集运管理系统设计与建设过程中，充分考虑与集团现有信息化系统的互联互通。集运管理系统提供统一的数据访问层，实现与集团其他系统的数据统一交互，同时基于各个系统数据基础、业务基础，实现系统业务联动。

三、项目收益

（一）经济效益

通过生产数字化集中运行管理系统建设，完成全面数据采集，优化生产运营管理模式，打造集中监视、远程控制、无人值班、全过程监管、数据驱动特色，实现提质增效、管理创新，助推公司建设先锋企业，实现创一流目标。项目主要产生的经济效益如下：

（1）实现场站无人值班，区域集中管理。通过集控系统实现场站无人值班，区域集中管理，每个场站可以减少 2 个运行班人员，按目前区域集控的场站数计算，可以减少约 100 人，每人按 15 万 / 年成本核算，带来的经济效益节省生产费用约 1500 万 / 年。

（2）掌握设备健康度，提高设备可靠性，降低运维成本。通过精确的故障预警，在尽可能早的时间识别数据异常的趋势，提前预警故障的发生，将故障消灭在萌芽状态，防微杜渐，降低故障运维成本。以大部件失效检修为例，部件本身的更换成本通常在百万级 / 台次，如果能提前评估设备的亚健康状态，化故障为提前维护检修，可降低设备维护成本到数十万级 / 台次。

（3）实现敏捷生产，提升经济效益。一方面，通过精确的故障预警，预警大部件故障的发生，使场站有充分的时间提前准备备件，减少因非计划停机带来的发电时间损失。综合发电时长的提高和发电性能的提升，可以计算发电量提升带来的经济效益。以一次大部件更换检修为例，非计划性停机检修时长平均需要20多天，如果提前预警设备故障提前完成备货，可在几小时至3~4天内完成计划性停机检修，可减少7~15天的停机损失。

另一方面，通过分析风机控制策略和发电性能，识别硬件故障，优化风机控制策略，提升发电性能，带来更高的经济收益。以100MW风电场为例，通过故障预警系统可提前发现降容、转矩、偏航、变桨等发电性能跌落问题，每年可挽回损失电量0.5%以上。

（4）对设备重大事故安全隐患进行监控，预防重大安全事故。通过技术手段，对风机叶片、风机沉降等安全隐患进行技术监控，保障设备安全生产与人员生命安全，减少事故造成的损失。通过科学的分析决策、对标挖潜，获得效益的最大化。

（二）社会效益

项目的实施有利于专业技术人员整体能力的提高，利于企业人才的培养，利于企业和员工长远的发展和共同进步，使生产人员的工作积极性和工作效率得到大幅提升，展现企业形象，增强社会认同感，展示企业形象，提升可持续发展的品牌价值，为公司高质量发展做出积极贡献。推动行业发展，促进地方经济发展，促进社会进步，促进和谐、绿色、安全发展；提升企业在行业中的影响力，提升央企形象，更好地服务大众，提升企业公众满意度。

四、项目亮点

（一）三级管理体系的创新

在行业内首次实现全面电网认可的三级集控架构，充分整合运行管理业务。三级管理体系建设基于总部集运系统，赋能服务三级管理体系人员，实现生产效益提升，降低运营成本，提升运营水平。

数据一致，指标统一。通过总部集运系统，公司已实现场站数据的接入与标准化处理，伴随着指标体系的建设，未来将实现总部、区域、场站各级指标统一，数据一致。全公司使用一套统一的数据，通过一套统一的指标体系进行考核，极大地促进公司各级单位的横向拉通、纵向融合。

（二）管理制度的创新

组织机构上，在区域集控和总部都设立了监控调度中心，并设立了相关配套的值长、人员组织等，建立了完善的集控调度中心轮班制度。

（三）算法创新

（1）光伏组串断路告警算法：通过支路电流历史数据进行机器学习，建立数据质量问题样本库，基于样本库对数据自动质量识别，对异常数据进行过滤清洗，并结合置环算法降低误判。（2）灰尘损失分析算法：通过数值有效区间判断、物理模型对标等方式获取有效的逆变器发电及环境监测数据。识别光伏组件的倾角并剥离停机、限电等异常状态，统计分析每日逆变器系统效率数据波动特征，运用聚类算法对不同倾角的组件进行区分。计算所有逆变器灰尘累计速率的正态分布图，取特征值即为电站的灰尘影响水平，建立滚动计算的模型分析清洗成本及电站灰尘损失，动态预测未来的清洗方案。（3）发电性能低下根因检测：基于风机控制逻辑原理，创新使用随机森林与累积异常变点检测算法，通过不断累积偏差，实现微小移动不断放大，实现变点监测，可直接发现风机偏航、变桨、转矩策略的不合理调整，及时挽回损失。

五、荣誉

2021年"生产数字化集中运行管理系统"荣获国华能源投资有限公司2021年度奖励基金一等奖。

新能源场站数据中台建设

[国电电力内蒙古新能源开发有限公司]

案例简介

新能源数据治理和标准化包括集控中心风机所有实时运行数据、升压站实时运行数据、能量管理（AGC）、功率预测数据、无人机数据、视频监控系统、集中功率预测和各业务管理系统的数据治理、数据清洗。结合国电电力相关标准化要求、内蒙古新能源的业务特点及运营需求，编制数据标准及运营生产管理指标体系，完成数据标准规范化治理。新能源技术平台建设：以无损压缩方式接入并存储现存的所有历史数据、实时数据、关系数据和视频图像数据等，并且实现所有用户的秒级数据查询和共享。采用混合存储技术支持海量数据存储，分析不同的数据存储和存储管理技术的整理及适用模式，满足结构化、半结构化、非结构化三种数据不同的存储需求；开发基于两个细则、外部对标数据等的数据导入接口；预留集中功率预测、智能安监、资产管理等接口；预留物资、计划、财务、营销等数据接口。新能源数据资产管理：对公司内外部数据资源进行深度加工、处理、关联，形成多种类型的数据服务能力，具备向业务应用层提供基础资源的服务能力，实现数据计算基础能力和数据交换能力。以数据统一的交换和集成能力为基础，支持多领域的数据应用场景。新能源智能生产分析：在数据中台和数据基础上，配置报表开发平台，实现内蒙古新能源生产报表、生产指标统计分析、电量平衡分析、智慧风电体系、对标分析、风光资源分析、故障统计分析、场站及单机绩效评估、技术监督管理体系建设、可靠性分析等。

一、项目背景

2018 年，国电电力内蒙古新能源开发有限公司拥有 4 个风电场、1 个光伏电站，在运总装机规模 282.3MW。根据国家能源集团、国电电力公司关于开展新能源管理创新的要求，以及"远程集中监控、区域巡检维护、现场少人值守、统一规范管理"的新能源管理模式，公司积极响应，已建立远程集中监控系统目录，根据需要，需在远程集控中心侧完成基于公司生产、管理及智慧企业建设业务全覆盖的数据中台建设工作，借助信息技术提升管理水平，整合数据资源形成内蒙古新能源的数据管理和应用平台，满足企业智慧新能源建设的新要求。

二、技术方案

国电电力内蒙古新能源开发有限公司数据中台项目是基于大数据平台打造的一个数据采集、监控、运维、开发、展示的一体化数据中台，利用实时流式计算技术掌握目前 4 个风电场、2 个光伏电站（并支持后续新建、扩建场站的接入）实时数据、生产管理、市场营销等企业经营管理数据及视频监控、无人机等的状态监测图像，实现整体数据资产标准化存储和管理。同时，通过微服务 +AI 分析 +BI 展示的手段，实现数据的实时可视化展现统计分析。主要满足以下四点需求：

（1）实时性应用场景支持：风电、光伏电站、业务管理等信息实时采集与分析诊断。

（2）海量数据并发存储：每秒 50 万数据点以上海量数据集中存储。

（3）数据分析与可视化展示：支持数字孪生与实时可视化展示（大屏、PC、智能终端），如图 1 所示。

（4）应用平台：基于企业数据资产和各种业务数字化应用场景开发支持。

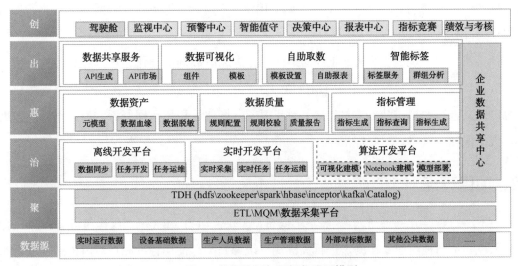

◆ 图 1 数据分析与可视化展示模型

（5）存储计算服务器：6 个大数据节点、每个节点 256GB 内存、48TB 的存储空间，共计可用存储空间 288TB。

（6）数据应用服务器：一个报表平台节点、一个微服务发布节点，每个节点 64GB 内存。

（7）软件平台：星环数据中台 TDH7.2 一套，部署 6 个节点；SmartBI 一套；应用开发平台一套；移动应用一套。

（8）扩展性：节点支持横向扩展，未来可以根据接入场站数量和系统数据量进行平滑扩展，满足未来 5GW 装机容量的扩展。

（9）存储量：按照现有数据 2s 的采集存储频率，系统空闲空间预留 25% 后，影像视频空间预留 25%，每天接入 10GB 左右数据，可满足未来 5 年的数据存储量。

（10）开放性：系统支持第三方数据接入数据中台，支持第三方数据调用中台数据。

（11）安全性：容器化部署、开放安全认证（对数据调用方进行认证），数据安全分区，支持数据隔离、资源隔离、应用隔离、运行隔离。

三、项目收益

经济效益：（1）搭建数据中台以后，实现了企业的数据标准化、集成化，使得企业数据高度共享，简化了运行人员的工作复杂度，提高了运行人员的效率，减少了场站生产运行人员配置 10~12 名；（2）有效提升设备的消缺及时率、状态转化率、复位及时率，增加发电量 $500 \times 10^4 kW \cdot h$，按平均电价 0.45 元 /kW·h 核算，可增收费用 225 万元；（3）实现数据的全生命周期管理，提高企业数据应用价值；（4）促进企业级数据共享，业务自由拓展，提升数据价值。

社会效益：（1）搭建风电企业数据中台，促进风电数据标准化，规范数据格式，使风电场数据口径统一，提升数据的应用价值；（2）为所有风电场各项业务提供数据支撑，甚至可以为其他行业提供数据支撑；（3）为我国风电场建设积累数据资源，为风电后续发展提供数据保障。

四、项目亮点

（1）测点标准化：通过对联合动力 1.5MW、联合动力 2MW、武汉国策等 3 种风机型号的风机和不同种类逆变器测点进行关键测点统筹归类，使用标准测点对风机测点进行映射，建立一套标准化、系统化的风机测点。系统和公司无须考虑风机型号，仅需关注风机的标准测点以及对应的数值。

（2）实现了Ⅲ区与Ⅰ区实时响应，自动判断、自动计算、自动分析：Ⅰ区与Ⅲ区无缝对接（自动挂牌、自动统计、数据回收站、数据流转）。对非计划、计划、限电、受累、缺陷、缺备件、复位等数据自动识别，理论电量、损失电量自动计算，与一区自动挂牌实时响应。

（3）实现参数自定义预警：①可以配置多个策略组，定义不同的策略模板；②设备自由选择策略组，通过对遥测点位设置预警值，实现自定义的预警功能。

（4）风机自动挂牌、摘牌：①五项损失记录自动记录；②系统会自动识别故障，并挂故障牌；③减少人为干预，提高运维效率；④在受累、限电、维护、缺陷情况下，系统都能智能识别，并自动挂牌；⑤系统自动识别一级故障29类、二级故障46类。

（5）构建了智能化的Iot平台：数据中台以数据为核心，根据需求对数据进行深度萃取，完成对内对外数据接口，实现各业务场景功能，充分挖掘数据价值，为公司提供能够充分利用数据的智能平台。

五、荣誉

（1）2021年"基于智能运行和网络安全深度融合的区域监控系统"荣获国电电力2021年度国电电力科技进步奖三等奖；

（2）2021年"基于智能运行和网络安全深度融合的区域监控系统"荣获内蒙古自治区电力行业职工技术创新奖二等奖；

（3）2022年基于智能运行和网络安全深度融合的区域监控系统"荣获电力科技成果"金苹果奖"技术成果奖三等奖。

数据价值引领智慧新能源企业建设

［ 安徽龙源风力发电有限公司 ］

<table>
<tr><td>案例简介</td><td>2018 年 6 月，龙湖风电场启动智能风电场试点建设，分三期推进。一期开发生产管控系统，建成安全、运行、设备管理 3 大模块、30 个子模块，实现安全管理规范化、缺陷管理流程化、台账记录电子化；二期利用大数据平台开发风机智能预警平台，涵盖风机智能监控、健康度预警、损失电量科学管控、高精度风功率预测等功能，设备管控水平显著提高；三期利用人脸识别、热成像、AI 算法等技术构建升压站智能辅助系统，为公司探索智能风电安全运维、拓展产业融合新业态新模式，积累"智治"经验。</td></tr>
</table>

一、项目背景

当前新能源公司场站分布点多面广、设备型号多样，传统管理模式已无法满足要求，外包项目多，外委人员管理压力大；人员行为数据未能有效记录，生产运维均是线下开展，未能对生产工作进行全方位、全过程的信息化支撑；采集的设备数据占可采量不足 10%，风电机组已采集的模拟量和开关量分别占可采量约 16% 和 18%，输变电设备数据未采集，预知预警功能欠缺；数据采集的广度和深度在不断提升，但未能充分发挥数据价值，依托数据为管理提供决策支撑还有待提高。

二、技术方案

（一）完善基础设施及智能装备

一是搭建无线网络。在机组及变电站安装无线 AP、交换机，基于 20M 网络专线、IPv6 单栈技术，构建覆盖升压站和风电机组的无线网络和基于北斗 +GPS 的人、车定位系统，为现场移动 App 和智能化手段的应用提供保障。二是建设视频监控系统。在升压站、风电机组内新增 1200 余路视频设备，为作业人员配备工作记录仪、高风险作业移动球机，实现关键设备和主要作业场所的视频覆盖，人员远程可视化巡检、检修等功能。三是实施设备数据全量采集。扩充风电机组采集数据（从目前的 56 个扩展至 106 个模拟量和

2539 个开关量），采集接入主变、关口表、无功补偿设备、箱变等输变电设备数据和测风塔、功率预测、AGC/AVC 等辅助系统数据。四是配备智能装备。采购智能手环、机器人、无人机等设备，实现人员身体健康指标监测，设备安全操作防护，叶片、线路智能巡检。五是部署智能传感器。在公司所属风机安装 2960 个传动链振动监测、7 台叶片声音采集、11 台塔基沉降设备，实现大部件健康状态的实时监测。

（二）建设智能发电平台

以强化设备治理、高效利用存量资产为侧重点，开发智能发电平台，确保"保安全、保电量、强化运行，提高设备健康水平"的生产管理目标。一是实现智能监控。基于风机 SCADA 系统随时监测实时运行情况、风速与发电出力、设备异常，并可依据预先设定的参数自动启、停设备，实现风场运行状态透明化。配备能量管理平台，场站侧有功功率、无功功率、电压、频率可以根据调度要求、设备预警等自动做出调节，实现场站内各发电单元最优调配。二是实现智能预警。将设备设计运行机理与人工智能技术深度融合，设计开发故障诊断预警算法模型及大数据诊断预警平台，实现机组发电性能下降、传感器失效等早期诊断，通过引入外部传感器，实现大部件损伤早期预警，预警准确率超 85%，减少非计划性停机损失和隐藏的发电性能不合格损失。基于设备固有属性等历史数据，利用智能算法模型，实现设备当前健康度评估，为日常工作的安排提供数据支撑。三是实现功率准确预测。以数值天气预报、新能源场站历史数据、地形地貌、设备运行状态等数据为输入建立预测模型，向电网调度机构报送日前预测（未来 3~7 天）和日内预测（未来 4 小时）的功率预测数据。通过对风场风速及功率进行相应的预测，实现各周期内的发电量预测，提高风功率预测准确率，减少电网考核损失，为电力市场交易提供决策依据。四是实现设备大部件在线振动监测。依托传感器、多通道同步采样、边缘计算、双栈访问等技术，对风电机组传动链部件振动状态进行 7×24 小时实时在线监测，实现所有机组振动数据的采集、传输、集中管理、预警及故障分析。五是实现升压站辅助巡检。开发智能辅助巡检系统，通过布置在站内 6 台人脸识别智能门禁，44 台定点视频采集、识别装置，9 台红外在线测温装置及其他环控检测设备，监测设备温度、室内温湿度、电缆井水位，识别刀闸、开关位置，读取表计示数等，实现升压站内设备可视化巡检、视频联动等功能。定时形成的设备巡检报告，代替了人工开展输变电巡视工作，同时对发现的设备异常缺陷自动告警，辅助实现风电场安全管控和智能巡检等主动防护。

（三）建设智慧管理平台

面向安全生产管理全流程，开发生产管控系统，实现设备档案、智能诊断、缺陷、检修记录、健康评估等的全生命周期管理；以"一中心、多节点"方式构建了开放式、集约型、云边化全栈智能算法平台，提升数据价值，为安全生产、运行和管理提供决策支撑。一是实现无纸化办公。建成生产管理、安全管理等板块，将日常记录、技术监督、综合计划、隐患排查等内容电子化，实现风电场安全生产管理流程信息化，解决公司与场站之间"信息孤岛"。二是规范作业流程。推广标准票卡包2万余张，将风险预控、安全措施、质量维护、检修工艺融入生产作业管控全过程，提高作业质量和效率。三是强化外委管理。建立数字化外包企业和人员档案，信息共享，记录技术能力、管理水平和违章违纪等情况，通过优胜劣汰建立稳定服务队伍。四是搭建可视化看板。设立驾驶舱，获取每日现场作业摄像头、移动球机、工作记录仪视频信号，消除人员管理盲区，实现人员行为全程监管。五是开发智能报表。依托第三方帆软的html5报表及BI功能开发智能报表，实现公司设备运行数据可视化展示，便于运行人员能够更直观、清晰地分析数据，发现数据中的问题。六是建设算法平台。接入设备音视频及人员工作记录仪数据，基于图像识别、智能算法模型等技术，动态捕捉人员作业过程中的不安全行为、设备正常运行过程中的不安全状态。

三、项目收益

（1）实现安全无死角监督检查。依托生产数字化平台开展远程安全检查，实现安全风险分级管控。

（2）实现管理规范化、作业标准化。严把外包安全管理，上线120余项标准作业流程，编制2万余张标准票卡包，在线开展外委人员现场打卡，进场离场审批、档案资质登记等工作，将风险预控、安全措施、质量维护、检修工艺融入生产作业管控全过程。

（3）优化运检模式，提升管控效率。优化绩效考核制度，以风能利用率、停机时长等关键指标为基础，建立专业技术组、区域维保中心、班组、个人的针对性考核方案，激发各级人员积极性。释放一线值班人员20余人，人员在岗率提高20%，机组月均维护台数提高24%，风机自主维护率达到100%，风能利用率同期提高1.0%。

（4）借助数字化平台，2022年安徽公司通过生产数字化系统分析梳理出现场55种风机频发故障，制订"一场一策"治理计划，累计治理310台机组。机组故障台次同比下降25%，增发电量超$250 \times 10^4 \mathrm{kW \cdot h}$；35kV集电线路故障跳闸同比降低52%，电量损失减少$150 \times 10^4 \mathrm{kW \cdot h}$。公司全年连续无故障运行机组占总装机的68%，龙湖风电场被中电联授予"2021年百日无故障风电场"称号。

四、项目亮点

（1）开展 IPv6 单栈技术应用，实现了该技术在新能源领域从集中式到分布式应用的突破，为业务开展提供保障。

（2）配备工作记录仪和智能手环，实现远程监视对讲、人员定位，依托 1800 余路视频开展远程安全监督检查、吸烟等 6 类视频 AI 智能识别的应用，有效管控现场作业风险。

（3）利用人脸识别、热成像、AI 算法等技术构建升压站智能辅助系统，代替人工开展巡视工作，同时对发现的设备异常缺陷自动告警，实现风电场安全管控和智能巡检等主动防护。

（4）实现了全量实时采集关键设备和系统秒级数据，创新性开展设备预警及故障诊断研究，完成 200 余个预警模型的构建，实现在线监测、诊断，有效保障了风机的安全、高效运行。

（5）依托 16 台智能算法服务器，以"一中心、多节点"方式构建了开放式、集约型、云边化全栈智能算法平台，实现安全生产、运行和管理的智能监控手段。

（6）建设企业级数据仓库，实现公司生产经营、文档、视频等数据的统一管理运营，实现设备档案、智能诊断、缺陷、检修记录、健康评估等的全生命周期管理，有效支撑企业对设备资产的管理。

五、荣誉

（1）2018 年荣获"2018 年中国风电产业 50 强十佳优秀风电场"荣誉称号；

（2）2022 年入选工信部工业互联网平台创新领航应用案例。

海上风电场智能智慧建设

[国华（江苏）风电有限公司]

案例简介 本项目以智能监控系统为基础，创新及拓展各项高级应用，将各项高级应用及智慧化场站建设成果予以集成并提供基础数据支撑。构建海上风电场及风电机组全要素 BIM 模型，建立设备模型库及编码库为风电场运营、设备维修、更换快速决策提供支撑；建立数字孪生风电场数字化体系，打通 SCADA 数据、GIS 空间数据、BIM 模型数据以及潜在的视频、音频等物联网传感器设备数据，实现海上风电场设备运行管理、检修管理、可视化管理集成化，保障海上风电场综合利用效益最大化，给海上风电带来更大的价值提升；打造既见既所得的风电场运营管理新模式，能够对整个风电场的建设、运营、维护等业务有更深入的了解和把控，从而提高海上风电运维能力；建立基于 SCADA 数据的风电场运行评价分析能力，包括风机运行评价、大部件健康度评估等，让风电机组运行管理精细化、数字化、智能化。

一、项目背景

根据国家能源集团的"1357"战略，顺应国家能源集团未来 5 年新能源发展战略，支撑公司创建世界一流企业目标，着力推进海上风电智慧管理、智能生产两个方面的业务模式变革与数字化能力建设，加强新能源一体化集中管控、一体化运营，提升管理效率，加快集控系统拓展与完善，确保绩效透明，实现数据驱动管理，实现智能化高效协同与闭环管理。

本项目的方向是实现集中化、共享化、智能化的目标，构建基于生产监控系统、数字孪生平台、机组故障预警、状态检修管理、海缆检测系统的智能分析系统，实现海上智慧风电场运营的跨越式发展，助推集团海上风电的数字化转型，助力集团新能源智慧电站建设工作。

二、技术方案

系统包括一个主平台和多个支撑子模块，一个平台是数字孪生平台，支撑子模块包括集成接口管理、巡检机器人管理、巡检无人机管理、机组故障预警管理、状态检修管理、海缆监测管理。

（1）数字孪生平台：构建一个基础管控预警平台，平台具备智能化扩展迭代演进功能，可与外部系统集成升级，不断提高智慧调度的智慧程度。基础功能包括：采集SCADA数据、各类传感器监测数据；发电量分析、损失电量分析、时间可利用率等机组运行评价；大部件温度特性分析、偏航对风偏差分析、震动特性分析、转速适应性分析等机组健康诊断；轮毂寿命评估、基础寿命评估、叶根寿命评估、偏航寿命评估等机组寿命评估。

（2）集成接口管理：提供与集团ERP、ICE、集控系统、电力交易系统、数据湖、无人机系统、机器人系统、环境监控系统、SCADA系统、传感器监测等的集成接口管理。

（3）巡检机器人管理：具备红外成像、可见光摄像、高灵敏度拾音器等多种传感器系统。在各种气象条件下，通过精确的自主导航和设备定位，以全自主或遥控方式，完成预先设定的任务，对变电站进行全方位巡检。升压站智能巡检机器人的拾音器系统应具备大数据统计分析系统，能够实现历史数据的累积分析功能，在长期运行中能够通过声音的变化来发现异常。

（4）巡检无人机管理：能够实现对海缆是否裸露、风机基础、叶片进行无人机巡检。无人机应配置雷达系统，实现数据的巡线采集。

无人机应挂接热成像设备，对巡检线路进行巡检时，通过温度异常变化，发现隐蔽性较强故障点；可结合传统可见光巡线、热成像巡线，提高故障点检测的准确性。

（5）机组故障预警：采集发电机系统、变流系统、变桨系统、冷却系统等故障预警系统，利用智能感知终端在线监测技术，通过大数据平台实现机组故障预警。重点是能够识别机组设备状态、各设备指示、设备是否存在异常，并能够实时识别变动并发出告警功能。

（6）状态检修管理：实现检修状态预警及展示、检修任务派发、检修任务表单管理、检修任务状态管理；并能够与现有的集控系统、图形系统形成接口无缝对接功能。

（7）海缆监测系统：可以通过现场基础冲刷检测异常分析、海缆检测成果管理分析等数据综合判断海上海缆环境数据，预判海缆状态。系统总体由数据采集、数据处理、智能算法决策和状态预警的联动构成，同时各个功能模块又互相依赖、互相集成、互相调用。

三、项目收益

项目实现海上风电管理模式的变革创新，实现区域集中化智慧综合管控指挥，助推智慧国家能源建设及新能源数字化转型。项目分为两个阶段：第一阶段智能监控系统实时监控，第二阶段系统智能分析和高级应用。

第一阶段实现海上风电场风机监控、升压站监控、海缆监测系统、水文观测系统等系统的实时监控，实现海上风电场的无人值守，降低用工成本，提升生产设备安全可靠性，从经济效益上说，增加综合经济效益保守估计在 200 万元以上。通过实时监测和控制避免设备故障发生，降低生产损失和停电损失，增加综合经济效益保守估计在 1000 万元以上。

第二阶段运营模式创新，向集中、共享、智能的模式转变，构建线上智慧综合管控平台和线下高效运维体系，变故障后检修为预防性维护，实现"状态检修"，降低对运维人员的经验依赖，提高运维质量和效率，线下标准化高效运维。大幅提高劳动生产率，经济收益综合人均劳效可以提升 30% 以上；同时促进员工运检水平的提高，节约培训投入 20% 以上。通过智能巡检及诊断，故障诊断检索平均响应时间缩短，业务处理效率大幅提升，可以减少发电损失 5%~10%，每年增加综合经济效益保守估计在 1000 万元以上。

四、项目亮点

项目将以集团智能电厂建设标准为依托，围绕海上风电场数据和运行环境综合评估、设备监测、人员安全三类核心全面展开系统建设。

第一阶段：实现了风电场信息系统实时监控和无人值守的生产管理模式，提升海上风电场的综合管理水平，提高风电场运行管理水平，降低风电场运行维护管理成本，实现无人值守，减人增效的目标。

第二阶段：进一步深化高级应用的潜在效益，提升项目效益，应用先进算法、大数据分析等先进成熟的技术实现"主动预警、智能决策、自动巡检、智能管控"可视化辅助监控，提高运维人员的设备感知能力、缺陷发现能力、状态管控能力、主动预警能力和应急处置能力。

新能源区域集控建设探索

[广西国能能源发展有限公司]

案例简介

集控中心将远程监控技术与风电场运维管理融为一体，能够将区域内分散的风电场紧密联系起来，实现区域集中运行监控和规模化的检修维护，减少在恶劣环境中值守的运行人员，实现人性化管理；通过先进的信息技术，能够实现对风电机组、升压站、测风塔、视频监控等设备数据的实时采集、处理和分析，充分发挥大数据优势，开展故障分析诊断，及时发现风电场运行中存在的问题，有针对性地提出解决方案，辅助现场运维人员开展设备检修维护，逐步实现状态检修；能够集中专业技术人才，形成完整、专业性强的技术团队，为现场人员提供技术支持和指导，积极响应电网专业化管控要求，提高风电场安全生产水平，确保电网安全稳定运行；而应用发电系统集中监控，少人值守，运维一体并综合了风力发电和太阳能发电的优势，可以大幅提高资源的利用效率，也很好地解决了单独使用风力发电或太阳能发电受季节和天气等因素制约的问题，使得风力发电和太阳能发电形成了很强的互补性，提高了供电的可靠性。

一、项目背景

长期以来，大多数地区新能源场站采用自调度控制的模式，一个场站一套调度系统，每个场站按值配备值班人员。随着"双碳"战略的实施，我国新能源领域发展迅速。广西公司积极响应国家、集团战略部署，新能源装机容量快速增长，每年新建场站数量不断增加，存在管理上的痛点、难点，主要表现为：

（1）各场站分散运维，人力资源有限，管理难度大。

（2）场站远离城市，气候环境较恶劣，生活条件不佳，人员流失严重，影响安全生产。

（3）设备厂商多，各风电场单独运维，不利于发挥团体优势。

（4）信息化程度低，缺乏统一管控平台，经营决策困难。

为了实现在技术、风险、人力成本、投资之间达到最优配置，实现无人值班和集中监控是将来发展的方向。基于云计算、大数据、物联网、移动互联网、人工智能等新一代信息技术，海量、高并发地采集新能源发电企业各类生产实时数据，实现企业生产过程远程监视、设备远程控制、安全生产管控、智慧维检、安防应急等，形成"集中监控、无人值班、少人值守、区域检修"的科学管理模式，提高新能源发电企业运行维护水平及设备运行效率，达到降本增效的目的。

二、技术方案

区域集控中心实现广西公司及区域运营主体现有装机容量 1521.1MW（19 个新能源场站）的接入管理，对全域范围内场站完成电气集控系统、五防系统、受令系统、涉网Ⅲ区（调度管理系统、调度电话）、视频监控系统的建设，实现对风电机组的远程集中监视、远程控制、实时报警、风功率集中预测、画面展示等功能。

（一）系统架构

区域集控中心建设按照生产控制大区（Ⅰ、Ⅱ区）和管理信息大区架构设计，纵向建设遵从基础设施层、平台层、应用层和交互层的统一架构，部署风机监控系统、电气监控系统、区域风功率预测系统、能量管理平台、涉网三区"OMS"系统、"网络发令"系统，开通中调、地调调度电话。生产控制大区的业务系统与其终端的纵向连接中使用无线通信网、电力企业其他数据网（非电力调度数据网）和外部公用数据网的虚拟专用网络方式（VPN）等进行通信，设立安全接入区。

（二）硬件架构

区域集控中心按照系统软件架构搭建系统的硬件平台，满足国家能源集团、广西电网等对系统的安全要求，集控中心与受控新能源场站之间搭建两套（双链路）A、B 网数据采集通道，包括服务器、场（站）交换机、防火墙、路由器、隔离设备、加密设备等都采用满足国家指定部门检测认证的设备。整体采用分布式模块化架构，可根据实际需要进行简便、快速扩容，并提供与其他第三方系统实现互联互通的接口。

（三）网络安全

根据《电力监控系统安全防护总体方案》（国能安全 36 号文）及《中国南方电网电力监控系统安全防护技术规范》有关"纵向认证"要求，集控中心侧和新能源场站侧均设立了安全接入区，生产控制大区与运营商专线间使用电力专用纵向加密认证装置进行了隔离。根据国家及行业建设相应网络安全防护系统的要求，集控中心侧还配置了基本的安全防护系统，包括入侵检测系统（IDS）、综合审计系统等。

（四）实时数据库

集控中心实时数据库按千万千瓦级大容量接入能力进行设计，整体采用分布式模块化架构，可根据实际需要进行简便、快速扩容，并提供与其他第三方系统实现互联互通的接口。数据库支持百万数据点查询和秒级响应能力，支持数据多种聚合类型查询，支持海量数据导出，实时数据库已扩展至500万测点，满足接入3000MW装机需求。

（五）机房建设

区域集控中心机房建设三套（六列）一体化48台机柜，配备六台一体化精密空调系统，满足四家运营主体单位设备部署条件；建设两套UPS不间断供电系统，支持三套一体化机柜断电后不间断运行2h；配备300kW柴油发电机，保证供电系统应急电源可靠备用。

三、项目收益

（一）生产管控效能显著提升

集控中心对新能源实施集中监控，实时掌握场站设备的运行状况，统筹安排运行方式，提高风机经济运行水平。科学安排设备维护、消缺，解决了场站设备维护不到位、故障处理不及时等突出问题，降低风机故障台次，减少损失电量。

（二）生产运行数据智能分析

根据广西公司各业务分析场景的数据建模，将生产运行数据逻辑进行定义，形成一套满足广西公司业务主题数据模型和管理驾驶舱。生产运行实时数据及时查看和历史数据趋势分析，从而更直观地显示重要数据，客观准确地反映整体生产运行状况，使统计更快、更准确，提高工作效率，形成一套满足广西公司的智能报表和可视化仪表盘应用，进而通过实现生产运行数据智能分析，加强运营决策手段。

（三）资源优势有效发挥

整合优化人力、技术、管理等资源，场站仅保留维护人员，降低了人力资源成本。备品备件实现共享，降低了物资库存及资金占用。发挥能量管理平台、风功率预测集中布置优势，限电情况下安排风资源好、设备可靠性高、电价高的风电场多发满发。充分发挥区域统一调度能力，凝聚区域内各新能源运营主体发展合力，提升区域内资源协同协作能力和运营管控水平。

（四）提升业务运营能力

在规划发展方面，充分应用地图和大数据分析等技术，强化智能分析，提升战略规划、投资管理、计划统计能力，加强投资跟踪，支持新兴项目培育和新产业发展。在基建工程方面，融合建筑信息模型和数字孪生等技术，丰富造价管理和工程费用参考信息，加强对工程项目的智能化动态监管，打造工程项目管理涉及相关各方的共用平台。在设备管理方面，对设备健康状况实时掌握，设备运行维修智能化发展，基于整合的设备全面信息，强化对设备全生命周期的采购、运行、维护、检修、技术、安全等全方位管控。全面提升对公司安全、生产、环保、经营、销售等重点事项的监察能力，计划管理和日常工作全在线，数据分析和监测预警智能化，应急处置更加实时便捷。

（五）一体化统筹协作有力加强

完成建设区域集控中心，广西电网公司组织对区域集控中心验收合格后，同意集控中心正式运行并转移调度权，调度命名：国家能源集团广西新能源风电集控中心。区域集控中心完全行使受控风电场控制权、调度权，集控中心设置两级控制权、调度权（集控中心为一级，受控风电场为二级）。集控中心具备风电远程集中监控、多维度的经济运行分析、集中调度功能，主要部署风机及电气监控、"软五防"、集中式能量管理平台、经营指标分析、风功率集中预测等系统，真正实现"无人值班、少人值守、集中监控、智慧运维"模式。

（六）集控于一体效益显著增强

广西公司牵头组织广西国电电力、龙源电力、国华投资所属风电场逐步完成风电场调度权向区域集控中心转移，结合当地电力市场情况，统筹区域内新能源、火电生产经营，充分考虑新能源发电的波动性、不确定性、低边际成本等特点，结合火电深度调峰、现货交易的规则，适时研究建立适应新能源参与、多种发电形式协同的电力营销策略，做好优先发电保障和市场化交易的衔接，实现国家能源集团区域内资源效益最大化。

四、项目亮点

实现"无人运行、集中监控、少人管理"的集中运行管控的目标，运用先进信息、控制等技术，促进高效、集约、规范、智能的多场站生产运行管理，提升公司发展质量和核心竞争力，打造数字化、智能化的示范型集控中心。

五、荣誉

（1）2020 年"广西省区新能源区域集控项目"荣获"第二批数字广西建设标杆 -- 大数据与工业深度融合重点示范项目；

（2）2021 年 4 月"广西省区新能源区域集控项目"受邀参展第四届数字中国建设峰会；

（3）2022 年"广西省区新能源区域集控项目"荣获广西公司 2022 年"国家能源杯"智能建设技能大赛——数字化转型创新创效大赛一等奖；

（4）2022 年"广西省区新能源区域集控项目"荣获广西公司 2022 年度奖励基金二等奖。

小　结

　　智慧管理平台通过智能技术与管理功能的深度融合，它以大数据云平台为基础，主要实现电力生产的风险管控与优化管理功能，通过数据分析与挖掘，实现故障诊断以及设备健康管理，以及设备状态检修和预测性维护。通过机组及厂级性能分析，为电厂高级管理人员提供决策辅助，以实现运维及管理智能化。通过智能视频、人员定位、智能穿戴等技术，实现生产区域的全方位监控，提升人员、设备的安全防护水平，从全方位各个细节服务于发电企业生产管理。

　　国家能源集团所属电站在火电、水电、新能源智慧管理方面做了大量实质和开创性的工作。比如结合智能终端、三维可视化、全厂无线等智能设备和技术的智能化巡检；结合人员定位、人脸识别、智能穿戴等物联与智慧视频技术的人员管控；自然灾害及突发事故的预警和应急响应，大坝安全监测及综合评估等相关的安全预警与管控。针对火电，通过实时性能计算与分析、厂用电计算等重要指标，结合发电负荷等生产数据，运用大数据技术，构建实时成本控制模型，根据电力市场需求实现对运行方式、配煤方式的优化指导和智慧营销。针对新能源发电，结合弃风、弃光问题，运用大数据技术，分析场内、外受累损失电量及维护损失电量，建立能效管理体系，实现最优度电成本运维；基于人工智能、互联网、大数据等技术的远程服务；充分利用集团云资源和数据资源，构建集团统一的移动应用平台，管控各级单位移动应用系统，满足智能发电和智慧管理全过程各环节的移动应用功能需求；采用三维可视化、人工智能与工业互联网技术，实现机组故障的自分析、自诊断，以及基于预测性运维的备品备件管理，提高机组安全运行水平和设备可靠性水平，最终实现机组状态检修和设备健康管理；为应用提供业务安全、网络安全、运维安全三个层面的安全服务，建立主动防御的网络安全体系。

CHAPTER 第五章 FIVE

总结与展望

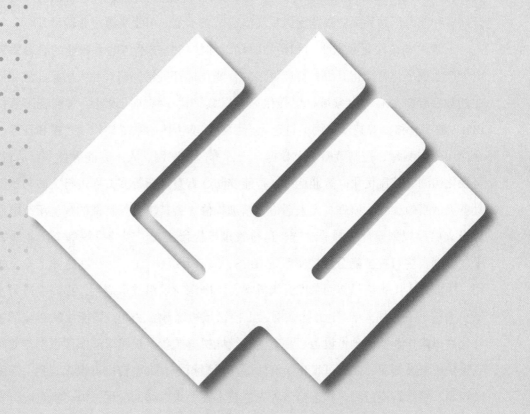

能源是人类文明进步的重要物质基础和动力，攸关国计民生和国家安全。当今世界，新一轮科技革命和产业变革深入发展，全球气候治理呈现新局面，新能源和信息技术紧密融合，生产生活方式加快转向低碳化、智能化，能源体系和发展模式正在进入非化石能源主导的崭新阶段。随着技术的发展、科技的进步，电力行业的发展目标要求我们进一步聚焦新一代信息技术和能源产业融合发展，开展智能传感和智能仪表、特种机器人、智能工器具、数字孪生、大数据、人工智能、云计算、区块链、5G 物联网等数字化智能化共性关键技术研究，推动煤炭、油气、电厂、电网等传统行业与数字化智能化技术深度融合，开展各种能源厂站和区域智慧能源系统集成试点示范，引领能源产业转型升级。

下阶段继续深化数据驱动和模型驱动，加快信息技术与电力产业的融合发展，推动电力产业数字化智能化升级，打造更多的智能化标杆厂站，培育壮大国家能源集团电力产业的数字经济。在火电领域，要强化火电厂数字化三维协同设计、智能施工管控、国产BIM、数字化移交等技术应用。打造火电厂数字孪生体的系统架构、建模和开发技术。综合应用先进测量、控制策略、大数据、云计算、物联网、人工智能等技术，从智能检测、可视化监测、控制优化、智能运维、智能安防、智慧运营等多方面进行突破与示范，建设具备灵活高效、少人值守、无人巡检、精细检修、智慧决策等特征的智能示范电厂，全面提升火电厂规划设计、制造建造、运行管理、检修维护、经营决策等全产业链智能化水平。推动自主可控智能分散控制系统 iDCS 从 1.0 升级至 2.0，从泛在感知、安全接入区应用、生成式人工智能等方面考虑升级方案，不断深化前沿技术应用，提高生产力水平，创造更大的价值。加大 5G 电力物联网、工控领域边缘计算芯片、智能控制芯片、感存算一体化高风险作业监测预警设备、高空防坠智能机电装备、炉膛落渣图像识别与渣量闭环控制、炉膛声波测温、四管可视化防磨防爆与泄漏预警、大型转机可视化监测、深度调峰自动控制、绝缘智能监测、状态检修等先进技术在燃煤电站的应用，提高机组运行安全可靠性，降低煤耗。在选树火电智能电站标杆典型方面，要按照《国家能源集团火电智能电站建设规范》《国家能源集团电站智能化建设验收评级办法》《新建煤电机组智能化建设项目及功能应用规范》，对智慧发电示范企业开展现场验收与智能化评级，引导火电企业提高生产智能化、管理智慧化水平，不断创造新的具有行业引领地位的智慧化标杆示范火电厂、示范项目和首台（套）技术装备。

在水电领域，要开展大坝智能化建造、地下长大隧洞群智能化建造、TBM 智能掘进、全过程智能化质量管控等成套技术集成研发与应用。构建流域梯级水电站智能化调度平台。开发智能水电站大坝安全管理平台，实现智能评判决策及在线监控，推动水电站大坝及库区智能监测、巡查与诊断评估、健康管理及远程运维。完善"监测、评估、预警、反馈、总结提升"的流域水电综合管理信息化支撑技术,形成智能化规划设计、智能建造、智能运行管控和智能化流域综合管理等成套关键技术与设备。在新能源领域,掌握叶片自动化生产工艺技术,推动风电产业链数字化、网络化、标准化、智能化,构建上下游协同研发制造体系。开展风电场数字化选址及功率预测、关键设备状态智能监测与故障诊断、大数据智能分析与信息智慧管理等关键技术研究,打造信息高效处理、应用便捷灵活的智慧风电场控制运维体系。构建光伏电站智能化选址与智能化设计体系。开展光伏电站虚拟电站、电站级智能安防等关键技术研究,推动光伏电站智能化运行与维护。开展大型光伏系统数字孪生和智慧运维技术、多时空尺度的光伏发电功率预测技术示范,推动智能光伏产业创新升级和行业特色应用。

推动流域梯级水电站、新能源区域集控建设,实现集中监控。第一步,实现远程控制、集控运行、无人巡检、少人运行;第二步,实现区域集控和统一管控,无人运行、少人值守,打造"黑灯工厂、黑灯车间、黑屏运行";第三步,探索区域虚拟电厂建设模式和场景。打造水电全维度全生命周期数字孪生示范,包括电站规划、设计、制造、调试、运营。要加强风机自启停、AGC和AVC全程投入,水、光、风清洁能源经济运行分析、设备健康管理,结合智慧故障排查、数字孪生、智能两票与工单等技术与应用,实现设备全生命周期管理。

国家能源集团智能电站建设将进一步构建和完善智能电站示范建设体系,借助于基础设施与智能装备、智能发电平台、智慧管理平台以及保障体系,提高发电智能化水平,实现电厂安全、高效、清洁、低碳、灵活运行,更好地满足电网(用户)运行需求。通过一体化控制系统、全程智能自动控制、集中监控,提高机组自动化运行水平,实现发电过程的无人干预,少人值守;通过数据分析与挖掘,实现故障诊断以及设备健康管理,有效提高设备可靠性和使用寿命,实现设备状态检修和预测性维护;通过机组及厂级性能分析、控制优化与运行优化,提高发电效率,降低发电成本;通过精细化风光功率预测及有功无功主动控制技术,建设电网友好型新能源发电场站;通过智能视频、人员定位、电力物联网等技术,实现生产区域的全方位监控,提升人员、设备的安全防护水平;通过网络安全监测预警系统建设,完善网络安全防护体系,提升网络安全应急响应和恢复能力;通过集团级管控系统建设,实现国家能源集团对电厂的实时监视、统一管控和资源共享,提升国家能源集团竞争力和效益。